高等职业教育"十四五"系列教材 机电专业

数控机床编程与加工

主编 张立娟

南京大学出版社

内容提要

全书共分四模块,模块一是数控机床编程所必需的数控技术,模块二是数控车削所必须的数控加工工艺和数控编程的基础知识,模块三是数控铣、加工中心削所必须的数控加工工艺和数控编程的基础知识,模块四是数控车床、数控铣床、数控加工中心的基本操作加工。本书结构新颖,有较强的综合性和实践性。每章配有习题,以帮助学习者及时全面地掌握学习内容。

本书为高等职业技术院校和高等专科院校机械类专业、机电类专业、数控专业及其他非电类专业数控机床编程与操作课程的教材,也可作为数控中级操作工职业资格培训教程,同时还可供从事数控加工的技术人员学习参考。

图书在版编目(CIP)数据

数控机床编程与加工 / 张立娟主编. — 南京 :南京大学出版社,2019.11(2023.1 重印)
ISBN 978 - 7 - 305 - 10977 - 5

Ⅰ. ①数… Ⅱ. ①张… Ⅲ. ①数控机床—程序设计②数控机床—加工工艺 Ⅳ. ①TG659

中国版本图书馆 CIP 数据核字(2019)第 184321 号

出版发行　南京大学出版社
社　　址　南京市汉口路 22 号　　　　邮　编　210093
出 版 人　金鑫荣
书　　名　**数控机床编程与加工**
主　　编　张立娟
责任编辑　王秉华　蔡文彬　　　　编辑热线　025 - 83597482
照　　排　南京南琳图文制作有限公司
印　　刷　南京玉河印刷厂
开　　本　787×1092　1/16　印张 19.75　字数 481 千
版　　次　2023 年 1 月第 1 版第 3 次印刷
ISBN 978 - 7 - 305 - 10977 - 5
定　　价　49.80 元

网址:http://www.njupco.com
官方微博:http://weibo.com/njupco
微信服务号:njuyuexue
销售咨询热线:(025)83594756

前　言

　　本书以满足高等职业教育人才培养为基本宗旨,模块一是数控机床编程所必需的数控技术,模块二是数控车削所必须的数控加工工艺和数控编程的基础知识及编程,模块三是数控铣、加工中心削所必须的数控加工工艺和数控编程的基础知识及编程,模块四是数控车床、数控铣床、数控加工中心的基本操作加工。本书内容丰富详实,图文并茂,通俗易懂。吸收了各参编学校近年来的教学改革成果,是大家集体智慧的结晶。

　　在教材的编写过程中,我们始终注重把握高职教育的特点,以工学结合为原则设计教学内容,力求贴近生产,使教材内容适应生产现状和发展的需要,力争使教材具有鲜明的实用性、先进性、启发性、应用性和科学性,突出职业教育的特色,满足培养应用型人才的需要。力求作到:

　　(1) 体现工学结合的特色

　　本书中的加工实例,力求贴近生产,按照实际生产过程进行操作加工,让学生在接近真实的生产环境中学习。

　　(2) 具有较强的综合性

　　全书介绍了数控机床编程所必需的基础知识,详细介绍了典型的 FANUC、SIEMENS、华中数控系统的数控车床、数控铣床、数控加工中心的编程与操作加工。各院校可根据自己的不同情况选择学习。

　　(3) 突出多功能性

　　为配合双证书的实行,本书内容考虑了数控中级操作工和数控工艺员职业资格认证的要求,所以,本教材既可作为数控技术的理论课教材,又可作为数控加工的实训教程,同时还可作为数控机床中级操作工职业资格培训的教材。

　　本书由平顶山工业职业技术学院张立娟任主编,全书由张立娟独立编写。

　　编写过程中利用和参考了许多文献资料,谨向这些文献资料的编著者和支持编写工作的单位表示衷心的感谢。由于编者水平有限,书中不妥之处在所难免,望各教学单位和读者在使用本教材时给予关注,多提宝贵意见和建议。

编　者

2019 年 3 月

目　录

扫一扫可获取
课件等资源

模块一　数控技术

1.1　数控技术的发展

1.1.1　数控机床的产生

数控是数字控制(NC：Numerical Control)的简称,是用数字化信号对机床的运动及加工过程进行控制的自动控制技术。采用数字控制或装备了数控系统的机床,称为数控机床,它把机床的加工程序和运动变量(如:坐标方向、位移量、轴的转向和转速等),以数字形式预先记录在控制介质上,通过数控装置自动地控制机床运动,同时具有完成自动换刀、自动测量、自动润滑、自动冷却等功能。

1.1.2　数控技术发展的几个主要阶段

数控机床发展到今天,完全依赖于数控系统的发展。自1952年美国研制出第一台数控铣床起,数控系统经历了两个阶段和六代的发展。

1. 数控阶段(1952～1970年)

早期计算机的运算速度低,这对当时的科学计算和数据处理影响还不大,但不能适应机床适时控制的要求。人们不得不采用数字逻辑电路"搭"成一台机床专用计算机作为数控系统,称为硬件连接数控,简称为数控。随着元器件的发展,这个阶段经历了三代,即:

第一代数控:1952～1959年采用电子管元件构成的专用NC装置;

第二代数控:1959～1964年采用晶体管电路的NC装置;

第三代数控:1965～1970年采用小、中规模集成电路的NC装置。

2. 计算机数控阶段(1970年至今)

到1970年,通用小型计算机业已经出现。其运算速度比五六十年代有了大幅度的提高,这比专门"搭"成的专用计算机成本低、可靠性高。于是将它移植过来作为数控系统的核心部件,从此控制系统进入了计算机数控阶段。随着计算机技术的发展,这个阶段也经历了三代,即:

第四代数控:1970～1974年采用大规模集成电路的小型通用计算机控制系统(CNC);

第五代数控:1974～1990年微处理器应用于数控系统;

第六代数控:1990年以后PC机(个人计算机,国内习惯称微机)的性能已发展到很高的阶段,可满足作为数控系统核心部件的要求,数控系统从此进入了基于PC的时代。

1.1.3 我国数控技术发展概况

我国从 1958 年开始研究数控技术,1966 年研制成功晶体管数控系统,并将样机应用于生产。1968 年研制 X53K-1 立式铣床。20 世纪 70 年代初,加工中心研制成功。1988 年我国的 FMS 通过验收投入运行,用于生产、伺服电动机的零件。1981～2000 年我国数控技术经历了引用国外先进技术、消化吸收、科技攻关和产业化攻关四阶段,使我国的数控技术飞速发展。2003 年全国数控机床产量达到 36 813 台。品种有 1 500 多种,其中,数控车床产量居世界第一。

1.1.4 数控技术发展趋势

数控机床是机械制造业乃至整个工业生产中不可缺少的复杂工具。随着微电子技术和计算机技术的发展,数控系统的性能日趋完善,数控机床的应用领域日趋扩大。总的发展趋势是朝着高速度化、高精度化、多功能化、小型化、系统化、多样化、成套性与高可靠性等方向发展,以满足社会生产发展中的各种需要。

1. 高速度、高精度化

速度、精度是机械制造技术的关键性指标。由于采用了高速 CPU 芯片、多 CPU 控制系统以及带高分辨率检测元件的交流数字伺服系统,同时采用了改善机床动态、静态特征等有效措施,机床的速度、精度已大大提高。

提高微处理器的位数和速度是提高数控系统的最有效的手段。现代数控系统已经逐步由 16 位 CPU 过渡到 32 位 CPU,日本已开发出 64 位 CPU 的数控系统。日本的 FANUC 公司的数控系统已广泛采用 32 位 CPU,如 FANUC-15 数控系统采用 32 位机,实现了最小位移单位为 0.1 μm,最大进给速度达到 100 m/min。

在数控机床的高速化中,提高主轴旋转非常重要。由于主轴旋转的高速化,使得切削时间比过去缩短了 80%。目前很多数控机床采用高速内装式主轴电动机,使主轴的驱动不必通过齿轮箱,而是直接把电动机与主轴连接成一体装入主轴部件中,可将主轴转速提高到 4 000～5 000 r/min。第 13 届欧洲国际机床展览会上展示的数控机床,其主轴最高转速已达 7 000～10 000 r/min。

提高数控机床的加工精度,可经过减少数控系统的误差和采用补偿技术实现,如提高数控系统的分辨率;使 CNC 控制单元精细化;提高位置检测精度(日本交流伺服电动机有的已安装每转可产生 100 万个脉冲的内藏位置检测器,位置检测精度能达到 0.01 mm/脉冲)。目前加工中心的定位精度就由过去的 ±5 μm 提高到 ±1 μm。

2. 多功能化

数控加工中心(MC:Machining Center)可以将许多工序和许多工艺过程集中到一台机床上完成,实现自动换刀及自动更换工件,一次装夹完成全部加工工序,可以减少辅助时间,实现一机多用,最大限度地提高机床的开机率和利用率。

3. 高效化

数控机床加工提倡以减少工序及辅助时间为主要目的的复合加工,而且正朝着多轴、多系列控制功能的方向发展。工件在一台机床上一次装夹后,通过自动换刀、旋转主轴头或转台等各种措施,完成多工序、多表面的复合加工,数控技术的进步提供了多轴和多轴联动控制,如 FANUC-15 系统的可控轴数和联动轴数为 2～15 轴,SIEMENS 880 系统控制轴数可达 24 轴。装有滚珠丝杠的数控机床快速移动可达 60 m/min,装有直线电机的数控机床可达 120～160 m/min;磨床的砂轮线速度可达 120～160 m/min,甚至 200 m/min。自动换刀时间可在 1 s 以下,托盘交换时间 8 s 左右。

4. 智能化

早期的系统通常针对相对简单的理想环境,其作用是如何调度任务,以确保加工在规定期限内完成。而目前人工智能则试图用计算模型实现人类的各种智能行为。在数控技术领域,智能控制的研究和应用正沿着几个重要分支发展:自适应控制(AC:Adaptive Control)、模糊控制、神经网络控制、专家控制、学习控制、前馈控制等。自适应控制是在加工过程中不断检查加工状态的相关参数,如切削力、切削温度,通过与机内设定参数的对比及响应的处理,对主轴转速、执行部件进给速度等进行校正,使数控机床能够始终在最佳的切削状态下工作,从而提高加工精度。在数控系统中还可以配备编程专家系统、故障诊断专家系统,参数自动设定和刀具自动管理及补偿等自适应调节系统,在压力、温度、位置、速度控制等方面采用模糊控制,使数控系统性能大大提高,从而达到最佳控制的目的。

5. 先进制造系统

柔性制造单元(FMC:Flexible Manufacturing Cell)是一种几乎不用人参与而且能连续地对同一类型零件中不同零件进行自动化加工的最小加工单元,独立使用的加工设备,又可以作为柔性制造系统或柔性自动线的基本组成模块。

柔性制造系统(FMS:Flexible Manufacturing System)是由加工系统、物料自动储运系统和信息控制系统三者相结合并能自动运行的制造系统。这种系统可按任意顺序加工一组不同工序与不同加工节拍的零件,工艺过程随加工零件的不同做适当调整,能在设备的技术范围内自动的适应加工零件和生产规模的变化。

计算机集成制造系统(CIMS:Computer Integrated Manufacturing System)是一种企业经营管理的哲理,它强调企业的生产经营是一个整体,必须用系统工程的观点来研究和解决生产经营中出现的问题。集成的核心,不仅是设备的集成,更主要的是以信息为主导的技术集成和功能集成。计算机是集成的工具,计算机辅助的各单元技术是集成的基础,信息交换是桥梁,信息共享是目标。

1.2　数控机床的工作原理及基本组成

1.2.1　数控机床的工作原理

数控机床的工作原理如图 1-1 所示。首先根据被加工零件的形状、尺寸及工艺要求等,采用手工或计算机进行零件加工的程序编制,把加工零件所需机床的各种动作及工艺参数变成数控装置所能接受的程序代码,并将这些程序代码存储在控制介质(穿孔带、磁带、光盘)上,然后经输入装置读出信息并送入数控装置。当控制介质为穿孔带时,用光电读带机输入;若控制介质为磁带或光盘时,可用驱动器输入,或用计算机和数控机床的接口直接进行通信。进入数控装置的信息经过一系列的处理和运算转变成脉冲信号,有的脉冲信号被传送到机床的伺服系统,经传动装置驱动机床有关运动部件;有的脉冲信号则传送到可编程控制器中,按顺序控制机床的其他辅助动作,如工件夹紧、松开,冷却液的开关,刀具的自动更换等。

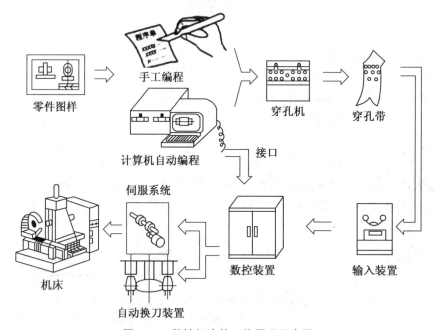

图 1-1　数控机床的工作原理示意图

1.2.2　数控机床的组成

1. 数控机床的组成

数控机床一般是由输入/输出设备、数控装置、伺服系统、机床本体和检测反馈装置组成,其基本组成框图如图 1-2 所示。

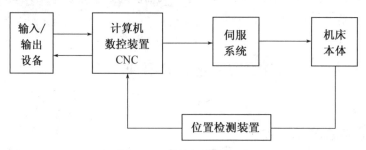

图 1-2　数控机床的组成

（1）输入/输出设备

用于记载零件的加工工艺过程、工艺参数和位移数据等各种加工信息,从而控制机床的运动,实现零件的机械加工。常用的信息载体有穿孔纸带、磁带、磁盘等,并通过输入机将记载的加工信息输入数控系统中。有些数控机床也可采用操作面板上的按钮和键盘直接输入加工程序；或通过串行口将计算机上编写的加工程序输入到数控系统中。

（2）数控装置

数控装置是数控机床的核心，它的作用是接收输入装置输入的加工信息，完成数值的计算、逻辑判断、输入/输出控制等功能。目前数控装置一般使用多个微处理器，以程序化的软件形式实现数控功能。它是一种位置控制系统，根据输入数据插补出的理想的运动轨迹，然后输出到执行部件加工出所需的零件。

（3）伺服系统

伺服系统是数控系统的执行部件，它包括电动机、速度控制单元、测量反馈单元，位置控制等部分。伺服系统将数控系统发来的各种运动指令，转换成机床移动部件的运动。由于伺服系统直接决定刀具和工件的相对位置，所以伺服系统的性能是决定数控机床加工精度和生产率的主要因素之一。目前许多数控机床使用了全数字伺服驱动的直线电动机，这种电动机刚性好，可高速转动。

（4）机床本体

数控机床的主体是完成各种切削加工的机械部分，主要包括床身、底座、立柱、横梁、滑座、工作台、主轴箱、进给机构、刀架及自动换刀装置，与普通机床相比，数控机床具有更好的刚性和抗振性，相对运动面的摩擦系数小，传动间隙小。所以数控机床的外观、整体结构、传动系统、刀具系统以及操作机构与普通机床有着很大的差异。

（5）检测反馈装置

检测反馈装置的作用是将机床的实际位置、速度等参数检测出来，转变成电信号，传输给数控装置，通过比较，校核机床的实际位置与指定位置是否一致，并由数控装置发出指令修正所产生误差。检测反馈装置主要使用感应同步器、磁栅、光栅、激光测量仪等。

2. 数控机床的工作过程

数控机床的工作过程如图1-3所示。加工零件时，应先根据零件加工图纸的要求确定零件加工的工艺过程、工艺参数和刀具位移数据，再按照编程的有关规定编写加工程序，然后制作信息载体的加工信息输入到数控装置，在数控装置内部的控制软件支持下，经过处理计算后，发出相应的指令，通过伺服系统使机床按预定的轨迹运动，完成对零件的切削加工。

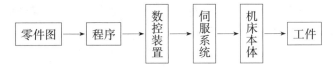

图1-3 数控机床的工作过程

1.3 数控机床的分类

数控机床的种类很多，为了便于了解和区分，可从以下几个方面对其进行分类。

1.3.1 按加工方式分类

1. 金属切削类数控机床

此类数控机床有数控车床、数控钻床、数控铣床、数控镗床、数控磨床和加工中心等。

2. 金属成型类数控机床

此类机床有数控折弯机、数控弯管机、数控回转头压力机。

3. 特种加工类数控机床

此类数控机床包括数控线切割机床、数控电火花加工机床、数控激光切割机等。

4. 其他类数控机床

如数控火焰切割机、数控三坐标测量仪等。

1.3.2 按控制系统功能分类

1. 点位控制(Positioning Control)数控机床

如图 1-4(a)所示，这类数控机床仅能控制两个坐标轴,带动刀具或工作台从一个点(坐标位置)准确快速地移动到下一个点(坐标位置),然后控制第三个坐标轴进行钻削、镗削等切削加工。它具有较高的位置定位精度,在移动过程中不进行切削加工,因此对运动轨迹没有要求。点位控制的机床主要有数控钻床、数控铣床及数控冲床,用于加工平面内的孔系。

2. 直线控制(Strait Cut Control)数控机床

如图 1-4(b)所示,这类数控机床不仅要求有准确的定位功能,而且要求从一点到另一点要按直线(一般是平行坐标轴的直线)运动,并能控制位移速度。这一类机床在两点之间移动时要进行切削加工,故对于不同的刀具和工件加工,应选用不同的切削用量及进给速度。如数控镗铣床、简易数控车床、加工中心等。

3. 轮廓控制(Contouring Control)数控机床

如图 1-4(c)所示,这类数控机床具有同时控制几个坐标轴协调运动,即具有多轴联动的功能,使刀具相对于工件按程序制定的轨迹和速度运行,能在运动过程中进行连续切削加工。这类数控机床有用于加工曲线和曲面形状零件的数控车床、数控铣床、加工中心等。现在的数控机床基本上都是这种类型机床。

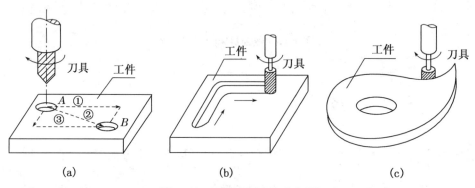

(a)   (b)   (c)

图 1-4 按相对运动轨迹分类

1.3.3 按伺服控制方式分类

1. 开环控制(Open Loop Control)数控机床

这类机床不带位置检测反馈装置。数控装置输出的指令脉冲由驱动电路功率放大,驱动步进电动机转动,再经传动机构带动执行部件运动,如图1-5所示。

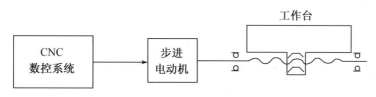

图1-5 开环控制框图

开环控制的数控机床工作比较稳定,反应快,调试维修方便,结构简单,但控制精度低,故这类数控机床多为经济型数控机床。

2. 闭环控制(Close Loop Control)数控机床

这类机床的工作台上安装了位置检测反馈系统,用以检测机床工作台的实际移动位置,并与数控装置的指令位置进行比较,对差值进行控制,使其误差减少,如图1-6所示。

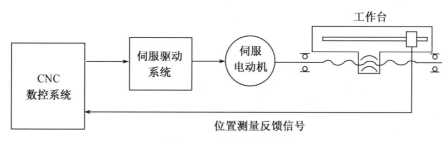

图1-6 闭环控制框图

闭环控制的数控机床加工精度高,但结构复杂,造价高,调试维修困难。

3. 半闭环控制(Semi-Close Loop Control)控制机床

将检测元件与电动机或丝杠同轴安装,则为半闭环控制数控机床,如图1-7所示。由

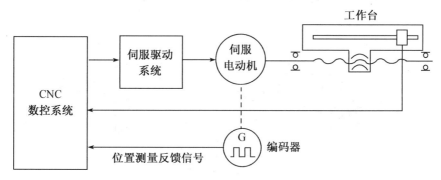

图1-7 半闭环控制框图

于半闭环的环路内不包括丝杠螺母副及工作台,所以具有比较稳定的控制特性,调试比较方便,因而被广泛采用。但其控制精度不如闭环控制数控机床。

1.3.4 按数控系统的功能水平分类

这种分类方法的界线是相对的,不同时期的划分标准会有所不同。就目前的发展水平,大体可按以下标准进行划分。

1. 高档数控机床

此类数控机床的分辨率为 0.1 μm,进给速度在 15～100 m/min,采用闭环控制,以直流或交流伺服电动机驱动,联动轴数为 3～5 轴以上,有制造自动化协议(MAP：Manufacturing Automation Protocol)通信接口,具有联网功能,可以进行三维图形显示,内装有强功能的 PLC(可编程控制器),配有 32 位以上 CPU。

2. 中档数控机床

此类数控机床的分辨率为 1 μm,进给速度在 15～24 m/min,采用半闭环控制,以直流或交流伺服电动机驱动,联动轴数 2～4 轴,有 RS - 232C 或直接数控(DNC：Direct Numerical Control)接口,具有较齐全的屏幕显示功能(不仅可以显示字符,还可以显示图形),具有人机对话及自诊断功能,有内装 PLC,CPU 一般为 16 或 32 位。

3. 低档数控机床

此类数控机床的分辨率为 10 μm,进给速度在 8～15 m/min,采用开环控制,以步进电动机驱动,联动轴数一般不超过两轴,没有通信功能,只有简单的数码管显示或单色屏幕字符显示,无内装 PLC,一般采用 4 位的 CPU。

我国还有经济型数控的提法。所谓经济型数控,即低档数控系统,是指由单板机、单片机和步进电动机组成的数控系统以及其他功能简单、价格低廉的数控系统。它主要用于旧机床的改造。

1.3.5 按可联动的轴数分类

1. 两轴控制

两轴控制指的是可以同时控制两个坐标轴。图 1 - 8(a)是 x、y、z 三个坐标轴中同时控制 x、y 两个坐标轴所加工的曲线形状。如果控制 x、z 坐标或 y、z 坐标,则可加工图 1 - 8(b)所示形状的零件。

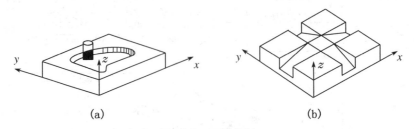

(a)   (b)

图 1 - 8　两轴控制

2. 两轴半控制(两个轴是连续控制,第三轴是点位或直线控制)

可实现三个主要轴 x、y、z 之间的两维控制。

3. 多轴控制

三轴控制,三个轴同时插补,实现三维连续控制,刀具在空间可作任意方向的移动,用于加工三维立体形状的零件,如图 1-9 所示。

四轴控制,同时控制三个坐标轴和一个旋转坐标,用于加工叶轮或圆柱凸轮,如图 1-10 所示。

五轴控制,三个坐标再加上转台的回转及刀具的摆动。刀具可在空间任意方向移动,当加工如图 1-11 所示的曲面时,刀具可以相对曲面保持一定角度;还可加工圆锥台的外圆周面。此性质决定了五轴控制特别适合加工涡轮机叶片、机翼等复杂零件。

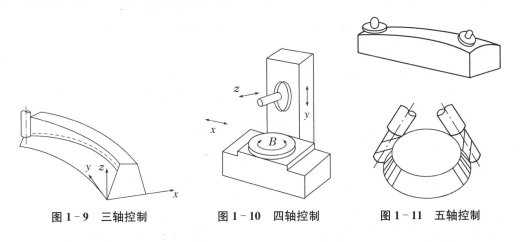

图 1-9　三轴控制　　　　图 1-10　四轴控制　　　　图 1-11　五轴控制

1.4　数控机床的特点和应用范围

1.4.1　数控机床的加工特点

1. 适应性强

数控机床加工形状复杂的零件或新产品时,不必像通用机床那样采用很多工艺装备,仅需要少量夹具。一旦零件图有修改,只需修改相应的程序部分,就可在短时间将新零件加工出来。因而生产周期短,灵活性强,为多种小批量的生产和新产品的研制提供了有利条件。

2. 适合加工复杂型面的零件

由于计算机具有高超的运算能力,可以准确地计算出每个坐标轴瞬间应该运动的运动量,因此数控机床能完成普通机床难以加工或根本不能加工的复杂型面的零件。所以数控机床在航天、航空领域(飞机的螺旋桨及涡轮叶片)及模具加工中,得到了广泛应用。

3. 加工精度高、加工质量稳定

数控机床所需的加工条件,如进给速度、主轴转速、刀具选择等,都是由指令代码事先规定好的,整个加工过程是自动进行的,人为造成的加工误差很小,而且传动中的间隙及误差还可以由数控系统进行补偿。因此,数控机床的加工精度较高。此外,数控机床能进行重复性的操作,尺寸一致性好,降低了废品率。数控技术中增加了机床误差、加工误差修正补偿的功能,使数控机床的加工精度及重复定位精度进一步提高。

4. 加工生产率高

数控机床能够减少零件加工所需的机动时间和辅助时间。数控机床的主轴转速和进给量范围比通用机床的范围大,每一道工序都能选用最佳的切削用量,数控机床的结构刚性允许数控机床进行大切削用量的强力切削,从而有效节省了机动时间。数控机床移动部件在定位中均采用加减速控制,并可选用很高的空行程运动速度,缩短了定位和非切削时间。使用带有刀库和自动换刀装置的加工中心时,工件往往只需进行一次装夹就可完成所有的加工工序,减少了半成品的周转时间,生产效率非常高。数控机床加工质量稳定,还可减少检验时间。数控机床可比普通机床提高效率2~3倍,复杂零件的加工,生产率可提高十几倍甚至几十倍。

5. 一机多用

某些数控机床,特别是加工中心,一次装夹后,几乎能完成零件的全部工序的加工,可以代替5~7台普通机床。

6. 减轻操作者的劳动强度

数控机床的加工是由程序直接控制的,操作者一般只需装卸零件和更换刀具并监视数控机床的运行,大大减轻了操作者的劳动强度,同时也节省了劳动力(一人可看管多台机床)。

7. 有利于生产管理的现代化

用数控机床加工零件,能准确地计算零件的加工工时,并有效地简化了检验、工装和半成品的管理工作,这些都有利于生产管理的现代化。

8. 价格较贵

数控机床是以数控系统为代表的新技术对传统机械制造产业渗透形成的机电一体化产品,它涉及了机械、信息处理、自动控制、伺服驱动、自动检测、软件技术等许多领域,尤其是采用了许多高、新、尖的先进技术,使得数控机床的整体价格较高。

9. 调试和维修较复杂

由于数控机床结构复杂,所以要求调试与维修人员应经过专门的技术培训,才能胜任此项工作。此外,由于许多零件形状较为复杂,目前数控机床编程又以手工编程为主,故编程所需时间较长,这样会使机床等待时间长,导致数控机床的利用率不高。

1.4.2 数控机床的应用特点

数控机床是一种可编程的通用加工设备,目前应用越来越广泛。但因其加工费用较高,故数控机床有其特定的适用范围。以下这几类零件加工时应首选数控机床:

(1) 轮廓形状复杂、加工精度要求高或必须用数学方法解决的复杂曲线、曲面的小批量(100件左右)零件。

(2) 试制中尚需多次改变设计的零件。

（3）加工工序较多的零件(如箱体类零件、航空附件壳体等)。

（4）价格昂贵的零件(如飞机大梁)。

（5）要求精密复制的零件。

1.4.3　数控机床的应用范围

在机械加工业中大批量零件的生产宜采用专用机床或自动线。对于小批量产品的生产，由于生产过程中产品品种的变换频繁、批量小、加工方法的区别大，宜采用数控机床。数控机床的使用范围如图 1-12 所示。

如图 1-12 所示为随零件复杂程度和零件批量的变化，通用机床、专用机床和数控机床的运用情况。当零件不太复杂，生产批量较小时，宜采用通用机床；当生产批量较大时，宜采用专用机床；而当零件复杂程度较高时，宜采用数控机床。

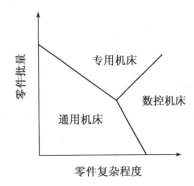

图 1-12　零件复杂程度与生产批量的关系

1.5　典型数控系统简介

数控系统是数控机床的核心。数控机床根据其功能和性能要求，可以配置不同的数控系统。数控系统不同，其指令代码也有区别，因此编程时应按所使用数控系统代码的编程规则进行编程。

常用的典型数控系统有 FANUC(日本)、SIEMENS(德国)、FAGOR(西班牙)、HEIDENHAIN(德国)、MITSUBISHI(日本)等公司的数控系统及相关产品，在数控机床行业占据主导地位；我国数控产品以华中数控、航天数控为代表，也已将高性能数控系统产业化。下面介绍常用的典型数控系统。

1.5.1　FANUC 公司的主要数控系统

1. 高可靠性的 Power Mate 0 系列

用于控制 2 轴的小型车床，取代步进电机的伺服系统；可配画面清晰、操作方便、中文显示的 CRT/MDA，也可配性价比较高的 DPL/MDA。

2. 普及型的 0-D 系列

0-TD 用于数控车床；0-MD 用于铣床及小型加工中心；0-GSD 用于平面磨床；0-PD 用于冲床。

3. 全功能性的 0-C 系列

0-TC 用于通用车床、自动车床；0-MC 用于铣床、钻床、加工中心；0-GGC 用于内外圆磨床；0-GSC 用于平面磨床；0-TTC 用于双刀架 4 轴车床。

4. 高性价比的 0i 系列

整体软件功能包,高速、高精度加工,并且有网络功能。0i-MB/MA 用于加工中心和铣床,4 轴联动;0i-TC/TB/TA 用于数控车床,4 轴 2 联动;0i-mate MA 用于铣床,3 轴 3 联动;0i-mate TA 用于车床,2 轴 2 联动。

5. 具有网络功能,超小型、超薄型 16i/18i/21i 系列

控制单元与 LCD 集成于一体,具有网络功能,超高速串行数据通信。其中 FS16i-MB 的插补、位置检测和伺服控制以 mm 为单位。16i 最大可控 8 轴,6 轴联动;18i 最大可控 6 轴 4 轴联动;21i 最大可控 4 轴,4 轴联动。除此之外,还有实现机床个性化的 16/18/160/180 系列。

1.5.2 SIEMENS 公司的主要数控系统

1. SINUMERIK 802S/C

用于车床、铣床等,可控制 3 个进给轴和一个主轴。SINUMERIK 802S 适用步进电机驱动,SINUMERIK 802C 适用伺服电机驱动,具有数字 I/O 接口。

2. SINUMERIK 802D

控制 4 个数字进给轴和 1 个主轴。PLC 的 I/O 模块,具有图形式循环编程,车削、铣削和钻削工艺循环,FRAME(包括移动、旋转和缩放)等功能,为复杂加工任务提供智能控制。

3. SINUMERIK 810D

用于数字闭环驱动控制,最多可控制 16 轴(包括一个主轴和一个附加轴),是紧凑型可编程输入输出系统。

4. SINUMERIK 840D

全数字模块化数控设计,用于复杂机床、模块化旋转加工机床和传送机,最大可控 31 个坐标轴。

1.5.3 华中数控系统

华中数控以"世纪星"系列数控单元为典型产品,HNC-21T 为车削系统,最大联动轴数为 4 轴;HNC-21/22M 为铣削系统,最大联动轴数为 4 轴,采用开放式体系结构,内置嵌入式工业 PC。伺服系统的主要产品包括 HSV-11 系列交流伺服驱动装置、SHV-16 系列全数字交流伺服驱动装置、步进电动机驱动装置、交流伺服主轴驱动装置与电动机、永磁同步交流伺服电动机等。

习 题

1-1 简述数控机床的组成及工作原理。

1-2 简述数控机床分类。

1-3 数控机床有哪些特点?

1-4 数控机床的加工特点有哪些?

模块二　车削编程

2.1　数控车削加工工艺分析

2.1.1　数控车削加工的对象

数控车床是当前使用最广泛的数控机床之一,它主要用于加工精度要求高、表面粗糙度要求高、轮廓形状复杂的轴类、盘类等回转体零件;能够通过程序控制自动完成内圆柱面、锥面、圆弧、螺纹等工序的切削加工,并进行切槽、钻、扩、铰孔等工作,而近几年来研制出的数控车削加工中心和数控车铣加工中心,使得在一次装夹中可以完成更多的加工工序,提高了加工质量和生产效率,因此还适用于复杂形状的回转类零件的加工。

2.1.2　数控车床的主要类型

1. 数控车床的组成及其作用

图 2-1 为数控车床外形,数控车床的布局大都采用全封闭防护,数控车床主要由以下几个部分组成。

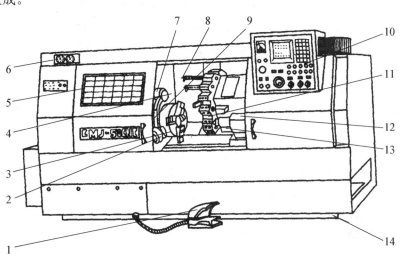

图 2-1　数控车床外形

1—脚踏开关;2—对刀仪;3—主轴卡盘;4—主轴箱;5—防护门;6—压力表;7、8—防护罩;
9—转臂;10—操作面板;11—回转刀架;12—尾座;13—滑板;14—床身

（1）主体：机床主要包括床身、主轴箱、床鞍、尾座、进给机构等机械部件。

（2）数控装置（CNC装置）：数控装置是数控车床的控制核心，一般采用专用计算机控制，主要由显示器、键盘、输入和输出装置、存储器以及系统软件等组成。

（3）伺服驱动系统：伺服驱动系统是数控车床执行机构的驱动部件，将CNC装置输出的运动指令转换成机床移动部件的运动，主要包括主轴驱动、进给驱动及位置控制等。

（4）辅助装置：辅助装置是指数控车床的一些配套部件，包括换刀装置、对刀仪、液压系统、润滑系统、气动装置、冷却系统和排屑装置等。

2. 数控车床的分类

数控车床的分类方法较多，通常都以与普通车床相似的方法进行分类。

（1）按车床主轴位置分类

① 立式数控车床，其车床主轴垂直于水平面，并有一个直径很大、供装夹工件用的圆形工作台。这类机床主要用于加工径向尺寸相对较小的大型复杂零件。

② 卧式数控车床，卧式数控车床又分为数控水平导轨卧式车床和数控倾斜导轨卧式车床。倾斜导轨结构可以使车床具有更大的刚性，并易于排除切屑。

（2）按加工零件的基本类型分类

① 卡盘式数控车床，这类车床未设置尾座，适合车削盘类（含短轴类）零件。其夹紧方式多为电动或液动控制，卡盘结构多具有可调卡爪或不淬火卡爪（即软卡爪）。

② 顶尖式数控车床，这类数控车床配置有普通尾座或数控尾座，适合车削较长的轴类零件及直径不太大的盘、套类零件。

（3）按数控系统的功能分类

① 经济型数控车床，一般采用开环控制，具有CRT显示、程序存储、程序编辑等功能，加工精度较低，功能较简单。

② 全功能型数控车床，这是较高档次的数控车床，具有刀尖圆弧半径自动补偿、恒线速、倒角、固定循环、螺纹切削、图形显示、用户宏程序等功能，加工能力强，适宜于加工精度高、形状复杂、循环周期长、品种多变的单件或中小批量零件的加工。

③ 精密型数控车床，采用闭环控制，不但具有全功能型数控车床的全部功能，而且机械系统的动态响应较快，适用于精密和超精密加工。

（4）其他分类方法

按数控车床的不同控制方式可以分为直线控制数控车床、两主轴控制数控车床等；按特殊或专门工艺性能可分为螺纹数控车床、活塞数控车床、曲轴数控车床等。此外，车削中心也列入这一类，分立式和卧式车削中心两类。主要特点具有先进的动力刀具功能。即在自动转位刀架的某个刀位或所有刀位上，可使用多种旋转刀具，如铣刀、钻头等，可对车削工件和某部位进行铣、钻削加工，如铣削端面槽、多棱柱及螺纹槽等。

有的车削中心还配有刀库和换刀机械手，扩大了自动选择和使用刀具的数量，从而增强了机床加工的适应能力，扩大了加工范围。

2.1.3　加工方法的选择

机械零件的结构形状是多种多样的，但它们都是由平面、外圆柱面、内圆柱面或曲面、成型面等基本表面组成的。每一种都有多种加工方法，具体选择时应根据零件的加工精度、表面粗糙度、材料、结构形状、尺寸及生产类型等因素,选用相应的加工方法和加工方案。

1. 外圆表面的加工方法的选择

外圆表面的主要加工方法是车削和磨削。当表面粗糙度要求较高时,还要经过光整加工。外圆表面的加工方案如图 2-2 所示。

(1) 最终工序为车削的加工方案,适用于除淬火钢以外的各种金属。

(2) 最终工序为磨削的加工方案,适用于淬火钢、未淬火钢和铸铁,不适用于有色金属,因为有色金属的韧性大,磨削时易堵塞砂轮。

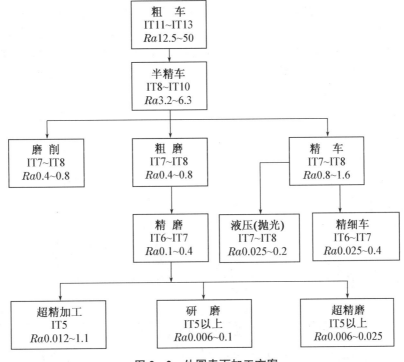

图 2-2 外圆表面加工方案

(3) 最终工序为精细车或金刚车的方案,使用于要求较高的有色金属的精加工。

(4) 最终工序为光整加工、如研磨、超精磨及超精加工等,为提高生产效率和加工质量。一般在光整加工前进行精磨。

(5) 对表面粗糙度要求较高,而尺寸要求不高的外圆可采用滚压或抛光。

2. 内孔表面加工方法的选择

内孔表面加工方法有钻孔、扩孔、镗孔、磨孔和光整加工。如图 2-3 所示,是常用的孔加工方案,应根据被加工孔的加工要求、尺寸、具体生产条件、批量的大小及毛坯上有无预制孔等情况合理选择。

(1) 加工精度为 IT9 级的孔,当孔径小于 10 mm 时可采用钻—铰方案;当孔径小于 30 mm 时,可采用钻—扩方案;当孔径大于 30 mm 时,可采用钻—镗方案。工件材料为淬火钢以外的各种金属。

(2) 加工精度为 IT8 级的孔,当孔径小于 20 mm 时可采用钻—铰方案;当孔径大于

20 mm 时,可采用"钻—扩—铰"方案,此方案使用于加工淬火钢以外的各种金属,但孔径应在 20～80 mm 之间,此外也可以采用最终工序为精镗或拉削的方案。淬火钢可采用磨削加工。

（3）加工精度为 IT7 级的孔,当孔径小于 12 mm 时,可采用"钻—粗铰—精铰"方案;当孔径在 12～60 mm 范围之间时,可采用"钻—扩—粗铰—精铰"方案或"钻—扩—拉"方案。若毛坯上已铸出或锻出孔,可采用"粗镗—半精镗—精镗"方案或"粗镗—半精镗—磨孔"方案。最终工序为铰孔,适用于未淬火钢或铸铁,对有色金属铰出的孔表面粗糙度较大,常用精细镗孔来替代铰孔。最终工序为拉孔的方案适用于大批量生产,工件材料为未淬火钢、铸铁和有色金属。最终工序为磨孔的方案适用于除硬度低、韧性大的有色金属以外的淬火钢、未淬火钢及铸铁。

（4）加工精度为 IT6 级的孔最终采用手铰、精细镗、研磨或珩磨等均能达到,视具体情况选择。韧性较大的有色金属不宜采用珩磨,可采用研磨或精细镗。研磨对大、小孔均适应,而研磨只适用于大直径的孔加工。

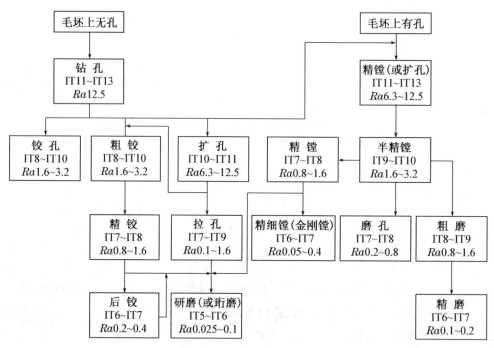

图 2-3 内孔表面加工方案

3. 平面加工方法的选择

平面的主要加工方法有铣削、刨削、车削、磨削和拉削等,精度要求高的平面还需要研磨或刮削加工。常见平面的加工方法,如图 2-4 所示,其中尺寸公差等级是指平行平面距离尺寸的公差等级。

（1）最终工序为刮研的加工方案多用于单件小批量生产中配合表面要求高且淬硬平面的加工。当批量较大时,可用宽刃细刨代替刮研,宽刃细刨特别适用于加工像导轨面这样的狭长的平面,能显著提高生产效率。

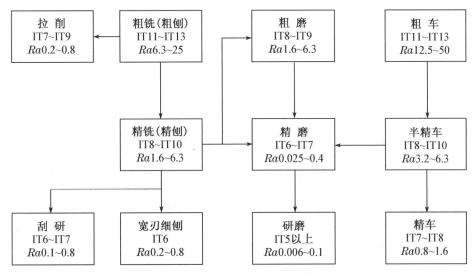

图 2-4 常见平面加工方案

（2）磨削适用于直线度及表面粗糙度要求较高的淬硬工件和薄片工件、未淬硬钢件上面积较大的平面的精加工，但不宜加工塑性较大的有色金属。

（3）车削主要用于回转零件端面的加工，以保证端面与回转轴线的垂直度要求。

（4）拉削平面适用于大批量生产中的加工质量要求较高且面积较小的平面。

（5）最终工序为研磨的方案适用于精度高、表面粗糙度要求高的小型零件的精密平面，如量规等精密量具的表面。

4. 平面轮廓和曲面加工方法的选择

（1）平面轮廓常用的加工方法有数控铣、线切割及磨削等。对如图 2-5(a)所示的内平面轮廓，当曲率半径较小时，可采用数控线切割方法加工。若选择数控铣削的方法，因铣刀直径受最小曲率半径的限制，直径太小，刚性不足，会产生较大的加工误差。如图 2-5(b)所示的外平面轮廓，可采用数控铣削的方法加工，常用"粗铣—精铣"方案，也可以采用数控线切割方法加工。对精度及表面粗糙度要求较高的表面轮廓，在

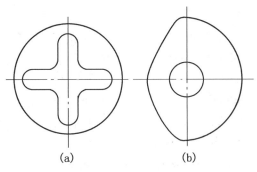

图 2-5 平面轮廓类零件

数控铣削加工之后，再进行数控磨削加工。数控铣削加工适用于除淬火钢以外的各种金属，数控磨削加工适用于除有色金属以外的各种金属。

（2）立体曲面加工方法主要是数控铣削，多用球头铣刀，以"行切法"加工，如图 2-6 所示。根据曲面形状、刀具形状以及精度要求等通常采用两轴半联动或三轴半联动。精度和表面粗糙度要求高的曲面，当用三轴联动的"行切法"加工不能满足要求时，可用模具铣刀，选择四坐标或五坐标轴联动加工。

表面加工的方法选择，除了考虑加工质量、零件的结构形状和尺寸、零件的材料和硬度

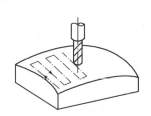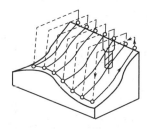

图 2-6　曲面的行切法加工

以及生产类型外,还要考虑加工的经济性。

各种表面加工方法所能达到的精度和表面粗糙度都有一个相当大的范围。当精度达到一定程度后,要继续提高加工精度,成本会急剧上升。例如,外圆车削,将精度从 IT7 级提高到 IT6 级,此时需要价格很高的金刚石刀,很小的进给量和和很小的背吃刀量,增加了刀具费用,延长了加工时间,大大增加了加工成本。对于同一表面加工,采用的加工方法不同,加工成本也不一样。例如,公差为 IT7 级、表面粗糙度 Ra 值为 $0.4\ \mu m$ 的外圆表面,采用精车就不如采用磨削经济。

任何一种加工方法获得的精度只在一定范围内有经济性,这种一定范围内的加工精度即为该加工方法的经济精度。它是指在正常加工的条件下(采用符合质量标准的设备、工艺装备和标准等级的工人,不延长加工时间)所能达到的加工精度,相应的表面粗糙度称为经济粗糙度。在选择加工方法时,应根据工件的精度要求选择和经济精度相适应的加工方法。常用加工方法的经济精度及表面粗糙度,可查阅有关工艺手册。

2.1.4　加工工序的编排原则

工序的划分可以采用两种不同的原则,即工序集中原则和工序分散原则。

1. 工序集中原则

工序集中原则是指每道工序包括尽可能多的加工内容,从而使工序的总数减少。采用工序集中原则的优点是:有利于采用高效的专用设备和数控机床,提高生产效率;减少工序数目,缩短工艺路线,简化生产计划和生产组织工作;减少机床数量、操作工人数和占地面积;减少工件装夹次数,不仅保证了各加工表面间的相互位置精度,而且减少了夹具数量和装夹工件的辅助时间。但专用设备和工艺装备投资大、调整维修比较麻烦、生产准备周期比较长,不利于转产。

2. 工序分散原则

工序分散原则就是将工件的加工分散在较多的工序内进行,每道工序的加工内容很少。采用工序分散原则的优点是:加工设备和工艺装备结构简单,调整和维修方便,操作简单,转产容易;有利于选择合理的切削用量,减少机动时间。但工艺路线较长,所需设备及工人人数较多,占地面积大。

2.1.5　对刀点和换刀点位置的确定

1. 对刀点与对刀

对刀点是用来确定刀具与工件相对位置关系的点,是确定工件坐标系与机床坐标系的关系的点。所谓对刀是指将刀具移向对刀点，并使刀具的刀位点和对刀点重合的操作，以建立工件坐标系。

编程序时，应首先确定对刀点的位置。

（1）对刀点可以设在被加工零件上，也可设在零件外的某一点上（如夹具上），但是，应尽量选在零件的设计基准或工艺基准上，或者与零件基准有一定的尺寸联系的位置。如以孔定位的零件，应将孔的中心作为对刀点，这样可以提高零件的加工精度。

（2）应尽量选择在机床上找正容易，在加工过程中便于检查的位置上。

（3）为便于坐标值的计算，最好选择在坐标系原点上。

2．换刀点的确定

加工中心、数控车床等多刀加工的机床，常需要在加工过程中间自动换刀，故编程时还要设定换刀点的位置。为防止换刀时碰上工件或夹具，换刀点常常设定在被加工零件的外面，并要有一定的安全距离。

2.1.6　加工路线的确定

加工路线是刀具在整个加工工序中的运动轨迹，即刀具从对刀点（或机床原点）开始运动直到结束所经过的路径，包括切削加工的路径以及刀具切入切出等非切削空行程的路径。它不但反映了工步的内容，也反映出工步的顺序。工步的划分与安排一般随加工路线来进行。

加工路线是编写程序的依据之一，因此，在确定加工路线时，最好画一张工序简图，将本道工序的加工路线画上去（包括进刀、退刀路线），这样可给编程带来不少方便。

在确定走刀路线时主要考虑以下几点：

（1）在保证加工质量的前提下，应寻求最短走刀路线，以减少整个加工的空行程时间，提高加工效率。

（2）保证零件轮廓表面粗糙度要求，当零件的加工余量较大时，可采用多次进给逐渐切削的方法，最后留少量的加工余量（一般为 0.2～0.5 mm），安排在最后一次走刀时连续加工出来。

（3）刀具的进退应沿切线的方向切入切出，并且在轮廓切削过程中要避免停顿，以免切削力突然变化而造成弹性变形，致使在零件的轮廓上留下刀具的刻痕。

2.1.7　数控车床加工刀具及其选择

在数控车床加工中，产品的质量和劳动生产率在相当大的程度上受到刀具的制约，所以在刀具上的选择上，特别是对刀具切削部分的几何参数以及刀具材料等方面都提出了较高的要求。

1．常用车刀的种类和用途

数控车削加工用刀具很多，除钻头、铰刀等定值刀具外，主要是车刀。常用的车刀一般分为三类，即尖形车刀、圆弧车刀和成型车刀。

（1）尖形车刀

以直线形切削刃为特征的车刀一般称为尖形车刀。这类车刀的刀尖（同时也为刀位点）

由直线形的主、副切削刃构成,如 90°内、外圆车刀,左右端面车刀,切断(车槽)车刀及刀尖倒棱很小的各种外圆和内孔车刀。

用这类车刀加工零件时,其零件的轮廓形状主要由一个独立的刀尖或一条直线形主切削刃位移后得到,它与另两类车刀加工时所得到零件轮廓形状的原理是截然不同的。选择尖形车刀形状时,可根据零件的几何轮廓灵活运用,尽可能一刀多用,但须保证所选车刀加工时不会与零件表面发生干涉。

(2)圆弧形车刀

圆弧形车刀是较为特殊的数控加工用车刀。如图 2-7(a)所示,其特征是构成主切削刃的刀刃形状为一圆度误差或线轮廓误差很小的圆弧;该圆弧刃上每一点都是圆弧形车刀的刀尖,因此,刀位点不在圆弧上,而在该圆弧的圆心上;车刀圆弧半径理论上与被加工零件的形状无关,并可按需要灵活确定或经测定后确认。

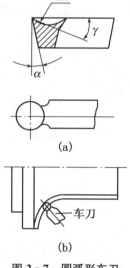

(a)

(b)

图 2-7 圆弧形车刀

当某些尖形车刀或成型车刀(如螺纹车刀)的刀尖具有一定的圆弧形状时,也可作为这类车刀使用。

圆弧形车刀可以用于车削内、外表面,特别适宜于车削各种光滑连接(凹形)的成型面,如图 2-7(b)所示。

(3)成型车刀

成型车刀俗称样板车刀,加工零件的轮廓形状完全由车刀刀刃的形状和尺寸决定。在数控切削加工中常见的成型车刀有小半径圆弧车刀、非矩形车槽刀和螺纹车刀等。由于这类车刀在车削时接触面较大,加工时易引起振动,从而导致加工质量的下降,所以在数控加工中,应尽量少用或不用成型车刀,当确有必要选用时,则应在工艺准备文件或加工程序单上进行详细说明。如图 2-8 所示为常用车刀的种类、形状和用途。

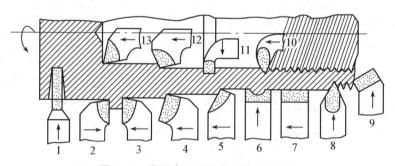

图 2-8 常用车刀的种类、形状和用途

2.机夹可转位车刀的选用

数控车削加工时,为了减少换刀时间和方便对刀,尽量采用机夹车刀和机夹刀片,便于实现机械加工的标准化。

2.1.8 数控车削加工的切削用量选择

数控车床的切削用量是表示机床主体的主运动和进给运动速度大小的重要参数,包括

背吃刀量 a_p、主轴转速 n 或切削速度 v(用于恒线速度切削)、进给速度 v_f 或进给量 f。这些参数均应在机床给定的允许范围内选取。

1. 切削用量的选用原则

切削用量(a_p、v_f、f)选择是否合理,对于能否充分发挥机床潜力与刀具切削性能,实现优质、高产、低成本和安全操作具有很重要的作用。

(1)背吃刀量的确定

在"车床主体—夹具—刀具—工件"这一系统刚性允许的条件下,尽可能选取较大的背吃刀量,以减少走刀次数,提高生产效率。当零件的精度要求较高时,则应考虑适当留出精车余量,所留精车余量一般比普通车削所留余量小,常取 0.1~0.5 mm。

(2)切削速度 v 的确定

切削速度是指切削时,车刀切削刃上某一点相对待加工表面在主运动方向上的瞬时速度,又称为线速度,单位 m/min。与普通车削加工时一样,根据零件上被加工部位的直径,并按零件和刀具的材料及加工性质等条件所允许的切削速度来确定。主要根据实践经验来确定。

(3)进给量 f 的确定

进给量是指工件旋转一周,车刀沿进给方向移动的距离,单位 mm/r,它与背吃刀量 a_p 有着较密切的关系。表 2-1 为切削用量推荐数据,仅供参考。

表 2-1 切削用量推荐数据

工件材料	加工内容	背吃刀量 a_p/mm	切削速度 v/m·min^{-1}	进给量 f/m·r^{-1}	刀具材料
碳素钢 $\sigma_b > 600$ MPa	粗加工	5~7	60~80	0.2~0.4	YT 类
		2~3	80~120	0.2~0.4	
		2~6	120~150	0.1~0.2	
	钻中心孔	切削转速 $r = 500~800$ r/min			W18Cr4V
	钻孔	约 30		0.1~0.2	
	切断(宽度<5 mm)	70~110		0.1~0.2	YT 类
铸铁 200HBS 以下	粗加工		50~70	0.2~0.4	YG 类
			70~100	0.1~0.2	
	切断(宽度<5 mm)		50~70	0.1~0.2	

2. 切削用量时应注意的几个问题

(1)切削用量选择的一般原则

粗车时,宜选择大的背吃刀量 a_p,较大的进给量 f,较低的切削速度 v,以保证零件加工精度和表面粗糙度。

(2)主轴转速

由于交流变频调速数控车床低速输出力矩小,因而切削速度不能太低。主轴转速 n 可用下式计算:

$$n = 1\,000\,\frac{v}{\pi d}$$

式中：n——主轴转速，r/min；

　　　v——切削速度，m/min；

　　　d——零件待加工表面的直径，mm。

（3）车螺纹时的主轴转速

数控车床加工螺纹时，理论上，其转速只要能保证主轴每转一周时，刀具沿主进给轴（多为z轴）方向位移一个螺距（或导程）即可。但数控车床加工螺纹时，会受到以下几方面的影响：

① 螺纹加工程序段中指令的导程值，相当于进给量f的值。如果机床的主轴转速n选择过高，进给速度$v_f = nf$必定大大超过正常值。

② 刀具在其位移过程的始终，都将受到伺服驱动系统升/降频率和数控装置插补运算速度的约束，如数控装置升/降频率特性满足不了加工需要，将可能会使主进给运动产生"超前"和"滞后"现象，从而导致部分螺纹的螺距不符合要求。

③ 车削螺纹必须通过主轴的同步运行功能而实现，即车削螺纹需要有主轴脉冲发生器（编码器）。当其主轴转速选择过高时，通过编码器发出的定位脉冲（即主轴每转一周时所发出的一个基准脉冲信号）将可能因"过冲"（特别是当编码器的质量不稳定时）而导致工作螺纹产生乱纹（俗称"料牙"）。

2.1.9 数控车削加工的装夹与定位

1. 数控车床的定位及装夹要求

在数控车床上加工零件，应按工序集中的原则划分工序，在一次装夹下尽可能完成大部分甚至全部表面的加工。根据零件的结构形状不同，通常选择外圆、端面、内孔装夹，并力求设计基准统一，以减少定位误差，提高加工精度。

要充分发挥数控车床的加工效能，工件的装夹必须快速，定位必须准确。数控车床对工件的装夹要求：首先应具有可靠的夹紧力，以防止工件在加工过程中松动；其次应具有较高的定位精度，并多采用气动或液压夹具，以便迅速、方便地装卸工件。

2. 常用的夹具形式及定位方法

数控车床主要用通用的三爪自定心卡盘、四爪卡盘和为大批量生产中使用自动控制的液压、电动及气动夹具，另外还有多种相应的实用夹具，其定位方式主要采用心轴、顶块、缺牙爪等方式，与普通车床的装夹定位方式基本相同，它们主要分为两大类，即用于轴类工件的夹具和用于盘类工件的夹具。

对于轴类零件，通常以零件外圆柱面和端面作为定位基准定位；对于套类零件，则多以内孔和端面作为定位基准。如图2-9所示是几种常见的夹具形式。

（1）圆柱心轴定位夹具，加工套类零件时，常用工件的孔在圆柱心轴上定位，如图2-9（a）、（b）所示。

（2）小锥度心轴定位夹具，将圆柱心轴改成锥度很小的锥体（$C = 1/1\,000 \sim /5\,000$）时，就成了小锥度心轴。工件放在小锥度心轴定位，消除了径向间隙，提高了心轴的定心精度。定位时，工件楔紧在心轴上，靠楔紧产生的摩擦力带动工件，不需要再夹紧，且定心精度高；缺点是工件在轴向不能定位。这种方法适用于有较高精度定位孔的工件精加工。

（3）圆锥心轴定位夹具，当工件的内孔为锥孔时，可用与工件内孔锥度相同的锥度心轴定

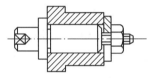
（a）减小平面的圆柱心轴

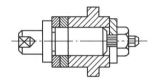
（b）增加球面垫圈的圆柱心轴

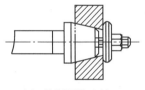
（c）普通圆柱心轴

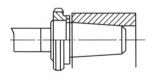
（d）带螺母的圆锥心轴

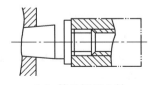
（e）简易螺纹心轴

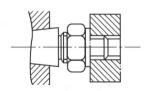
（f）带螺母的螺纹心轴

图 2 - 9　常用的心轴

位。为了便于卸下工件，可在芯轴大端配上一个旋出工件的螺母，如图 2 - 9(c)、(d)所示。

（4）螺纹心轴定位夹具，当工件内孔是螺孔时，可用螺纹心轴定位夹具，如图 2 - 9(e)、(f)所示。

（5）拨齿顶尖夹具，用于轴类工件车削的夹具。车削时，工件由主轴上通过变径套安装的拨齿带动旋转，拨齿顶尖的结构如图 2 - 10 所示。壳体 1 可通过标准变径套或直接与车床主轴孔连接，壳体内装有用于环件定心的顶尖 2，拨齿套 5 通过螺钉 4 与壳体连接，止退环 3 可防止螺钉的松动。在数控车床上使用这种夹具，通常可以加工 ϕ10 mm～ϕ60 mm 直径的轴类工件。

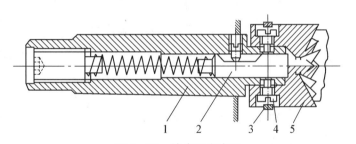

图 2 - 10　拨齿顶尖夹具
1—壳体；2—顶尖；3—止退环；4—螺钉；5—拨齿套

（6）可调卡爪式卡盘夹具，可调卡爪式卡盘的结构如图 2-11 所示。每个基体卡座 2 上都对应配设有不淬火的卡爪 1，其径向夹紧位置可以通过卡爪上的端齿和螺钉单独进行粗调整（错齿移动），或通过差动螺杆 3 单独进行细调整。为了便于对较特殊的、批量大的盘类零件进行准确定位及装夹，还可按其实际需要，用车刀将不淬火卡爪的夹持面车至所需的尺寸。这种卡盘适用于在没有尾座的卡盘式数控车床上使用。还可在车床主轴尾部设置拉紧机构，通过该卡盘上的拉杆 4，实现对零件的自动快速松开和夹紧。

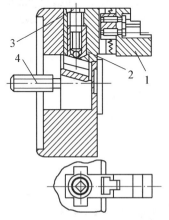

图 2 - 11　可调卡爪式卡盘夹具
1—卡爪；2—基体卡座；
3—差动螺杆；4—拉杆

2.1.10 数控车削加工中的装刀与对刀

装刀与对刀是数控机床加工中极其重要并十分棘手的一项工艺准备工作。特别是对刀的好坏,将直接影响到加工程序的编制及零件的尺寸精度。通过对刀或刀具预调,还可同时测定其各号刀的刀位偏差,有利于设定刀具补偿量。

1. 车刀的安装

在实际切削中,车刀安装的高低、车刀刀杆轴是否垂直,对车刀工作角度有很大影响。经车削外圆(或横车)为例,当车刀刀尖高于工件轴线时,因车削平面与基面的位置发生变化,使前角增大,后角减小;反之,前角减小,后角增大。车刀安装的歪斜,对主偏角、副偏角影响较大,特别是在车螺纹时,会使牙形半角产生误差。因此,正确地安装车刀,是保证加工质量、减小刀具磨损、提高刀具使用寿命的重要步骤。图2-12所示为车刀安装角度。当车刀安装成负前角时,切削力较大;安装成正前角时,可减小切削力。

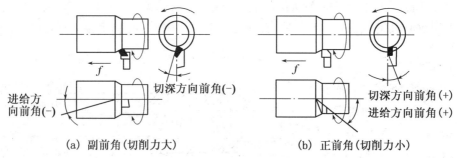

（a）副前角（切削力大）　　　（b）正前角（切削力小）

图2-12　车刀安装角度

2. 刀位点

刀位点是指在加工程序编制中,用以表示刀具特征的点,也是对刀和加工的基准点。对于车刀,各类车刀的刀位点如图2-13所示。

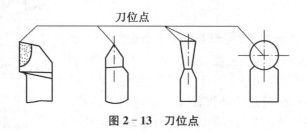

刀位点

图2-13　刀位点

3. 对刀

在加工程序执行前,调整每把刀的刀位点,使其尽量重合于某一理想基准点,这一过程称为对刀。对刀是数控加工中的重要操作,结合机床操作说明,掌握有关对刀的方法和技巧,具有十分重要的意义。

理想基准点可以设在基准刀的刀尖上,也可以设定在对刀仪的定位中心(如光学对刀镜内的十字刻线交点)上。对刀一般分为手动对刀和自动对刀两大类。目前,绝大多数的数控机床(特别是车床)采用手动对刀,其基本方法有定位对刀法、光学对刀法和试切对刀法。

（1）定位对刀法

定位对刀法的实质是按接触式设定基准重合原理而进行的一种粗定位对刀方法,其定位基准由预设的对刀基准点来体现。对刀时,只要将各号刀的刀位点调整至对刀基准点重合即可。该方法简便易行,因而得到广泛的应用,但其对刀精度受到操作者技术熟练程度的影响,一般情况下其精度都不高,还须在加工或试切中修正。

（2）光学对刀法

这是一种按非接触式设定基准重合原理而进行的对刀方法,其定位基准通常由光学显微镜（或投影放大镜）上的十字基准刻线交点来体现。这种对刀方法比定位对刀法的对刀精度高,并且不会损坏刀尖,是一种推广采用的方法。

（3）试切对刀法

在前两种手动对刀方法中,均受到手动和目测等多种误差的影响,对刀精度十分有限,实际加工中往往通过试切对刀,以得到更加准确和可靠的结果。

4. 对刀点、换刀点位置的确定

对刀点是数控车床加工时刀具相对于工件运动的起点。编程时应首先选好对刀点的位置。选择对刀点的一般原则:

（1）尽量使加工程序的编制工作简单、方便;

（2）便于用常规量具在车床上进行测量;

（3）便于工件的装夹;

（4）对刀误差较小或可能引起的加工误差最小。

换刀点是指在编制数控车床多刀加工的加工程序时,相对于机床固定原点而设置的一个自动换刀或换工作台的位置。换刀的具体位置应根据工序内容而定。为了防止在换（转）刀时碰撞到被加工零件、夹具或尾座而发生事故,除特殊情况外,其换刀点都设置在被加工零件的外面,并留有一定的安全区。

2.1.11 数控车床的刀具补偿

1. 刀具位置补偿

在编程时一般以一把刀具为基准,并以该刀具的刀尖位置为依据来建立坐标系。这样当其他刀具转到加工位置时,刀尖的位置应会有偏差。另外,每把刀具在加工过程中都有磨损。因此,对刀具的位置和磨损就需要进行补偿,使刀尖的位置与基准刀具的刀尖重合。采用 T 代码指令指定刀具的位置偏置补偿,由字母 T 和后面的 4 位数字组成:

T X X X X
刀具号 刀具偏置号

与刀具偏置号 X X 对应的偏置量预先用 MDI 操作在偏置存储器中设定。如 T0203 表示选择 2 号刀,调用 3 号刀具偏置号中预存的偏置量。若刀具的偏置号为 00,则表示偏置量为 0,即取消补偿功能。

2. 刀尖半径补偿

大多数全功能的数控机床都具备刀具半径（直径）自动补偿功能,因此只要按工件轮廓尺寸编程,再通过系统自动补偿一个刀具半径值即可。

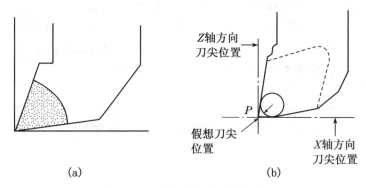

图 2-14 刀尖半径与假想刀尖

刀尖半径:即车刀刀尖部分为一圆弧构成假想圆的半径值,一般车刀均有刀尖半径,用于车外径或端面时,刀尖圆弧大小并不起作用,但用于车倒角、锥面或圆弧时,则会影响精度,因此在编制数控车削程序时,必须给予考虑。

假想刀尖:所谓假想刀尖如图 2-14(b)所示,P 点为该刀具的假想刀尖,相当于图 2-14(a)尖头刀的刀尖。假想刀尖实际上不存在。

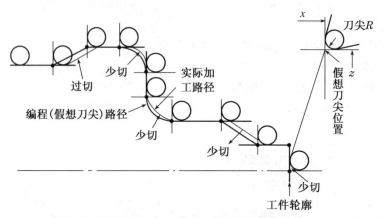

图 2-15 切削及欠切现象

如图 2-15 所示为由于刀尖半径 R 而造成的过切削和欠切现象。

用手动方法计算刀尖半径补偿值时,必须在编程时将补偿量加入程序中,一旦刀尖半径值变化时,就需要改动程序,这样很繁琐,刀尖半径(R)补偿功能可以利用数控装置自动计算补偿值,生成刀具路线,下面就讨论刀尖半径自动补偿的方法。

3. 刀尖圆弧半径补偿的实现

(1) 刀尖半径补偿的设定(G40、G41、G42 指令)

G40(解除刀具半径补偿):解除刀尖半径补偿,应写在程序开始的第一个程序段及取消刀具半径补偿的程序段,取消 G41、G42 指令。

G41(左偏刀具半径补偿):面朝与编程路径一致的方向,刀具在工件的左侧,则用该补偿。

G42(右偏刀具半径补偿):面朝与编程路径一致的方向,刀具在工件的右侧,则用该指令补偿,如图 2 - 16 所示为根据刀具与零件的相对位置及刀具的运动方向选用 G41 或 G42 指令。

刀尖半径补偿量可以通过刀尖补偿设定画面设定,T 指令要与刀具补偿编号相对应,并且要输入假想刀尖位置编号,假想刀尖位置序号共有 10 个(0～9),如 2 - 17 图所示。

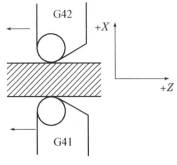

图 2 - 16　G41、G42 指令

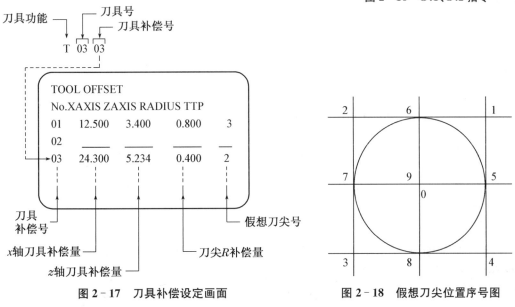

图 2 - 17　刀具补偿设定画面

图 2 - 18　假想刀尖位置序号图

如图 2 - 18 所示为几种数控车床用刀具的假想刀尖位置。如图 2 - 19 所示为数控车床用刀具的假想刀尖位置。

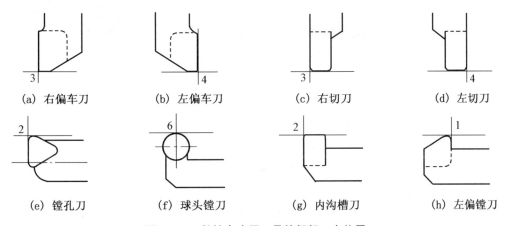

(a) 右偏车刀　　　(b) 左偏车刀　　　(c) 右切刀　　　(d) 左切刀

(e) 镗孔刀　　　(f) 球头镗刀　　　(g) 内沟槽刀　　　(h) 左偏镗刀

图 2 - 19　数控车床用刀具的假想刀尖位置

（2）刀尖半径补偿注意事项

① G41、G42 指令不能与圆弧切削指令写在同一个程序段上，可以与 G00 和 G01 指令写在同一个程序段内，在这个程序段的下一程序段始点位置，与程序中刀具路径垂直的方向线过刀尖圆心。

② 必须用 G40 指令取消刀尖半径补偿，在指定 G40 程序段的前一个程序段的终点位置，与程序中刀具路径垂直的方向线过刀尖圆心。

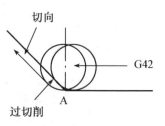

图 2-20 过切削

③ 在使用 G41 或 G42 指令模式中，不允许有两个连续的非移动指令，否则刀具在前面程序段终点的垂直位置停止，且产生过切或欠切现象，如图 2-20 所示。

非移动指令：M 代码、S 代码、暂停指令（G04）、某些 G 代码，例如：G50、G96……移动量为零的切削指令，例如：G01 U0 W0。

2.2 数控车削刀具

数控机床必须有与其相适应的切削刀具配合，才能充分发挥作用，数控加工中所用的刀具，必须适合数控机床所特有的工作条件，才能与机床在最佳工作条件下工作，从而充分发挥数控机床应有的作用。

由于数控机床及加工中心具有多把刀具连续生产的特点，如果刀具设计、选择或使用不合理，就会造成断屑、排屑困难或刀刃过早磨损而影响加工精度，甚至发生刀刃破坏而无法进行正常切削，产生大量废品或被迫停机。数控机床所使用刀具不仅数量多，而且类型、材料、规格尺寸及采取的切削用量和切削时间也不相同，刀具耐用度的相差很悬殊。因此，在选用数控机床的刀具时，必须考虑到与刀具相关的各种问题。

2.2.1 数控机床对刀具的要求

为了保证数控机床的加工精度，提高生产率及降低刀具的消耗，在选用刀具时对刀具提出了很高的要求，如能可靠的切削、较高的耐用度、可快速调整与更换等。

1. 适应高速切削要求，具有良好的切削性能

为提高生产效率和加工高硬度材料的要求，数控机床向着高速度、大进给、高刚性和大功率发展。中等规格的加工中心，其主要最高转速一般为 3 000～5 000 r/min，工作进给由 0～5 m/min 提高到 0～15 m/min。

为加工高硬度工件材料（如淬火模具钢），数控机床所采用刀具必须有承受高速切削和较大进给量的性能，而且要求刀具有较高的耐用度。

2. 高的可靠性

数控机床加工的基本前提之一是刀具的可靠性。要保证在加工中不发生意外的损坏。刀具的性能一定要稳定可靠，同一批刀具的切削性能和耐用度不得有较大差异。

3. 较高的刀具耐用度

刀具在切削过程中不断地被磨损而造成工件尺寸的变化,从而影响加工精度。刀具在两次调整之间所能加工出合格零件的数量,称为刀具的耐用度。在数控机床加工过程中,提高刀具耐用度非常重要。

4. 高精度

为了适应数控机床的高精度加工,刀具及其装夹机构必须具有很高的精度,以保证它在机床上的安装精度(通常在 0.005 mm 以内)和重复定位精度。

5. 可靠的断屑及排屑措施

切屑的处理对保证数控机床正常工作有着特别重要的意义。在数控机床加工中,紊乱的带状切屑会给加工过程带来很多危害,在可靠卷屑的基础上,还需要畅通无阻地排屑。对于孔加工刀具尤其如此。

6. 精确迅速地调整

数控机床及加工中心所用刀具一般带有调整装置,这样就能够补偿由于刀具磨损而造成工件尺寸的变化。

7. 自动快速的换刀

数控机床一般可采用机外预调尺寸的刀具,而且换刀是在加工的自动循环过程中实现的,即自动换刀。这就要求刀具应能与机床快速、准确地结合和脱开,并能适应机械手或机器人的操作。所以连接刀具的刀柄、刀杆、接杆和装夹刀头的刀夹已发展成各种适应自动化加工要求的结构,成为包括刀具在内的数控工具系统。

8. 刀具标准化、模块化、通用化及复合化

数控机床所用刀具的标准化,可使刀具的品种规格减少,成本降低。数控工具系统模块化、通用化,可使刀具适用于不同的数控机床,从而提高生产率,保证加工精度。

2.2.2 数控刀具的种类

数控机床在加工中均应使用数控刀具,其中齿轮刀具、花键及孔加工刀具、螺纹专用刀具等属于成形刀具。数控刀具主要指数控车床、数控铣床、加工中心等机床上所使用的刀具。对数控机床刀具应该从广义角度来理解"刀具"的含义。随着数控机床功能、结构的发展,数控机床上所使用的数控刀具已经不是普通机床"一机一刀"的模式,而是多种不同类型的刀具同时在数控机床上轮换使用,达到自动换刀和快速换刀的目的。因此,对"数控刀具"的含义应该理解为"数控刀具系统"。图 2-21 和图 2-22 是两种加工中心上普遍应用的典型刀具系统。

为了保证刀具的可互换性,除了机床的自动换刀机构,还必须有刀柄和工具系统。刀柄是机床主轴与刀具之间的连接工具,是数控铣床、加工中心必备的辅具。它能够准确地安装各种刀具,还能够满足在机床主轴上的自动松开和拉紧定位,以及在刀库中的存储识别和机械手的夹持,如图 2-23 所示。刀柄的选用要和机床的主轴孔相对应。刀柄已经标准化和系列化。

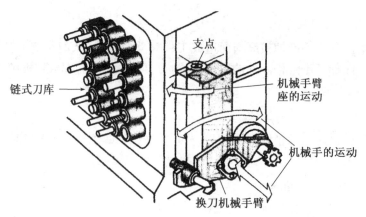

图 2－21　链轮式自动换刀系统

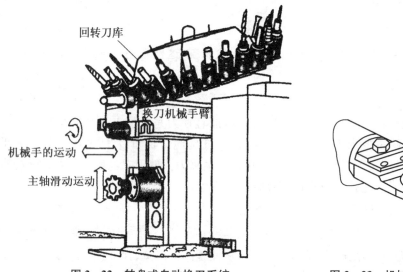

图 2－22　转盘式自动换刀系统

图 2－23　机械手夹持刀柄

数控铣床和加工中心上的刀柄一般采用 7：24 圆锥刀柄，如图 2－24 所示。7：24 圆

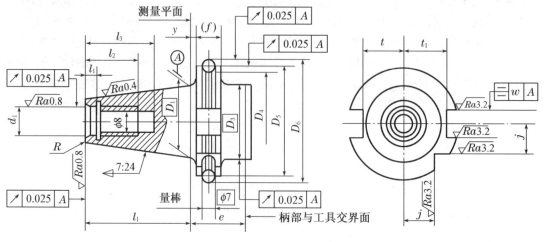

图 2－24　7：24 圆锥工具柄部简图

锥刀柄的特点是换刀方便,有较高的定心精度和刚度,但是不能实现自锁。其锥柄部分和机械抓拿部分均有相应的国际和国家标准。具体尺寸可以查阅国标 GB 10944 和 GB 10945。此两项国标与国际标准 ISO 7388—1 和 ISO 7388—2 等效。

数控刀具的分类方式有以下几种:

1. 从结构上分类

(1) 整体式

由整块材料磨制而成,使用时根据不同用途将切削部分磨成所需形状。其特点是结构简单、使用方便、可靠、更换迅速等。

(2) 镶嵌式

分为焊接式和机夹式。机夹式又可根据刀体结构的不同,分为不转位刀具和可转位刀具。

(3) 减振式

当刀具的工作长度与直径比大于 4 时,为了减少刀具的振动,提高加工精度,应该采用特殊结构的刀具。减振式刀具主要应用在镗孔加工上。

(4) 内冷式

内冷式刀具的切削冷却液通过机床主轴或刀盘流到刀体内部,并从喷孔喷射到刀具切削刃部位。

(5) 特殊式

包括强力夹紧、可逆攻螺纹、复合刀具等。

现在数控机床的刀具主要采用不重磨机夹可转位刀具。

2. 从制造材料上分类

(1) 高速钢刀具
(2) 硬质合金刀具
(3) 陶瓷刀具
(4) 立方氮化硼刀具
(5) 聚晶金刚石刀具

目前数控机床的刀具主要使用硬质合金刀具。

3. 从切削工艺上分类

(1) 车削刀具
有外圆车刀、端面车刀、内孔车刀和成形车刀等。

(2) 钻削刀具
有普通麻花钻、可转位浅孔钻和扩孔钻等。

(3) 镗削刀具
有单刃镗刀、多刃镗刀和多刃组合镗刀等。

(4) 铣削刀具
有面铣刀、立铣刀、键槽铣刀、模具铣刀和成形铣刀等。

2.2.3 数控刀具的特点和性能要求

1. 数控刀具的特点

为了能够实现数控机床上刀具高效、多能、快换和经济的目的,数控机床上所使用的刀具必须具备以下特点:

(1) 数控刀具必须有很高的切削效率。数控机床价格昂贵,为提高其生产效率和加工高硬度材料的性能,数控机床正朝着高速、大进给、高刚性和大功率发展。因此,现代刀具必须具有能够承受高速切削和强力切削的性能。预测硬质合金刀具的切削速度将由 200～300 m/min 提高到 500～600 m/min,陶瓷刀具的切削速度将提高到 800～1 000 m/min。刀具切削效率的提高,将使得生产效率提高并明显降低成本,所以在数控加工中应该尽量使用优质高效刀具。

对于数控铣床,应该采用高效铣刀和可转位钻头等先进刀具;采用的高速钢刀具尽量使用整体式涂层刀具,以保证刀具的耐用度;新型刀具材料如涂层硬质合金,陶瓷和超硬材料(如聚晶金刚石和立方氮化硼)的使用,更能充分发挥数控机床的优势。

(2) 数控刀具必须具有较高的安装精度和重复定位精度。为了适应数控机床加工的高精度和自动换刀的要求,刀具及其装夹机构必须具有很高的精度,才能保证它在机床上的安装精度(通常在 0.005 mm 以内)和重复定位精度。因此加工中使用的刀具锥柄,快换夹头与机床锥孔间的连接部分应该具有较高的制造和定位精度。刀体加工也应该具有较高的尺寸和形状精度。当进行高精度零件的加工时,应该选用精化刀具,保证要求的刀尖位置精度。数控机床用的整体刀具也应有高精度的要求,例如有些立铣刀的径向尺寸精度高达 0.005 mm,以满足精密零件的加工要求。

(3) 要求刀具具有很高的可靠性和耐用度。

(4) 可实现刀具尺寸的预调和快速换刀。

(5) 具有一个比较完善的工具系统。

(6) 要建立刀具管理系统。

(7) 有刀具在线监控及尺寸补偿系统。

2. 数控刀具的性能要求

为适应数控机床加工精度、加工效率高、加工工序集中以及零件装夹次数少的要求,数控机床对所用的刀具还有许多性能上的要求:

(1) 刀片、刀具几何参数和切削参数的规范化。

(2) 刀片或刀具材料以及切削参数与被加工工件的材料之间匹配的选用原则。

(3) 刀片或刀具的耐用度及其经济寿命指标的合理化。

(4) 刀片或刀柄定位基准的优化。

(5) 刀片与刀柄对机床主轴相对位置的要求。对刀柄的强度、刚性及耐磨性的要求。

(6) 对刀柄的强度、刚性及耐磨性的要求。

(7) 对刀柄的转位、装拆和重复精度的要求。

(8) 刀片与刀柄切入位置和方向的要求。

(9) 刀片与刀柄高度的通用化、规则化、系列化。

2.2.4 数控机床所用刀具材料的类型与选择

1. 刀具切削部分的材料具备的性能条件

(1) 较高的硬度和耐磨性

刀具切削部分的硬度必须高于工件材料的硬度,一般要求刀具材料常温硬度在62HRC以上。耐磨性是材料抵抗磨损的能力,刀具材料的硬度越高,耐磨性就越好。

(2) 足够的强度和韧性

刀具在切削过程中要承受很大的切削力,要使刀具在冲击和振动的条件下工作不产生崩刃和折断,刀具材料就必须具有足够的强度和韧性。

(3) 较高的耐热性

耐热性是指刀具材料在高温下保持硬度、耐磨性和强度及韧性的性能,它是衡量刀具材料切削性能的主要标志。

(4) 较高的导热性

导热系数越大,由刀具传出热量的速度越快,就越有利于降低切削温度和提高刀具耐用度。

(5) 良好的工艺性

为便于刀具制造,要求刀具材料具有良好的工艺性能,如锻造、轧制、焊接、切削加工和可磨削性,热处理性及高温塑性变形性能,对于硬质合金和陶瓷刀具材料,还应具备良好的烧结及压力成形的性能。

2. 刀具材料

目前所采用的刀具材料,主要有高速钢、硬质合金、陶瓷、立方氮化硼和聚晶金刚石。

(1) 高速钢

高速钢是一种加入了较多的钨、钼、铬、钒等合金元素的高合金工具钢。高速钢具有较高的热稳定性、高的强度(抗弯强度一般为硬质合金的2~3倍,为陶瓷的5~6倍)和韧性(较硬质合金和陶瓷高十几倍)、一定的硬度(63~69HRC)和耐磨性,在600℃仍然能保持较高的硬度。高速钢的材料性能较硬质合金和陶瓷稳定,但延压性较差,热加工困难,耐热冲击较弱,因此高速钢刀具可以用来加工从有色金属到高温合金的广泛材料。由于高速钢容易磨出锋利切削刃,能锻造,所以在复杂刀具上广泛使用。

按用途不同,高速钢可分为通用型高速钢和高性能高速钢。

通用型高速钢,广泛用于制造各种复杂刀具,可以切削硬度在250~280 HBS以下的结构钢和铸铁材料。这类高速钢的典型牌号有W18Cr4V(简称W18)、W6Mo5Cr4V2(简称M2)、W9Mo3Cr4V(简称W9)。高性能高速钢包括高碳高速钢、高钒高速钢、钴高速钢和超硬高速钢等,这些又称高热稳定性高速钢,其刀具耐用度约为通用型高速钢刀具的1.5~3倍,适合于加工超高强度等难加工材料,其典型牌号有W6Mo5Cr4V2Al和W10Mo4Cr4V3Al(5F-6)是两种含铝的超硬高速钢,具有良好的切削性能。

(2) 硬质合金

硬质合金是将钨钴类(WC)、钨钴钛(WC-TiC)、钨钛钽(铌)钴(WC-Ti-TaC)等难熔金属碳化物,用金属粘接剂Co或Ni等经粉末冶金方法压制烧结而成。由德国的

KRUPP 公司 1926 年发明,其主体是 WC、Co 系。

硬质合金的硬度(89～93 HRA)、耐磨性都很高,其切削性能比高速钢高得多,刀具耐用度可提高几倍到几十倍,但硬质合金的抗弯强度为 0.9～1.5 GPa,比高速钢低得多,冲击韧度也较差,故不能像高速钢刀具那样承受大的切削振动和冲击负荷。

硬质合金由于切削性能优良,因此被广泛应用作刀具材料。绝大多数的车刀片和端铣刀片都采用硬质合金制造;深孔钻、绞刀等刀具也广泛采用硬质合金;一些复杂刀具如齿轮滚刀(特别是整体小模数滚刀和加工淬硬齿面的滚刀)也采用硬质合金。

按照 ISO 标准以硬质合金的硬度、抗弯强度等指标为依据,将切削用硬质合金分为三类:K 类(相当于我国的 YG 类)、P 类(相当于我国的 YT 类)和 M 类(相当于我国的 YW 类)。

① K 类硬质合金(国家标准为 YG 类硬质合金):这类合金成分为 WC - Co(YG),有粗晶粒、中晶粒、细晶粒和超细晶粒之分。常用牌号有 YG3X、YG6X、YG6、YG8 等,主要用于加工铸铁及有色金属。此类合金的硬度为 89～91.5 HRA;抗弯强度为 1.1～1.5 GPa. 其中细晶粒硬质合金适用于加工一些特殊的硬铸铁、耐热合金、钛合金、硬青铜、硬的和耐磨的绝缘材料等;超细晶粒硬质合金用于加工难加工材料。

② P 类硬质合金(国家标准为 YT 类硬质合金):这类硬质合金分为 WC - TiC - Co(YT),其中除 WC 外,还含有 5%～30% 的 TiC,常用牌号有 YT5、YT14、YT15 及 YT30,主要用于加工黑色金属(钢料)。YT 类合金的硬度高(89.5～92.5 HRA),但抗弯强度(0.9～1.5 GPa)和冲击韧度较低,其突出特点是耐热性好,其耐热性随含量的增加而提高。

③ M 类硬质合金(国家标准为 YW 类硬质合金):这类硬质合金成分 WC - TiC - TaC(NC) - Co(YW),是在前述硬质合金中加入一定数量的 TaC(NbC)形成的,常用的牌号有 YWⅠ和 YWⅡ,主要用于加工长切屑或短切屑的黑色金属和有色金属。其抗弯强度、疲劳强度和韧性、高温硬度和高温强度以及抗氧化能力和耐磨性均得到提高。此类硬质合金的成分和性能介于 K 类和 P 类之间。既可用于加工铸铁及有色金属,也可用于加工各种钢及其合金。

涂层硬质合金刀具是在韧性较好的硬质合金基体上或高速钢刀具基体上,涂覆一薄层耐磨性能高的难熔金属化合物而成的。常用的涂层材料有 TiC、TiB、ZrO 及 AlO 等陶瓷材料。涂层可采用单涂层,也可采用双涂层或多涂层,涂层厚度一般为 0.005～0.015 mm。

硬质合金的涂层方法分为两类,一类为化学涂层法,一类为物理涂层法法。化学涂层是将各种化合物通过化学反应,沉积在工具表面上形成表面膜,反应温度一般在 1 000 ℃左右。物理涂层是在 550 ℃以下将金属和气体离子化后,喷涂在工具表面上。

换句话说,尽管硬质合金刀体的基体是 P、M、K 类中的某一类型,但是在涂层之后其所能覆盖的种类就更为广泛了,既可以属于 P 类,也可以属于 M 类和 K 类。因此在实际加工中,对涂层刀具的选取就不应拘泥于 P(YT)、M(YW)、K(YG)等划分。

硬质合金涂层一般采用化学涂层法(CVD 法)生产。涂层物质以 TiC 最多。数控机床上机夹不重磨刀具的广泛使用,为发展涂层硬质合金刀片开辟了广阔的天地。涂层刀具的使用范围广泛,从非金属、铝合金到铸铁,钢以及高强度钢、高硬度钢和耐热合金、钛合金等难加工材料的切削均可使用。实际加工使用中,涂层硬质合金刀片的耐用度较之普通硬质合金至少可提高 1～3 倍,其通用性也广。涂层高速钢刀具主要有钻头、丝锥、滚刀、立铣刀等。

因为涂层刀具有比基体高得多的硬度、抗氧化性能、抗黏接性能以及低的摩擦系数,因而有高的耐磨性和抗月牙洼磨损能力,且可降低切削力及切削温度,所以在加工中可采用比未涂层刀具高得多的切削用量,从而使生产效率大大提高。

(3) 陶瓷刀具材料

陶瓷刀具材料是在陶瓷基体中添加各种碳化物、氮化物、硼化物和氧、氮化物等并按照一定生产工艺制成。它具有很高的硬度、耐磨性、耐热性和化学稳定性等独特的优越性,在高速切削范围以及加工某些难加工材料,特别是加热切削方面,包括涂层刀具在内的任何高速钢和硬质合金刀具都无法与之相比。陶瓷不仅用于制造各种车刀、镗刀,也开始用于制造成形车刀、铰刀及铣刀等刀具。在数控机床和加工中心加工过程中,正是由于陶瓷刀具所具备的优异切削性能及高的可靠性,使数控机床的高自动化、高生产率的性能得以充分发挥。

陶瓷刀具材料的品种牌号很多,按其主要成分大致可分为以下三类。

① 氧化铝系陶瓷

它是以氧化铝(AlO)为主体的陶瓷材料,其中包括纯氧化铝陶瓷,氧化铝中添加各种碳化物、氧化物、氮化物与硼化物等的组合陶瓷。此类陶瓷的突出优点是硬度及耐磨性高,缺点是脆性大,抗弯强度低,抗热冲击性能差。目前多用于铸铁及调质钢的高速精加工。

② 氮化硅系陶瓷

包括氮化硅(SiN)陶瓷和氮化硅为基体的添加其他碳化物制成的组合氮化硅陶瓷。这种陶瓷的抗弯强度和断裂韧性比氧化铝系陶瓷有所提高,抗热冲击性能也较好,在加工淬硬钢、冷硬铸铁、石墨制品及玻璃钢等材料时有很好的效果。

③ 复合氮化硅-氧化铝(SiN+AlO)系陶瓷

其主要成分为硅(Si)、铝(Al)、氧(O)、氮(N)。该材料具有极好的耐高温性能、抗热冲击和抗机械冲击性能,是加工铸铁材料的理想刀具。其特点之一是能采用大进给量,加之允许采用很高的切削速度,因此可极大地提高生产率。

金属陶瓷刀具的最大优点是与被加工材料的亲和性极低,因此不易产生黏刀和积屑瘤,使得加工表面范围光洁平滑,在刀具材料中是进行精加工的精品。但是,由于其韧性差而大大限制了它在实际中的应用。

(4) 立方氮化硼(CBN)

立方氮化硼是靠超高压、高温技术人工合成的新型材料,其结构与金刚石相似。它的硬度略逊于金刚石,但热硬性远高于金刚石,且与铁族元素亲和力小,加工中不易产生切削瘤。

立方氮化硼粒子硬度高达 4 500 HV,在加热温度达到 1 300 ℃时仍能保持性能稳定,并且与铁的反应性低,是迄今为止能够加工铁系金属的最硬的一种刀具材料。硬度达 60～70 HRC 的淬硬钢等高硬材料均可采用立方氮化硼刀具来进行切削加工,使加工效率得到了极大的提高。

现在,某些超硬刀具材料如金刚石及立方氮化硼制作的刀具也开始用于数控机床和加工中心,能对某些难加工材料进行高精度和高生产率加工。

切削普通灰铸铁且线速度在 300 m/min 以下时,一般可采用涂层硬质合金;线速度在

300～500 m/min 时,可采用陶瓷刀具;线速度在 500m/min 以上时,可采用立方氮化硼刀具。可以说,立方氮化硼刀具将是超高速加工的首选刀具材料。

(5) 聚晶金刚石(PCD)

聚晶金刚石是用人造金刚石颗粒,通过添加 C、硬质合金、NiCr、Si－SiC 以及陶瓷结合剂,在高温(1 200 ℃)高压下烧结成形的刀具,在实际中得到了广泛应用。

金刚石刀具与铁系金属有极强的亲和力,切削中刀具的碳元素极易得到扩展而导致磨损。但与其他材料的亲和力很低,切削中不易产生黏刀现象,切削刃口可以磨得非常锋利。所以,它只适用于高效加工有色金属材料,能得到高精度、高光亮度的加工表面。特别是聚晶金刚石刀具消除了金刚石的性能异向性,使得其在高精加工领域中得到了普及。金刚石在大气温度超过 600 ℃时将被碳化而失去本来面目,因此金刚石刀具不适宜用在可能会产生高温的切削中。

上述几类刀具材料,从总体上来说,在材料的硬度、耐磨性方面以金刚石为最高,立方氮化硼、陶瓷、硬质合金到高速钢依次降低;从材料的韧性来看,则高速钢最高,硬质合金、陶瓷、立方氮化硼、金刚石依次降低。如图 2－25 所示,显示了目前实用的各种刀具材料硬度和韧性排列的大致位置。涂层刀具材料具有较好的实用性能,也是将来实现刀具材料硬度和韧性并重的重要手段。在数控机床中,目前采用最为广泛的刀具材料是硬质合金。因此从经济性、适应性、多样性、工艺性等多方面,硬质合金的综合效果都优于陶瓷、立方氮化硼、聚晶金刚石。

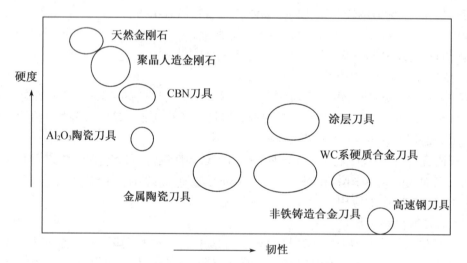

图 2－25　刀具材料的硬度与韧性的关系

2.2.5　数控刀具的失效形式

在数控加工过程中,当刀具磨损到一定程度,崩刃、卷刃(塑变)或破损时,刀具即丧失了其加工能力而无法保证零件的加工质量,此种现象称为刀具失效。刀具破损的主要形式及其产生的原因有以下方面。

1. 后刀面磨损

后刀面磨损是指有机械交变应力引起的出现在刀具后面上的摩擦磨损。

如果刀具材料较软,刀具的后角偏小,加工过程中切削速度偏高,进给量太小,都会造成刀具后刀面的磨损过量,并由此使得加工表面的尺寸和精度降低,增大切削中的摩擦阻力。因此应该选择耐磨性较高的刀具材料,同时降低切削速度,加大进给量,增大刀具后角。如此才能避免或减少刀具后刀面磨损现象的产生。

2. 边界磨损

主切削刃上的边界磨损常发生于与工件的接触面处。

边界磨损的主要原因是工件表面硬化及锯齿状切削造成的摩擦。解决的措施是降低切削速度和进给速度,同时选择耐磨刀具材料,并增大刀具的前角使得切削刃锋利。

3. 前刀面磨损

指在刀具的前刀面上由摩擦和扩散导致的磨损。

前刀面磨损主要由切屑和工件材料的接触,以及对发热区域的扩散引起。另外刀具材料过软,加工过程中切削速度较高,进给量较大,也是前刀面磨损产生的原因。前刀面磨损会使刀具产生变形,干扰排屑,降低切削刃的强度。应该采用降低切削速度和给进速度,同时选择涂层硬质合金材料来达到减小前刀面磨损的目的。

4. 塑性变形

指切削刃在高温或高应力作用下产生的变形。

切削速度和进给速度太高以及工件材料中硬质点的作用、刀具材料太软和切削刃温度较高等现象,都是产生塑性变形的主要原因。塑性变形的产生会影响切屑的形成质量,并导致刀具崩刃。可以通过降低切削速度和进给速度,选择耐磨性高和导热性能好的刀具材料等措施来达到减少塑性变形的目的。

5. 积屑瘤

指工件材料在刀具上黏附物质。

积屑瘤的产生大大降低工件表面的加工质量,会改变切削刃的形状并最终导致切削刃崩刃。可以采取提高切削速度,选择涂层硬质合金或金属陶瓷等刀具材料,并在加工过程中使用冷却液等对策。

6. 刃口脱落

指切削刃口上出现的一些很小的缺口,非均匀的磨损等。

主要有断续切削、切屑排除不流畅等因素造成。应该在加工时降低进给速度,选择韧性好的刀具材料和切削刃强度高的刀片,来避免刃口剥落现象的产生。

7. 崩刃

崩刃将损坏刀具和工件。

崩刃产生的主要原因有刀具刃口的过度磨损和较高的加工应力,也可能是刀具材料过硬、切削刃强度不足以及进给量太大造成。刀具应该选择韧性较好的合金材料,加工时应减小进给量和背吃刀量,另外还可选择高强度或刀尖圆角较大的刀片。

8. 热裂纹

指由于断续切削时的温度变化而产生的垂直于切削刃的裂纹。

热裂纹会降低工件表面的质量,并导致刃口剥落。刀具应该选择韧性好的合金材料,同时在加工中减小进给量和背吃刀量,并进行干式切削,或在湿式切削加工时有充足的冷却液。

2.2.6 数控可转位刀片与刀片代码

从刀具的材料方面,数控机床使用的刀具材料主要是各类硬质合金。从刀具的结构方面,数控机床主要采用机夹可转位刀具。因此对硬质合金可转位刀片的运用是数控机床操作者所必须掌握的内容。

选用机夹式可转位刀片,首先要了解各类机夹式可转位刀片的表示规则和各代码的含义。按照国际标准 ISO 1832—1985 中可转换刀片的代码表示方法,刀片代码由 10 位字符串组成,其排列顺序如下:

| 1 | 2 | 3 | 4 | 5 | 6 | 7 | 8 | 9 | - | 10 |

其中每一位字符串代表刀片某种参数的意义:

1——刀片的几何形状及其夹角;2——刀片主切削刃后角(法角);3——刀片内接圆直径 d 与厚度 s 的精度级别;4——刀片型式、紧固方法或断屑槽;5——刀片边长、切削刀长度;6——刀片厚度;7——刀尖圆角半径 r 或主偏角 κ_r 或修光刃后角 α;8——切削刃状态,刀尖切削刃或倒棱切削刃;9——进刀方向或倒刃宽度;10——厂商的补充符号或倒刃宽度。

一般情况下,第 8 位和第 9 位代码是当有要求时才写的。第 10 位代码根据具体厂商而不同,例如 SANDVIK 公司用来表示断屑槽形代号或代表设计有断屑槽等。

根据可转位刀片的切削方式不同,分别按照车、铣、钻、镗的工艺来叙述可转位刀片代码的具体内容。具体中参阅表 2-2 中的车削、铣削刃片的标记方法。

例如:车刀可转位刀片 TNUM160408ERA2 的表示含义:

T——60°三角形刀片形状;N——法后角为 0°;U——内切圆直径为 6.35 mm 时,刀尖转位尺寸允差±0.13 mm,内接圆允差±0.08 mm,厚度允差±0.13 mm;M——圆柱孔单面断屑槽;16——刀刃长度 16 mm;04——刀片厚度 4.76 mm;08——刀尖圆弧半径 0.8 mm;E——刀刃倒圆;R——向左方向切削;A2——直沟卷屑槽,槽宽 2 mm。

2.2.7 数控可转位刀片的夹紧

可转位刀片的刀具由刀片、定位元件、加紧元件和刀体所组成,为了使刀具能达到良好的切削性能,对刀片的夹紧有以下基本要求:

(1)夹紧可靠,不允许刀片松动和移动。

(2)定位准确,确保定位精度和重复精度。

(3)排屑流畅,有足够的排屑空间。

(4)结构简单,操作方便,制造成本低,转位动作快,换刀时间短。

常见可转位刀片的加紧方式通常采用的有楔块上压式、杠杆式、螺钉上压式等。如图 2-26 所示。

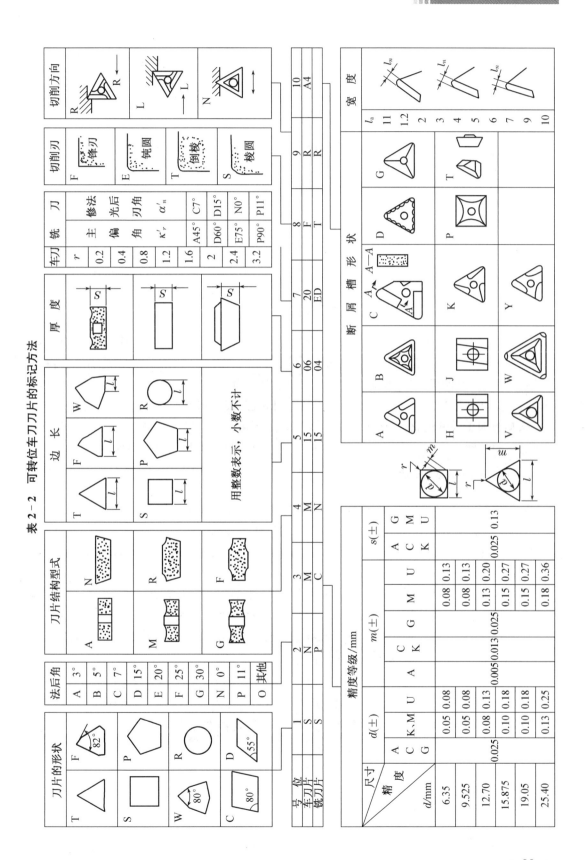

表2－2　可转位车刀刀片的标记方法

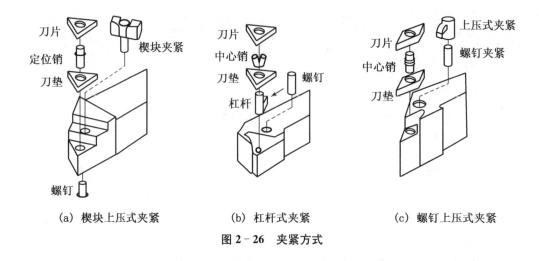

(a) 楔块上压式夹紧 (b) 杠杆式夹紧 (c) 螺钉上压式夹紧

图 2 - 26　夹紧方式

2.2.8　数控车削刀具(可转位刀片)的选择

数控机床刀具按照装夹、转换方式主要分为两大类:车削系统刀具和镗铣削系统刀具。车削系统刀具由刀片(刀具)、刀体,接柄(柄体)、刀盘所组成,通过刀具夹持系统(或刀具夹持装置)固定在数控车床上,普通数控车床刀具主要采用机夹可转位刀片的刀具。所以,车削系统刀具和普通数控车床刀具的选择主要是可转位刀片的选择。

根据被加工零件的材料、表面粗糙度要求和加工余量等条件,来决定刀片的类型。在选择可转位刀片时应充分考虑刀片材料、刀片尺寸、刀片形状、刀片的刀尖半径等因素。

2.2.9　数控车床所用刀具的装夹

数控车床用刀具必须有稳定的切削性能,能够承受较高的切削速度,必须能较好地断屑,能快速更换且能保证较高的换刀精度。为达到上述要求,数控车床应有一套较为完善的工具系统。数控车床用工具系统主要由两部分组成:一是刀具,另一部分是刀夹(夹刀器)。

数控车床用刀具的种类较多,除各种车刀外,在车削中心上还有钻头、铣刀、镗刀等。在车削加工中,目前主要使用各种机夹不重磨刀片,刀片种类和所用材料品种很多。国际标准(ISO)对于不重磨刀片的各种形式的编码和各种机夹夹紧刀片的方法均有统一规定。

1. 利用转塔刀架(或电动刀架)的刀具及其装夹

数控车床的刀架有多种形式,且各公司生产的车床的刀架结构各不相同,所以各种数控车床所配的工具系统也各不相同。一般是把系列化、标准化的精化刀具应用到不同结构的转塔刀架上,以达到快速更换的目的。如图 2 - 27 是数控车床上加工零件的刀具配置图。图 2 - 27(a)是电动四方刀架的刀具配置,图 2 - 27(b)是转塔刀架的刀具配置。

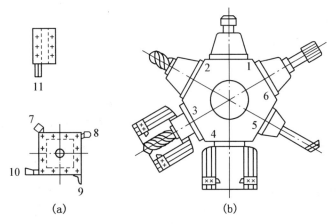

图 2‑27 刀具配置图

2. 快换刀夹

数控车床及车削中心也可采用快换刀夹,如图 2‑28 所示。图中为一种圆柱柄车刀快换刀夹,每把刀具都装在一个刀夹上,机外预调好尺寸,换刀时一起更换。快换刀夹的装夹方式大多数是采用 T 形槽夹紧的,也有采用齿纹面进行夹紧的。

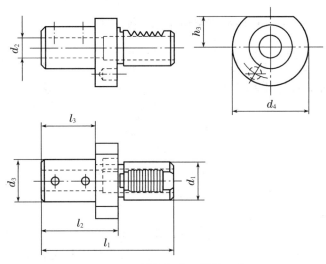

图 2‑28 圆柱柄车刀快换刀夹

3. 模块式车削工具及其装夹

转塔刀架转位或更换刀夹(整体式)只更换刀具头部,就能够实现换刀,如图 2‑29 所示。模块式车削工具连接部分如图 2‑30 所示。

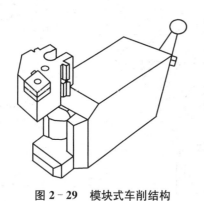

图 2‑29 模块式车削结构

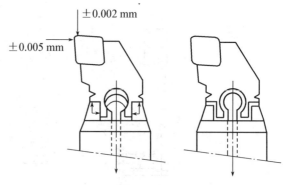

图 2‑30 模块式车削工具连接

2.3 数控车床程序编制

2.3.1 数控加工程序的格式及编程方法

1. 加工程序的结构

加工程序主要由程序号、程序内容和程序结束等组成。

（1）程序号

在加工程序的开头要有程序号，以便进行程序检索。程序号就是给零件加工程序一个编号，并说明零件加工程序开始。常用的符号"％"及其后四位十进制数表示"％××××"。4 位数中若前面为 0，则可以省略，如"％0100"等效于"％100"。有时也用字符"O"或"P"及其后 4 位十进制数表示程序号，如"O0100"。

（2）程序内容

程序内容是整个程序的核心，它由许多程序段组成，每个程序段由一个或多个指令构成，表示数控机床要完成的全部动作，包括加工前机床状态要求、刀具加工零件时的运动轨迹等。

（3）程序结束

程序结束的内容是当刀具完成对工件的切削加工后，执行该部分的程序可以做到刀具以什么方式退出切削、退出切削后刀具停留在何处、机床处在什么状态等。程序结束可用辅助功能代码 M02、M30、M99 来实现。

2. 程序的格式

（1）程序段格式

① 程序段的组成

程序段由程序段号、地址符、数据字和符号组成，即由若干个程序字按特定的格式组合而成。

② 程序段格式

程序段的格式是指在同一程序段中关于程序刀具指令、机床状态指令、机床坐标轴运动方向（即刀具运动轨迹）指令等各种信息代码的排列和含义规定的表示方法。不同的数控系统往往有不同的程序格式。所以,在编程时要严格参照该机床控制系统规定的要求格式来编写每一段程序段。最常用的是字地址程序段格式。它是以地址为首,其后跟一串数字组成程序号和各种数据字。它有如下特点:

① 程序长度可变。

② 不同含义的字在同一程序段内可同时使用。

③ 有的与上一段程序相同功能的字可以省略不写。

④ 表示坐标数据的单位为 mm,如果数据首位为零或小数点末位为零可以省略,例如:N08 G01 X12.360 Y10.310 可写成 N8 G1 X123.36 Y10.31。但仅有一个零的数则应至少用一个零来表示,如 N9 G0 X0 Y50.342。

综上所述,可变程序段格式具有程序简单、直观、容易检验和修改等特点,所以在数控机床的编程中得到广泛的应用。

3. 常用地址符及其含义

(1) 程序段序号 N

程序段序号用来表示程序段的序号,它由字母 N 和后续若干个数字表示。例如 N03,表示程序中的第三段程序。数控装置读取某段程序时,该程序段序号由屏幕显示,以便操作者了解或检查程序执行情况。

(2) 准备功能字 G

准备功能字由字母 G 和两位数字(G00~G99)组成,用来指定坐标系、定位方式、插补方式、加工螺纹、攻螺纹和各种固定循环以及刀具补偿等功能。

(3) 坐标字

坐标字给定机床在各个坐标轴上移动的方向和位移量,它由坐标地址字符和带正、负号的数字组成,例如 X40,表示 x 轴正方向 40 mm。

(4) 进给功能字 F

进给功能字用来指定刀具相对于工件的相对速度,单位是 mm/min. 但在车削螺纹、攻螺纹等工序中,因进给速度和主轴转速有关,用 F 直接指定导程。

(5) 主轴转速功能字 S

主轴转速功能字用于指定主轴转速,单位是 r/min,一般是直接指定。

(6) 刀具功能字 T

功能完善的数控系统,地址字 T 后接四位数字,前两位是刀具号,后两位是刀具补偿值组别号。例如 T0303 表示使用第三把刀具,并且调用第三组刀具补偿值,刀具补偿值一般是作为参数设定并由手动输入(MDI)方式输入数控装置。

(7) 辅助功能字 M

辅助功能字由地址字 M 后接二位数字(M00~M99)组成,用于指定主轴旋转方向和启动、停止、切削液供给和关闭、夹具夹紧和松开、刀具更换等功能。

4. 数控程序的编制方法及步骤

从分析零件图开始到零件加工完毕,整个过程如图 2-31 所示。

(1) 分析零件图

首先是能正确分析零件图,确定零件的加工部位,根据零件图的技术要求,分析零件的形状、基准面、尺寸公差和粗糙度要求,还有加工面的种类、零件的材料、热处理等其他技术要求。

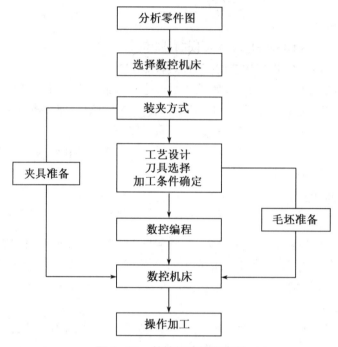

图 2-31 数控机床编程步骤

（2）数控机床的选择

根据零件形状和加工的内容及范围,确定该零件是否适宜在数控机床上加工,在哪类设备上加工,确定使用机床的种类。

（3）工件的装夹方法

工件的装夹方法直接影响着产品的加工精度和加工效率,必须认真加以考虑,工件安装尽可能利用通用夹具,必要时也要设计制造专用夹具。

（4）加工工艺确定

在该阶段要确定加工的顺序和步骤,一般分粗加工、半精加工、精加工等阶段。粗加工一般留 1 mm 的加工余量,要使机床和刀具在能力允许的范围内用尽可能短的时间完成。半精加工,一般留 0.1 mm 的加工余量。

精加工直接形成产品的最终尺寸精度和表面粗糙度,对于要求较高的表面要分别进行加工。

（5）刀具的选择

在对零件加工部位进行工艺分析以后,要确定使用的刀具,粗、精加工用的刀具要分开,所采用的刀具要满足加工质量和效率的要求。

（6）程序编制

完成以上工作后,就进入关键的阶段——程序的编制。首先进行数学处理,根据零件的几何尺寸、刀具的加工路线和设定的编程坐标系来计算刀具运动轨迹的坐标值。对于加工由圆弧和直线组成的简单轮廓的零件,只需计算出相邻几何元素的交点或切点坐标值即可。

对于较复杂的零件,计算会复杂;如对于非圆曲线,需用直线段或圆弧段来逼近;对于自由曲线、曲面等加工,要借助计算机辅助编程来完成。

（7）加工操作

加工程序编制完成以后,在加工以前要进行程序试运行,以便检验程序是否正确,然后再操作机床进行加工。

2.3.2　数控车床编程特点

数控车床编程具有以下特点:

（1）在一个编程段中,根据图样上标注的尺寸,可以采用绝对值编程或增量值编程,也可以采用混合编程。一般情况下,利用自动编程软件编程时,通常采用绝对值编程。

（2）被加工零件的径向尺寸在图样上和测量时,一般用直径值表示。因此通常采用直径尺寸进行编程比较方便。

（3）由于车削加工常采用棒料或锻料作为毛坯,加工余量大,为简化编程,数控装置常具备不同形式的固定循环,可进行多次重复循环切削。

（4）编程时,认为车刀刀尖是一点,而实际上为了提高刀具寿命和工件表面质量,车刀刀尖常磨成一个半径不大的圆弧。为提高工件的加工精度,在编制圆头刀程序时,需要对刀尖半径进行补偿。大多数数控车床都具有刀具半径补偿功能(G41、G42),这类数控车床可以直接按工件轮廓尺寸编程。

2.3.3　设定工件坐标系和工件原点

1. 机床坐标系

数控车床的机床原点是由数控车床的结构决定的,是车床上的一个固定点,一般为主轴旋转中心与卡盘后端面之交点。以机床原点为坐标系原点建立起来的 x、z 轴直角坐标系,称为机床坐标系。机床坐标系是制造和调整机床的基础,也是设置工件坐标系的基础,一般不允许随意变动。机床坐标系如图 2-32 所示。

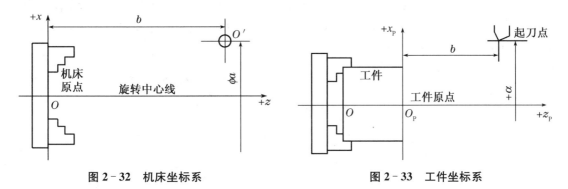

图 2-32　机床坐标系　　　　　　　　　　　图 2-33　工件坐标系

2. 参考点

参考点是机床上的一个固定点。该点是刀具退离到一个固定不变的极限点(图 2-32 中点 O' 即为参考点),其位置由机械挡块或行程开关来确定。以参考点为原点,坐标方向与机床坐标方向相同建立的坐标系叫作参考坐标系,在实际使用中通常是以参考坐标系计算坐标值。

3. 工件坐标系(编程坐标系)

零件在设计中有设计基准,在加工过程中有工艺基准,根据基准统一原则,应尽量将工艺基准与设计基准统一,该基准点通常称为工件原点,图 2-33 中点 O_p 即为工件原点,以工件原点为坐标原点建立起来的 x、z 轴直角坐标系,称为工件坐标系。在数控车床加工中,工件原点可以选择在工件的左或右端面上。

4. 直径指定和半径指定

在数控车削加工的程序编制中,X 轴的坐标系取零件图中的直径值或半径值,可以通过参数设定来选择和指定工件直径或半径尺寸的控制方式。一般数控车削指定直径尺寸编程,如图 2-34 所示。图中 A 点的坐标值为(30,80),B 点的坐标值为(40,60)。采用直径尺寸编程与零件图中的尺寸标注一致,这样可以避免尺寸换算过程中造成的错误,给编程带来很大的方便。

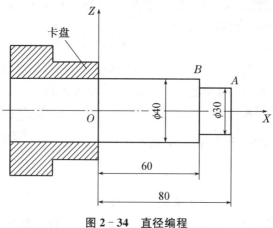

图 2-34 直径编程

5. 进刀和退刀

对于车削加工,进刀时采用快速走刀接近工件切削起点附近的某个点后,再改用切削速度进给。切削起点的确定与工件毛坯的余量大小有关,应该以刀具快速运行到该点时刀尖不与工件发生碰撞为原则,如图 2-35 所示。

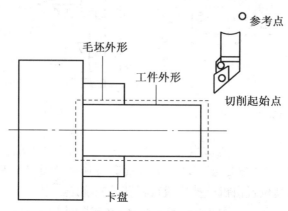

图 2-35 切削起始点的确定

2.3.4　与坐标和坐标系有关的指令

除了讲到的关于机床坐标原点和机床坐标系外,工艺员在数控编程过程中需要在工件上定义一个几何基准点,称为程序原点,也称为工件原点,用 W 表示。编程时一般选择工件上的某一点作为程序原点,并以这个原点作为坐标系的原点建立一个新的坐标系,称为编程坐标系(工件坐标系)。加工时工件必须夹紧在机床上,保证工件坐标系各坐标轴平行于机床坐标系的各坐标轴,由此在坐标轴上产生机床零点与工件零点的坐标值偏移量,该值作为可设定的零点偏移量输入到给定的数据区。当数控程序运行时,此值就可以用一个编程的指令(比如 G54)选择,如图 2-36 所示。

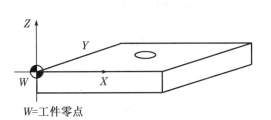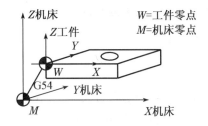

图 2-36　工件坐标系与工件原点

现代 CNC 系统一般都要求机床在回零操作后,即使机床回到机床原点或机床参考点(不同的机床采用的回零操作方式可能不一样,但一般都要求回参考点)之后,才能启动。机床参考点和机床原点之间的偏移值存放在机床参数中。回零操作后机床控制系统进行初始化,使机床运动坐标 X、Y、Z、A、B 等的显示(计数器)为零。

加工开始要设置工件坐标系,即确定刀具起点相对于工件坐标系原点的位置。常用两种方法来设置或建立编程坐标系。

2.3.5　绝对坐标和相对坐标指令(G90,G91)

表示运动轴的移动方式。使用绝对坐标指令(G90)程序中的位移量用刀具的终点坐标表示。相对坐标指令(G91)用刀具运动的增量表示。如图 2-37 所示,表示刀具从 A 点到 B 点的移动,用以上两种方式的编程分别如下:

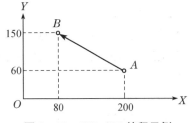

图 2-37　G90、G91 编程示例

格式:G90 X80.0 Y150.0;
　　　G91 X-120.0 Y90.0;

G90/G91 位模态功能,可相互注销,G90 为默认值。
G90/G91 可用于同一程序段中,但要注意其顺序所造成的差异。当图纸尺寸由一个固定基准给定时,采用绝对方式编程较为方便,而当图纸尺寸是以轮廓顶点之间的间距给出时,采用相对方式编程较为方便。

2.3.6　平面选择指令(G17、G18、G19)

G17、G18、G19 指令分别表示设定选择 XY、ZX、YZ 平面为当前工作平面。对于三坐标运动的铣床和加工中心,特别是可以三坐标控制,任意二坐标联动的机床,即所谓 $2\frac{1}{2}$ 坐标的机床,常需用这些指令指定机床在哪一平面进行运动。由于 XY 平面最常用,故 G17 可省略,对于两坐标控制的机床,如车床总是在 XZ 平面内运动,故无须使用平面指令。

2.3.7 加工准备类指令

1. 运动路径控制指令

2. 单位设定指令(G21/G20)

工程图纸中的尺寸标注有公制和英制两种形式,数控系统利用 G21/G20 指令表示程序中的数据是公制或英制尺寸,公制尺寸单位是 mm,英制尺寸单位是 in。公制与英制单位的换算关系为

$$1\ \text{mm} \approx 0.394\ \text{in}$$

$$1\ \text{in} \approx 25.4\ \text{mm}$$

G20 指令分辨率为 0.000 1 in,G21 指令的分辨率为 0.001 mm。

使用公制/英制转换时,必须在程序开头一个独立的程序段中指定上述 G 代码,然后才能输入坐标尺寸。下列物理量可能 G20、G21 指令而变化:① 进给速度值;② 位置量;③ 偏置量;④ 手摇脉冲发生器的功能单位;⑤ 步进进给的移动单位;⑥其他有关参数。

注意:有些系统的公制/英制尺寸不采用 G21/G20 代码,如 SIMENS 和 FAGOR 系统采用 G71/G70 代码。

3. 快速定位指令(G00)

刀具以点位控制方式从当前所在位置快速移动到指令给出的目标位置。它只用于快速定位,不能用于切削,一般用作为空行程运动。其运动轨迹视具体系统的设计而定。编程格式为

G00 X____ Y____ Z____;

其中:X、Y、Z 为目标点的绝对或增量坐标。

例 2.1 使用快速点定位指令 G00 编写一个程序,程序的起始点是坐标原点 0,先从 0 点快速移动到参考点 A,紧接着快速移至参考点 B,运动轨迹如图 2-38 所示。

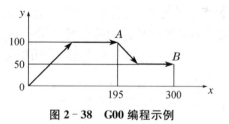

图 2-38 G00 编程示例

其程序如下:

G90 G00 X195.0 Y100.0;

   X300.0 Y50.0;绝对坐标编程方式

或 G91 G00 X195.0 Y100.0;

   X105.0 Y−50.0;相对坐标编程方式

注意:

① G00 是模态指令,上面例子中,由点 A 到 B 点实现快速定位时,因第一条程序段已定义了 G00,第二条程序段不再重复定义 G00,只写出坐标值即可。

② 快速点定位移动速度不能用程序段指令设定,它的速度已由生产厂家预先调定。若

在快速点定位程序前设定了进给速度 F,指令 F 对 G00 程序段无效。

③ 快速点定位指令 G00 执行过程是,刀具由程序起始点开始加速移动至最大速度,然后保持快速移动,最后减速到达终点,这样可以提高数控机床的定位精度。

4. 直线插补指令(G01)

直线插补也称直线切削,它的特点是刀具以一定的进给速度从当前所在位置沿直线移动到指令给出的目标位置。该指令一般用作为轮廓切削。编程格式为

G01 X＿＿＿ Y＿＿＿ Z＿＿＿ F＿＿＿;其中:X、Y、Z 为直线终点的绝对或增量坐标;F 为沿插补方向的进给速度。

注意:

① G01 指令既可双坐标联动插补,有可三坐标联动插补,取决于数控系统得功能,当 G01 指令后面只有两个坐标值时,刀具将作平面直线插补,若有三个坐标值时,刀具将作空间直线插补。

② G01 程序段中必须含有进给速度 F 指令,否则机床不动作。

③ G01 和 F 指令均为续效指令。

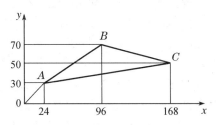

例 2.2 使用 G01 指令编程,坐标系原点 0 是程序起始点,要求刀具由 0 点快速移动到 A 点,然后沿 AB、BC、CA 实现直线切削,再由 A 点快速返回程序起始点 0(图 2-39)。其程序如下:

图 2-39　G01 直线插补编程示例

用绝对坐标编程方式:

N001 G92 X0 Y0;　　　　　　　　　　　　　　坐标系设定点

N002 G92 G00 X24.0 Y30.0 S300 T01 M03;快速移至 A 点,主轴正转,转速300 r/min,使用一号刀具

N003 G01 X96.0 Y70.0 F100;　　　　　　　以 100 mm/min 进给速度加工直线 AB

N004 X168.Y50.0;　　　　　　　　　　　　加工直线段 BC,进给速度不变

N005 X24.0 Y30.0;　　　　　　　　　　　　加工直线段 CA,进给速度不变

N006 G00 X0 Y0 M02;　　　　　　　　　　　快速返回 0 点,程序结束

用相对坐标编程方式:

N001 G91 G00 X24.0 Y30.0 S300 T01 M03;

N002 G01 X72.0 Y40.0 F100;

N003 X72.0 Y-20.0;

N004 X-144.0 Y-20.0;

N005 G00 X-24.0 Y-30.0 M02;

5. 圆弧插补及螺旋线插补指令(G02、G03)

(1) 圆弧插补指令

刀具在各坐标平面内以一定的进给速度进行圆弧插补运动,即从当前位置(圆弧起点),沿圆弧移动到指令给出的目标位置,切削出圆弧轮廓。G02 为顺时针圆弧插补指令,G03 为逆时针圆弧插补指令。圆弧顺、逆的判断方法:在圆弧插补中,沿垂直于要加工的圆弧所在

平面的坐标轴由正方向向负方向看,刀具相对于工件的转动方向是顺时针方向为 G02,是逆时针方向为 G03。G02 和 G03 为模态指令,有继承性,继承方式与 G01 相同。

圆弧加工程序段一般应包括圆弧所在的平面、圆弧的顺逆、圆弧的终点坐标以及圆心坐标(或半径)等信息。其程序段格式:

在 XY 坐标平面上程序段格式:

G17 G02(G03)X ____ Y ____ I ____ J ____ F ____ ;

或　G17 G02(G03)X ____ Y ____ R ____ F ____ ;

在 XZ 坐标平面上程序段格式:

G18 G02(G03)X ____ Z ____ I ____ K ____ F ____ ;

或　G18 G02(G03)X ____ Z ____ R ____ F ____ ;

在 YZ 坐标平面上程序段格式:

G19 G02(G03)Y ____ Z ____ J ____ K ____ F ____ ;

或　G19 G02(G03)Y ____ Z ____ R ____ F ____ ;

当机床只有一个平面时,平面指令可以省略;当机床有三个坐标平面时,因为通常在 xy 平面内加工平面轮廓曲线,所以开机后自动进入 G17 指令状态,在编写程序时,也可以省略。

程序段中的 X、Y、Z 为坐标轴的地址符。其后的数值是圆弧终点的坐标分量,可以按相对坐标或绝对坐标给定,取决于 G91 还是 G90 编程。

I、J、K 表示圆心相对于圆弧起点在 x、y、z 轴方向上增量值,也可理解为圆弧起点到圆心的矢量在经 x、y、z 轴上的投影。当 I、J、K 的方向与坐标轴方向相同时取正值,反之则取负值。I、J、K 的定义与前面的 G90 和 G91 没有关系。

采用圆弧 R 编程时,从起点到终点存在两条圆弧线段,它们的编程参数完全一样,途中两条顺时针方向圆弧,不但起点一致,而且圆弧半径相等。为了区分这两种情况,用参数 R 编程时规定:当圆弧小于或等于 180 度时,用＋R 表示圆弧半径;当圆弧大于 180 度时,用－R 表示圆弧半径。

例 2.3　铣削加工如图 2-40 所示的曲线轮廓,设 A 点为起刀点,进给速度为 100 mm/min。各种方法的程序编制如下:

① 使用圆弧半径 R 编程,绝对坐标编程方式:

G90 G03 X15.0 Y0 R15.0 F100;　　　由 A 移至 B

G02 X55.0 Y0 R20.0;　　　　　　　由 B 移至 C

G03 X80.0 Y−25.0 R−25.0;　　　　由 C 移至 D

相对坐标编程方式:

G91 G03 X15.0 Y15.0 R15.0 F100;

G02 X40.0 Y0 R20.0;

G03 X25.0 Y−25.0 R−25.0;

② 使用分矢量 I、J 编程:

G90 G03 X15.0 Y0 I0 J15.0 F100;

G02 X55.0 Y0 I20.0 J0;

G03 X80.0 Y−25.0 I0 J−25.0;

程序中的 I0 和 J0 可以省略。

如果圆弧是一个封闭的整圆，只能使用分矢量编程。图 2-41 是一封闭的整圆，要求由 A 点逆时针插补并返回 A 点，其程序段格式：

　　　　G90 G03 X20.0 Y0 I-20.0 J0 F100;

或　G91 G03 X00.0 Y0 I-20.0 J0 F100;

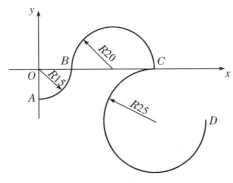　　　　　　　　　　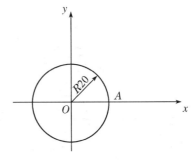

图 2-40　圆弧编程　　　　　　　　图 2-41　整圆编程

（2）螺旋线插补指令

螺旋线插补指令与圆弧插补指令相同，即 G02 和 G03 分别表示顺时针、逆时针螺旋线插补。顺、逆的方向要看圆弧插补平面，方法与圆弧插补相同。在进行圆弧插补时，垂直于插补平面的坐标同步运动，构成螺旋线插补运动，如图 2-42 所示。

其程序段格式：

在 XY 平面上程序段格式：

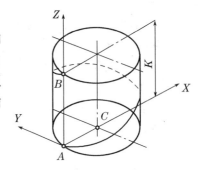

图 2-42　螺旋线插补

　　　G17 G02(G03)X ___ Y ___ Z ___ I ___ J ___ K ___ ;

或　G17 G02(G03)X ___ Y ___ Z ___ R ___ K ___ ;

在 XZ 坐标平面上程序段格式：

　　　G18 G02(G03)X ___ Y ___ Z ___ I ___ K ___ J ___ ;

或　G18 G02(G03)X ___ Y ___ Z ___ R ___ J ___ ;

在 YZ 坐标平面上程序段格式：

　　　G19 G02(G03)X ___ Y ___ Z ___ J ___ K ___ I ___ ;

或　G19 G02(G03)X ___ Y ___ Z ___ R ___ I ___ ;

下面以在 XY 平面上程序段格式为例，介绍各参数的意义，另外两种格式中的参数意义类同。

其中，X、Y、Z 为螺旋线的终点坐标；I、J 为圆心在 X、Y 轴上相对于螺旋线起点的坐标；R 为螺旋线在 XY 平面上的投影半径；K 为螺旋线的导程（单头即为螺距），取正值。

两种格式的区别与平面上的圆弧插补类似，现代 CNC 系统一般采用第一种格式。

例 2.4　图 2-43 所示螺旋槽由两个螺旋面组成，前半圆 AmB 为左旋螺旋面，后半圆 AnB 为右旋螺旋面，螺旋槽最深处为 A 点，最浅处为 B 点。要求用 φ8 的立铣刀加工该螺旋槽,编制加工程序。

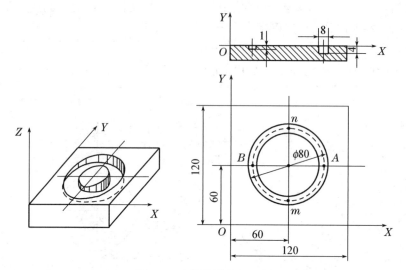

图2-43 螺旋线编程示例

① 计算求得刀心轨迹坐标如下：

A 点：X=96,Y=60,Z=-4

B 点：X=24,Y=60,Z=-1

导程：K=6

② 编制程序如下：

O0006；

N10 G90 G54 G00 X0 Y0 Z50.0 S1500 M03；	快速抬刀至安全面高度
N10 X24.0 Y60.0；	快速运动到 B 点上方安全面高度
N30 Z2.0；	快速运动到 B 点上方2 mm 处
N40 Z-1.0 F50；	Z 轴直线插补进刀,进给速度 50 mm/min
N50 G03 X96.0 Y60.0 Z-4.0 I36.0 J0 K6.0 F150；螺旋线插补 $B{\to}m{\to}A$	
N60 G03 X24.0 Y60.0 Z-1.0 I-36.0 J0 K6.0； 螺旋线插补 $A{\to}n{\to}B$	
N70 G01 Z1.5；	以进给速度抬刀,避免擦伤工件
N80 G00 Z50.0；	快速抬刀至安全面高度
N90 X0 Y0；	快速运动到工件原点的上方
N100 M30；	程序结束

注意：最后3段程序不能写成 G00 X0 Y0 Z50 M30,否则会造成刀具在快速运动过程中与工件或夹具碰撞。

6. 暂停指令(G04)

在进行锪孔、车槽、车台阶轴清根等加工时,常要求刀具在短时间内实现无进给光整加工,此时可以用 G04 指令实现暂停,暂停结束后,继续执行下一段程序。其程序段格式：

G04 β ____；

符号 β 是地址,常用 X、P 等地址表示,大多数机床都采用 X,这里的 X 和坐标系中使用的 X 没有任何关系。若脉冲当量是 0.001 mm 时,停留时间范围是 0.001～99 999.999 s;也可用工件旋转的转数表示暂停的长短,其含义是执行暂停指令时工件旋转,刀具不动,只有当工件旋转的转数等于设定值时,立即执行下一段程序。

例 2.5　图 2-44 所示元件锪孔加工,要求锪孔以 100 mm/min,进给量距离 7.5 mm,停留 3 s 后,快退 10 mm,其加工程序为:

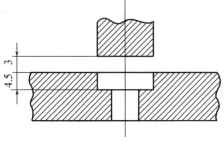

　　G91 G01 Z−7.5 F100;

　　　　G04 X3.0;

　　　　G00 Z10.0;

　　G04 是非模态指令,只在本程序段有效。

图 2-44　G04 编程示例

2.3.8　辅助功能指令

辅助功能指令,也称为 M 功能或 M 代码。代码是以字母(称为地址符)M 为首,后面紧跟 1～2 位数字组成。例如 M01、M03、M19 等。M 代码是控制机床"开—关"功能的指令,主要用于完成加工操作时的一些辅助动作。除了少量的 M 指令代码是通用的以外,大部分的 M 指令都是机床厂家根据所设计的机床的特殊功能来设定的。因此,在编制工件程序时必须要参照机床使用说明书的具体说明。一些通用的 M 指令功能见表 2-3。

表 2-3　M 代码及功能

代码	功能说明	代码	功能说明
M00	程序停止	M06	换刀
M01	选择停止	M07、M08	切削液打开
M02	程序结束	M09	切削液停止
M03	主轴正转启动	M30	程序结束
M04	主轴反转启动	M98	调用子程序
M05	主轴停止转动	M99	子程序结束

M00 是程序停止指令,被编辑在一个单独的程序段中。当完成该程序段其他指令后,运行该指令时,机床的主轴、进给及冷却液等全部进入停止状态,而现存的所有模态信息保持不变,相当于单程序段停止。只有当重新按下控制面板上的循环启动键(CYCLESTART0)后,方可继续执行下一程序段。该指令主要用于加工过程中测量刀具和工件的尺寸、工件调头、手动变速等固定手工操作。

加工程序送入数控后,虽然通过试运行可以校验程序语法有否错误,加工轨迹正确与否,但对于控制介质等的准确性以及能否满足加工精度的要求,则必须通过首件试切削检验才能实现。对于试切削,一般采用单段运行的方式进行,在该工作状态下,每按一次自动循环键,系统只执行一段程序的动作,即机床工件只是走一段程序,停一下;通过一段一段的运行来检验每执行一段程序的动作。发现错误时,应分析错误的性质,或修改程序单,或调整刀具补偿尺寸,直到符合图纸规定的精度要求为止。

M01 指令是选择停止,和 M00 指令相似,所不同的是:只有在面板上"选择停止"按钮被按下时,M01 才有效,否则机床仍不停地继续执行后续的程序段。该指令常用于工件关键尺寸的停机抽样检查等情况。当检查完毕后,按"启动"键将继续执行以后的程序。

M02 和 M30 是程序结束指令,执行时使主轴、进给、冷却全部停止,并使系统复位,加工结束。M30 指令还兼有控制返回零件程序头的作用,所以使用 M30 的程序段结束后,若再次按循环启动键,将从程序的第一段重新执行;而使用 M02 的程序段结束后,若要重新执行该程序就得再进行调整。

M03、M04 指令使主轴正、反转。与同段其他指令一起开始执行。所谓正转是沿主轴轴线向正 Z 方向看,顺时针方向旋转;逆时针方向则为反转。也可用右手定则判断:用右手拇指代表正 Z 方向,紧握四指则代表主轴正转方向。M05 指令时主轴停止,是在该程序段其他指令执行完成后才停止的。

编程格式:

M03(M04)S____;或 S____ M03(M04);

其中字母 S 表示主轴速度,大小用其后面的数字表示,表示方法有三种。

(1) 转速:S 表示主轴转速,单位为 r/min。如 S1500 表示主轴转速为 1 500 r/min。

(2) 线速:在恒线速状态下,S 表示切削点的线速度,单位是 m/min,如 S50 表示切削点的线速度为 50 m/min。

(3) 代码:用代码表示主轴速度时,S 后面不直接表示转速或线速的数值,而只是主轴速度的代号。如某机床用 S00~S99 表示 100 种转速,S40 表示转速为 1 200 r/min,S41 表示转速为 1 230 r/min,S00 表示转速为 0,S99 表示最高转速。

M06 是自动换刀指令,用于具有自动换刀装置的机床,如加工中心和有回转刀架的数控车床。

M07、M08 分别命令 2 号切削液(雾状)和 1 号切削液(液状)开,而 M09 则命令切削液停。

M98 用来调用子程序。

M99 指令表示子程序结束。执行 M99 使控制返回到主程序。

2.3.9　刀具功能指令

由地址功能码 T 和其后面的若干数字组成。其中 T 表示所换刀具,刀具号用 T 后面的数字表示,常见的表示方法有两种:

(1) T 后面的数字表示刀具号,如 T00~T99。

(2) T 后面的数字表示刀具号和刀具补偿号(刀尖位置补偿、半径补偿、长度补偿量的补偿号),如 T0812,表示选择 8 号刀具,用 12 号补偿量。

2.3.10　进给功能指令

1.数控铣床的进给速度指令

数控铣床的进给速度指令是由地址 F 和其后面的数字组成,单位是 mm/min,F 指令是一个模态指令,在未出现新的 F 指令以前,F 指令在后面的程序中一直有效。例如:

......

N40 G01 X30.0 Y50.0 F200；

N50 G01 X50.0 Y70.0；

N60 G01 X300.0 Y900.0 F300；

自 N40 程序段中，G01 直线插补，目标坐标值是 X30.0,Y50.0,进给速度是 200 mm/min，以后的程序段中同一进给量 200 mm/min，F 功能指令可省略，直至 N60 程序段，F300 指令出现，F200 指令才取消，而开始执行新的 F300 指令。

2. 数控车床的进给指令

数控车床的进给指令由 F 及其后面的数字组成。一般数控系统对进给速度有两种设置方法，即每分钟进给和每转进给，其单位分别是 mm/min 和 mm/r，如 F1 表示 1mm/r。选择何种进给设置方法，与实际加工的工件材料、刀具及工艺要求等有关。

2.3.11 主轴转速功能指令

1. 数控铣床的主轴转度指令 S

数控铣床的刀具大部分是安装在主轴上的，主轴的转速是由地址 S 和后面的数字组成，单位是 r/min。S 指令也是模态指令。在未出现新的 S 指令之前，S 指令在后面的程序中一直有效。主轴的旋转方向的确定，是按右旋螺纹进入工件的方向旋转启动主轴为正方向，按右旋螺纹离开工件的方向启动主轴为负方向。一般数控机床主轴旋转的方向用 M03 表示正向旋转，M04 表示负向旋转，S 指令可写成单独的一个程序段，但习惯上与刀具 T 运动指令 G00 合在一个程序段，更显直观，例如：

N03 G17 T01；

N04 G00 Z2.0 M03 S100；

......

N08 G00 Z2.0 S500；

2. 数控车床的主轴转度指令

数控车床的刀具沿高速旋转着的工件轮廓表面进给，随着刀具位于轮廓表面不同的直径处，如果在整个加工过程中主轴不变，则切削速度将随之而改变，这样难以维持刀具的最佳切削性能，从而影响了工件的加工质量。所以，数控车床主轴转速指令内容及结构比数控铣床要复杂一些。

(1) 数控车床切削内外圆及平面时主轴转速指令

① G92——极限转速指令。

② S——极限转速数据地址符，单位为 r/min。

③ G96——恒切削速度指令。

④ G97——每分钟转速指令。

⑤ S——恒切削速度数据地址符，单位为 m/min。

例如：

....

N10 G54 T0101 D01；

N20 G92 S3000 M04；

N30 G96 S120；

采用上述程序加工如图 2 – 45 所示工件，假如取消程序 N20 将会出现什么样的结果呢？刀具位于 A、B、O 处，机床主轴转速要满足 N30 G96，恒切削速度 S 为 120 m/min，则主轴转速为

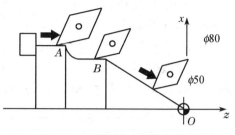

图 2 – 45　主轴转速与直径关系

$$n_A = \frac{1\,000v_c}{\pi D_1} = 477.7\ \text{r/min}$$

$$n_B = \frac{1\,000v_c}{\pi D_2} = 764.3\ \text{r/min}$$

$$n_O = \frac{1\,000v_c}{\pi D_3} = \infty$$

其中，D_1、D_2、D_3 分别表示刀具在同样的切削速度 v_c 下，A、B、O 三个位置时工件直径。

刀具在切削 A、B 轮廓时，机床主轴将自动随切削直径的变化而改变转速，但当切削 BO 段轮廓时，随着工件的直径越来越小，机床主轴转速也随之越来越高。当刀具趋向于 X_0 时，从理论上讲，机床主轴转速趋向无穷大，这无疑构成了机床主轴系统超负荷运转而导致损坏的威胁。

为了避免上述情况的发生，所以在程序中必须设一段关于主轴最高极限转速的程序段：即上例的 N20 G92 S3000，这样即使刀具切削到 X_0 时，数控车床的转速也只能达到 3 000 r/min 的极限转速。

（2）数控车床车削螺纹时主轴转速指令

车削螺纹时，车床主轴转速与车刀进给速度和普通车床车螺纹一样，应保持严格的速比关系，车螺纹时的机床转速用 G97 恒转速指令，单位是 r/min，主轴转速的取值，除了按刀具材料切削性能、被加工工件材料的切削性能及螺纹的加工精度等因素来考虑以外，同时要满足刀具的进给速度小于某一个具体值的条件。这个数值不同的机床有着不同的规定。

2.3.12　车削循环指令

1. 单一外形固定循环指令（G90，G94）

外径、内径、端面、螺纹切削的粗加工，刀具常常要反复地执行相同的动作，才能切到工件要求的尺寸，这时，在一个程序中常常要写入很多的程序段。为了简化程序，数控装置可以用一个程序段指定刀具作反复切削，这就是固定循环功能。下面介绍单一固定循环指令。

用一个程序段来表示切入、切削加工、退刀和返回过程即是一个单一循环，由此可知，一个循环功能相当于常规编程的几个程序段。

（1）外圆、内孔车削循环（G90）

G90　X(U)＿＿＿　Z(W)＿＿＿　F＿＿＿；

其中，X、Z 为终点 C 坐标；U、W 为终点 C 相对于起点 A 坐标值的增量，如图 2 – 46 所示。图中 R 表示快速进给，F 为按指定速度进给。用增量坐标编程时地址 U、W 的符号由轨迹 1，2 的方向决定，沿负方向移动为负号，否则为正号。单程序段加工时，按一次循环启动键可完成 1—2—3—4 的轨迹操作。

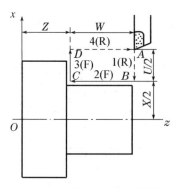

图 2‑46 外圆、内孔车削循环

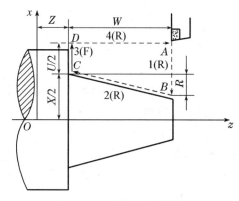

图 2‑47 圆锥面切削循环

（2）圆锥面切削循环（G90）

G90 X(U)＿＿ Z(W)＿＿ R ＿＿ F ＿＿；

图 2‑47 所示为圆锥面切削循环，图中 R、F 的意义同圆柱面切削循环，图中 R 的意义为圆锥体大小端的半径差值；X(U)，Z(W) 的意义同前。用增量坐标编程时要注意 R 的符号，确定方法是锥面起点 B 坐标大于终点 C 坐标时 R 为正，反之为负。

（3）端面车削循环（G94）

端面车削循环包括直端面车削循环和锥面端车削循环，如图 2‑48 所示。

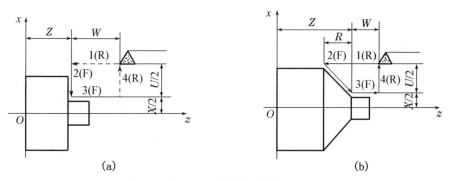

(a)   (b)

图 2‑48 端面车削循环

直端面车削循环编程格式：

G94 X(U)＿＿ Z(W)＿＿ F ＿＿；

锥端面车削循环编程格式：

G94 X(U)＿＿ Z(W)＿＿ R ＿＿ F ＿＿；

各地址代码的用法同 G90。

2. 复合固定循环指令

1）FANUC‑0i 系统复合固定循环指令（G71、G72、G73、G70、G74、G75）

一个单一固定循环指令只能完成一次切削，而复合固定循环可以用于一次走刀无法加工到规定尺寸的场合，特别是粗车时。如在一根棒料上切削尺寸相差较大的阶梯，或切削铸、锻件的毛坯时，切削余量大，有一些切削动作重复，而且每次走刀的轨迹相差不大。利用

复合固定循环指令,只要编出最终走刀路线,给出每次切除的余量深度或循环的次数。机床有以下几种复合固定循环指令:

(1) 外圆、内孔粗加工循环指令(G71)

G71 指令适用于圆柱毛坯料粗车外圆和圆筒毛坯粗车内孔。G71指令程序段内要指定精加工工件程序段的顺序号、精加工余量、粗加工每次切深、F功能、S功能、T功能等,刀具循环路径如图2-49所示。

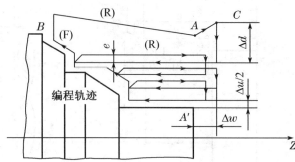

图2-49 外圆、内孔粗加工循环指令

格式:

G71 U(Δd) R(e);

G71 P(n_s) Q(n_f) U(Δu) W(Δw) F(f) S(s) T(t);

Nn_s…F S T

······ }编程轨迹($A'-B$的零件轮廓线)

Nn_f

其中:n_s——精加工第一程序段的顺序号;n_f——精加工最后一个程序段的顺序号;Δu——x轴方向的精加工余量(直径值);Δw——z轴方向的精加工余量;Δd——粗加工每次切深;e——退刀行程。

(2) 端面粗加工循环指令(G72)

G72指令适用于圆柱毛坯料端面方向的加工,刀具的循环路径如图2-50所示。G72指令与G71指令类似,不同之处就是刀具路径是按径向方向循环的。

格式:

G72 W(Δd) R(e);

G72 P(n_s) Q(n_f) U(Δu) W(Δw)
        F(f) S(s) T(t);

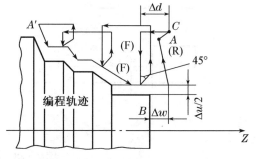

图2-50 端面粗加工车削循环

Nn_s…F S T

······

N n_f ······

(3) 闭合切削循环指令(G73)

G73指令与G71,G72指令功能相同,只是刀具路径是按工件精加工轮廓进行循环的,如图2-51所示。如铸件、锻件等毛坯已经具备了简单的零件轮廓,这时使用G73循环指令进行粗加工可以节省时间,提高功效。

格式:

G73 U(Δi) W(Δk) R(d);

G73 P(n_s) Q(n_f) U(Δu) W(Δw) F(f) S(s) T(t);

Nn_s…F S T

......

Nn_f......

其中：n_s、n_f、Δu、Δw 的含义与 G71 相同；Δi——x 轴方向的总退刀量；Δk——z 轴方向的总退刀量；d——重复加工次数。

（4）精加工循环指令（G70）

G70 为执行 G71，G72，G73 粗加工循环指令以后的精加工循环。在 G70 指令程序段内要给出精加工第一个程序段的序号和精加工最后一个程序段序号。

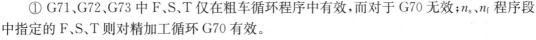

图 2-51 闭合切削循环

格式：

G70　P(n_s)　Q(n_f)；

注意：

① G71、G72、G73 中 F、S、T 仅在粗车循环程序中有效，而对于 G70 无效；n_s、n_f 程序段中指定的 F、S、T 则对精加工循环 G70 有效。

② 在 n_s、n_f 程序段之间不能有相同的序号。

③ 粗车之后刀具将返回循环点，再进行精加工。

④ 在 n_s、n_f 程序段之间不能调用子程序。

⑤ G70 循环一结束，刀具快速返回到起始点，并开始执行 G70 循环的下一个程序段。

例 2.6　如图 2-52 所示工件，试用 G70，G71 指令编程（FANUC-0i 系统）。

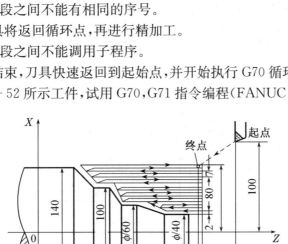

图 2-52　使用 G70、G71 加工实例

O1001；

N010 G50 X200.0 Z220.0；　　　　　　　　设定坐标系

N020 G00 X160.0 Z180.0 M03 M08 S800 T0101；主轴正转、换刀、快进到点（160，180）

N030 G71 U14 R2；　　　　　　　　　　　粗车循环，从程序段 N040 到 N100

N040 G71 P40 Q100 U4.0 W2.0 F40 S500；　　粗车切深为 7 mm，转速为
　　　　　　　　　　　　　　　　　　　　　500 r/min，进给速度为 40 mm/min

N050 G00 X40.0 S800；

N060 G01 W−40.0 F20；

N070 X60.0 W−30；

N080 W−20；

N090 X100.0 W−10.0；

N100 W−20；

N110 X140.0 W−20；

N120 G70 P040 Q100；　　　　　　　　　　精车循环，从程序段 N040 到 N100

N130 G00 X200.0 Z220.0 M09；　　　　　　精车切深为 2 mm，转速为 800 r/min，
　　　　　　　　　　　　　　　　　　　　　进给速度为 40 mm/min

N140 T0100 M05；

N150 M30；　　　　　　　　　　　　　　　程序结束

例 2.7 如图 2-53 所示的零件，零件毛坯已基本锻造成形，用 FANUC-0i 系统固定形状粗车循环指令(G73)编写粗加工程序。

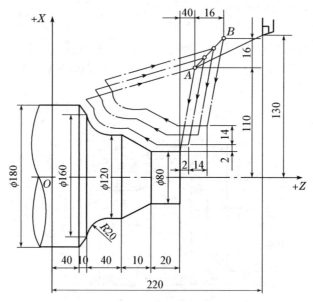

图 2-53　典型加工零件

加工程序如下：

O10101；

N010 G50 X260.0 Z220.0；　　　　　　　　工件坐标系建立

N020 G00 X220.0 Z160.0；　　　　　　　　至快速进刀起点

N030 G73 I14.0 K14.0 R3；　　　　　　　　固定形状粗车循环

N040 G73 P040 Q090 U4.0 W2.0 F30.0 S500；

N050 G00 X80.0 W−40.0 S800；　　　　　　粗加工轮廓

N060 G01 W－20.0 F15.0；　　　　　　　粗加工轮廓

N070 X120.0 W－10.0；　　　　　　　　粗加工轮廓

N080 W－20.0 S600；　　　　　　　　　粗加工轮廓

N090 G02 X160.0 W－20.0 I20.0；　　　粗加工轮廓

N100 G01 X180.0 W－10.0 S280；　　　粗加工轮廓

N110 G70 P040 Q090；　　　　　　　精加工复合循环，N050～N100

N110 M05；　　　　　　　　　　　　主轴停止

N120 M30；　　　　　　　　　　　　程束结束

（5）端面深孔钻削循环（G74）

格式：

G74　R(e)；

G74　Z(W)＿＿＿　Q(ΔK)　F(f)；

注意：

① 此功能适用于深孔钻削加工，如图 2－54 所示。

② 其中 e 为 Z 向回退量，W 为钻削深度，ΔK 为每次的钻削长度，f 为进给速度。

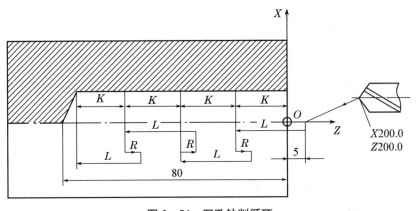

图 2－54　深孔钻削循环

例 2.8　加工中，$e=1$，$\Delta K=20$，$f=0.1$

N010 G50 X200.0 Z100.0　T020；

N020 M03　S600；

N030 G00 X0 Z1；

N040 G74 X0 R1；

N050 G74 Z－80 Q20 F0.1；

N060 G00 X200.0 Z100.0　M05；

N070 M30；

（6）外径切槽循环（G75）

格式：

G75　R(e)；

G75　X(U)＿＿＿　P(Δi)　F(f)

注意:

① 此功能适用于在外圆表面上进行切削沟槽和切断加工,如图 2-55 所示。

② 其中 e 为 X 轴上的退刀量(半径值),U 为槽深,Δi 为每次循环切削量,f 为进给速度。

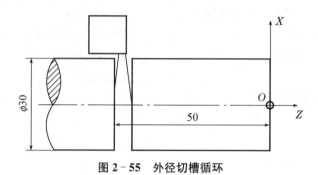

图 2-55　外径切槽循环

2) 华中 HNC21/22T 车削系统的固定循环指令

(1) 外径粗车循环指令(G71)

① 无凹槽加工时

使用于圆柱毛坯料的粗车外圆和圆筒毛坯粗镗内径。

格式:

G00　X____　Z____;

G71　U(Δd)　R(r)　P(N_s)　Q(N_f)　X(ΔX)　Z(ΔZ)　F(f)　S(s)　T(t);

其中:X、Z——粗车循环起刀点位置坐标。X 值确定切削的起始直径。X 值在圆柱毛坯料粗车外径时,应比毛坯直径稍大 1~2 mm;Z 值应离毛坯右端面 2~3 mm;在圆筒毛坯料粗镗内径时,X 值应比圆筒内径稍小 1~2 mm;Z 值应离毛坯右端面 2~3 mm;Δd——循环切削过程中径向的背吃刀量,半径值,单位是 mm;r——循环切削过程中径向退刀量,半径值,单位是 mm;N_s——轮廓循环开始程序段的序号;N_f——轮廓循环结束程序段的序号;Δx——方向的精加工余量,直径值,单位是 mm,在圆筒毛坯粗镗内径时应指定为负值;Δz——Z 方向的精加工余量,单位是 mm;f、s、t——粗加工时 G71 中编程的 F、S、T 有效,而精加工时处于 n_s 到 n_f 程序段之间的 F、S、T 有效。

② 有凹槽加工时

G71 粗车循环指令格式:

G00　X____　Z____;

G71　U(Δd)　R(r)　P(N_s)　Q(N_f)　E(e)　F(f)　S(s)　T(t);

其中:Δd、r、n_s、n_f 参数含义同上,e 为精加工余量,其值为轮廓的等距线距离,外径切削时为正,内径切削时为负。

注意:

① G71 指令必须带有 P,Q 地址 n_s、n_f,且与精加工路径起止号对应,否则不能进行该循环加工。

② n_s 的程序段必须为 G00、G01 指令,即动作必须是直线或点定位运动。

③ 在 n_s 到 n_f 的程序段内不许含有子程序。

（2）端面粗车循环（G72）

适用于圆柱棒料毛坯端面方向的粗车，从外径方向往轴心方向车削。

格式：

G00(01)　X＿＿＿　Z＿＿＿；

G72　W(Δb)　R(Δc)　P(N_s)　Q(N_f)　X(ΔX)　Z(ΔZ)　F(f)　S(s)　T(t)；

其中：Δb——循环切削过程中轴向的背吃刀量，单位是 mm；Δc——循环切削过程中轴向退刀量，单位是 mm；其他含义同 G71。

（3）固定形状粗车循环（G73）

适用于毛坯轮廓形状与零件轮廓形状基本接近时的粗车，例如一些锻件、铸件的粗车。

格式：

G00(01)　X＿＿＿　Z＿＿＿；

G73　U(Δi)　W(ΔK)　R(r)　P(N_s)　Q(N_f)　X(ΔX)　Z(ΔZ)　F(f)S(s)　T(t)；

这种指令对铸件，锻造等粗加工中初步形成的工件，进行高效加工。

其中：Δi——X 方向的粗加工总余量；ΔK——Z 轴方向的粗加工总余量；r——粗切削次数。

其他含义同 G71。

注意：

① Δi 和 ΔK 表示加工时总的切削量，粗加工次数为 r，则每次 X、Z 方向的切削量为 $\Delta i/r$、$\Delta K/r$。

② 按 G73 段中的 P、Q 指令值实现循环加工，要注意 ΔX 和 ΔZ，Δi 和 ΔK 的正负号。

例 2.9 用外径粗加工复合循环编制如图 2-56 所示零件的加工程序。要求循环起始点在 $A(46,3)$ 切削深度为 1.5 mm（半径量），退刀量为 1 mm，X 方向精加工余量为 0.2 mm，Z 方向精加工余量为 0.2 mm，其中点划线部分为工件毛坯（华中 HNC21/22T 数控系统）。

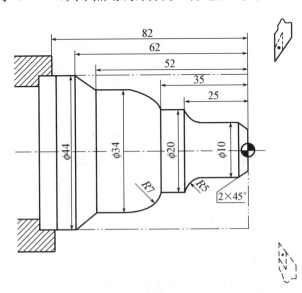

图 2-56 典型零件加工

加工程序如下：

O2000；

N010 G55 G00 X80 Z80；	选定坐标系 G55，到程序起点位置
N020 S400 M03；	主轴以 400 r/mm 正转
N030 G01 X46 Z3 F120；	刀具到循环起点位置
N040 G71 U1.5 R1 G71 P50 Q130 X0.2 Z0.2 F100；	粗切量 1.5 mm，精切量 X0.2 mm，Z0.2 mm
N050 G00 X0；	粗加工轮廓起始行，到倒角延长线
N060 G01 X10 Z−2；	精加工 2×45°倒角
N070 Z−20；	精加工 ϕ10 外圆
N080 G02 U10 W−5 R5；	精加工 R5 圆弧
N090 G01 W−10；	精加工 ϕ20 外圆
N100 G03 U14 W−7 R7；	精加工 R7 圆弧
N110 G01 Z−52；	精加工 ϕ34 外圆
N120 U10 W−10；	精加工外圆锥
N130 W−20；	精加工 ϕ44 外圆，精加工轮廓结束行
N140 X50；	退出已加工面
N150 G00 X80 Z80；	回对刀点
N160 M05；	主轴停
N170 M30；	主程序结束并复位

例 2.10 用端面粗加工循环指令编制如图 2-57 所示零件的加工程序。要求循环起始点在 A(80,1)，切削深度为 1.2 mm，退刀量为 1 mm，X 方向精加工余量为 0.2 mm，Z 方向精加工余量为 0.4 mm。其中点划线部分为工件毛坯（固定循环指令 G72 按 HNC21/22T 的编程规则）。

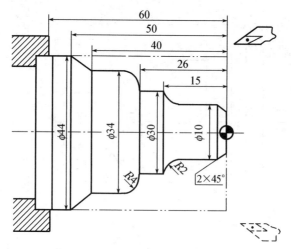

图 2-57　G72 外径粗车复合循环编程实例

加工程序如下：

N010 T0101；　　　　　　　　　　　　换 1 号刀,确定其坐标系

N020 G00 X100 Z80；　　　　　　　　到程序起点或换刀点位置

N030 M03 S400；　　　　　　　　　　主轴以 400 r/min 正转

N040 X80 Z1；　　　　　　　　　　　到循环起点位置

N050 G72 W1.2 R1 G72 P80 Q170 X0.2　外端面粗切循环加工
　　Z0.4 F150；

N060 G00 X100 Z80；　　　　　　　　粗加工后,到换刀点位置

N070 G42 X80 Z1；　　　　　　　　　加入刀尖圆弧半径补偿

N080 G00 Z—56；　　　　　　　　　　精加工轮廓开始,到锥面延长线处

N090 G01 X54 Z—40 F80；　　　　　　精加工锥面

N100 Z—30；　　　　　　　　　　　　精加工 R4 外圆

N110 G02 U—8 W4 R4；　　　　　　　精加工 R4 圆弧

N120 G01 X30；　　　　　　　　　　　精加工 Z26 处端面

N130 Z—15；　　　　　　　　　　　　精加工 φ30 外圆

N140 U—16；　　　　　　　　　　　　精加工 Z15 处端面

N150 G03 U—4 W2 R2；　　　　　　　精加工 R2 圆弧

N160 Z—2；　　　　　　　　　　　　　精加工 φ10 外圆

N170 U—6 W3；　　　　　　　　　　　精加工 2×45°倒角,精加工轮廓结束

N180 G00 X50；　　　　　　　　　　　退出已加工表面

N190 G40 X100 Z80；　　　　　　　　取消半径补偿,返回程序起点位置

N200 M30；　　　　　　　　　　　　　主轴停止,主程序结束并复位

3) SIEMENS 802S/C 系统的车削固定循环

SIEMENS 802S/C 常用的固定循环代码如表 2-4 所示。

表 2-4　SIEMENS 系统车削固定循环

循环代码	用途
LCYC82	钻孔,沉孔加工
LCYC83	深孔钻削
LCYC840	带补偿夹具内螺纹切削
LCYC85	镗孔
LCYC93	凹槽切削
LCYC94	凹凸切削(E 型和 F 型,按 DIN 标准)
LCYC95	毛坯切削(带根切)
LCYC97	螺纹切削

注意:

① 循环中所使用的参数为 R100~R249。

② 调用一个循环之前必须对该循环的传递参数赋值,循环结束以后传递参数的值保持不变。

③ 使用加工循环时，必须事先保留参数 R100～R249，从而确保这些参数用于加工循环而不被程序中其他地方所使用。

④ 如果在循环中没有设定进给值、主轴转速和主轴方向的参数，则编程时必须予以赋值。循环结束以后 G00、G90、G40 一直有效。

3. 螺纹切削指令

(1) 简单螺纹车削指令(G32)

G32 指令能够切削圆柱螺纹、圆锥螺纹、端面螺纹(涡形螺纹)，如图 2−58 所示。

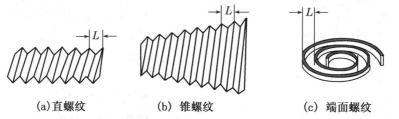

(a)直螺纹   (b) 锥螺纹   (c) 端面螺纹

图 2−58 G32 螺纹切削

该指令实现刀具直线移动，并使刀具的移动和主轴旋转保持同步，即主轴转一转，刀具移动一个导程。

数控机床在执行 G32 指令时，由于机床伺服系统存在滞后特性，会在起始段和停止段发生螺纹的螺距不规则现象，所以，在实际加工中，走刀的长度 W 应包括切入和切出的空行程量，如图 2−59 所示，即

$$W = L + \delta_1 + \delta_2$$

图 2−59 螺纹加工

式中：δ_1——切入空刀行程量，一般为 $(3\sim5)F$(F 为螺纹导程)；δ_2——切出空刀行程量，一般取 $0.5\delta_1$。

格式：

G32 X(U)____ Z(W)____ F____；

例 2.11 如图 2−60 所示，螺纹导程为 2，车削螺纹前工件直径为 $\phi48$ mm，分两次走刀，第一次切深为 0.8 mm(单边)，第二次切深为 0.3 mm，采用相对值编程，加工程序如下：

……

N030 G00 U−11.6；

N040 G32 W−59.0 F2；

N050 G00 U11.6；

N060 G00 W59；

N070 G00 U−11.2；

N080 G32 W−59.0 F2.0；

N090 G00 U12.2；

N100 G00 W59.0；

……

图 2−60 圆柱螺纹加工实例

（2）螺纹切削循环指令（G92）

用 G32 指令编写螺纹加工程序时，每一刀都要进行编程，计算量较大且繁琐，给编程人员带来很多麻烦。所以数控车床系统一般都设有各种形式的固定循环功能，G92 指令即为螺纹切削循环指令，可以完成如图 2－61 所示 1—2—3—4 的螺纹加工过程。

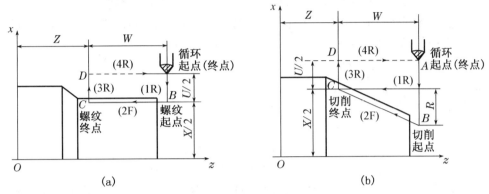

图 2－61　螺纹切削循环

① 直螺纹切削循环编程格式

G92 X(U)＿＿＿ Z(W)＿＿＿ F ＿＿＿；

其中，X、Z 为螺纹加工终点 C 坐标值；U、W 为螺纹加工终点 C 相对于起点 A 坐标值的增量。图 2－59(a)中 R 表示快速进给，F 表示导程，当用增量坐标编程时地址 U、W 的符号由轨迹 1、2 的方向决定，沿负方向移动为负号，正方向为正号。

用 G92 指令编写上例中的加工程序。

……

N30　G92　U－11.6　W－59.0　F2.0；

N30　G92　U－12.2　W－59.0　F2.0；

……

② 锥螺纹切削循环编程格式

G92 X(U)＿＿＿ Z(W)＿＿＿ R ＿＿＿ F ＿＿＿；

其中，R 为圆锥体大小端的半径差值，用增量坐标编程时要注意 R 的符号，确定方法是锥面起点坐标大于终点坐标时为正，反之为负。

执行螺纹切削时需要注意以下事项：

① 从螺纹粗加工到精加工，主轴的转速必须保持一常数。螺纹切削中进给速度倍率无效，进给速度被限制在 100%。

② 螺纹切削中不能停止进给，一旦停止进给切深便急剧增加，很危险。因此在螺纹切削中进给暂停键无效。

③ 在螺纹切削程序段后的第一个非螺纹切削程序段期间，按进给暂停键或持续按该键时，刀具在非螺纹切削程序段停止。

④ 如果用单程序段进行螺纹切削，则在执行第一个非螺纹切削的程序段后停止。

⑤ 在切端面螺纹和锥螺纹时，也可进行恒线速控制，但由于改变转速，将难以保证正确的螺纹导程。因此，切螺纹时，指令 G97 不使用恒线速控制。

⑥ 在螺纹切削前的移动指令程序段可指定倒角,但不能是圆角 R。

⑦ 在螺纹切削程序,不能指定倒角和圆角 R。

⑧ 在螺纹切削中主轴倍率有效,但在切螺纹中如果改变了倍率,就会因升降速等因素的影响而不能切出正确的螺纹。

⑨ 在加工螺纹中,$D_大 = D_{公称} - 0.1P$,$D_小 = D_{公称} - 1.3P$,P 为螺纹导程。

⑩ 在加工多线螺纹时,可先加工完第一条螺纹,然后在加工第二条螺纹时,车刀的轴向起点与加工的第一条螺纹的轴向起点偏移一个螺距 P 即可。

(3) 复合螺纹切削循环指令(G76)

格式:

G76 指令的程序的段格式:

G76　P(m)　(r)(a)　Q(Δd_{min})　R(d);

G76　X(u)　Z(w)　R(i)　P(k)　Q(Δd)　F(f);

指令功能:该螺纹切削循环的工艺性比较合理,编程效率较高。

指令说明:m——精加工重复次数用 01～99 两位数表示;r——斜向退刀量单位数或螺纹尾端倒角值,在 $0.1f$～$9.9f$ 之间,以 $0.1f$ 为单位(即为 0.1 的整数倍),用 00～99 两位数字指定,其中 f 为螺纹导程;a——刀尖角度,从 $80°$、$60°$、$55°$、$40°$、$30°$、$29°$、$0°$ 七个角度选择;Δd_{min}——最小切削深度,当计算深度小于 Δd_{min},则取 Δd_{min} 作为切削深度;d——表示精加工余量,用半径编程指定;Δd——表示第一次粗切深(半径值);X、Z——螺纹终点的坐标值;u、w 增量坐标值;i——锥螺纹的半径差,若 $i=0$,则为直螺纹;k——螺纹高度(X 方向半径值);f——螺纹导程。

例 2.12　用 G76 指令编写图 2-62 所示的螺纹加工程序。

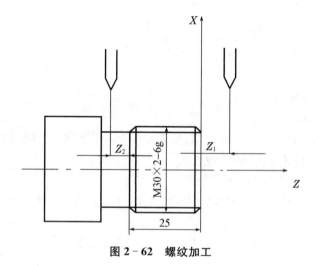

图 2-62　螺纹加工

O1010

N05 M03 S600;

N10 T0303;

N15 G00 X32 Z4;

N25 G76 P010050 Q100 R02;

N28 G76 X27.4 Z—27 P1299 Q400 F2；

N30 G00 X100；

N35 Z200；

N40 M30；

2.3.13 子程序

某些被加工的零件中，常常会出现几何形状完全相同的加工轨迹，在程序编制中，将有固定顺序和重复模式的程序段，作为子程序存放，可使程序简单化。主程序执行过程中如果需要某一个子程序，可以通过一定格式的子程序调用指令来调用该子程序，执行完后返回到主程序，继续执行后面的程序段。

1. 子程序的编程特点

(1) 子程序一般采用相对坐标的方法来编程，当然也可用绝对坐标编程。

(2) 子程序中不允许编入机床状态指令(如 G92、S1000、M03、F 等)。

(3) 子程序中一般只编写工件轮廓(即刀具运动轨迹)。

2. 子程序的编程格式

子程序的格式与主程序相同，在子程序的开头编制子程序序号，在子程序的结尾用M99 指令(有些系统用 RET 返回)。

O888　　　　(子程序号)

N01……

N02……

……

M99

主程序中调用指令：M98 P1 O888；

3. 子程序的调用格式(常用的格式有三种)

(1) M98 P××× ××××

P 后面的前 3 位为重复调用次数，省略时表示调用一次；后 4 位为子程序号。

(2) M98 P×××× L××××

P 后面的 4 位为子程序号；L 后面的 4 位为重复调用次数，省略时为调用一次。

(3) CALL××××

子程序的格式：

(SUB)

……

(RET)

4. 子程序的嵌套

为了进一步简化程序，可以让子程序调用另一个子程序，称为子程序的嵌套。

2.4 轴类零件加工

训练目的

1. 了解轴类零件的特点；
2. 掌握轴类零件的加工要领；
3. 能够独立加工轴类零件并进行检验。

2.4.1 螺纹阶梯轴加工

加工如图 2-63 所示的螺纹阶梯轴零件，注意螺纹的加工，使之符合精度和公差要求。此套工件共加工 1 000 套，每加工 5 件检测尺寸的合格情况，检查刀具磨损情况，及时更换刀具。其中工件材料为 45♯钢，毛坯尺寸为 $\phi 60 \times 157$ mm，加工完成后实体，如图 2-64 所示。

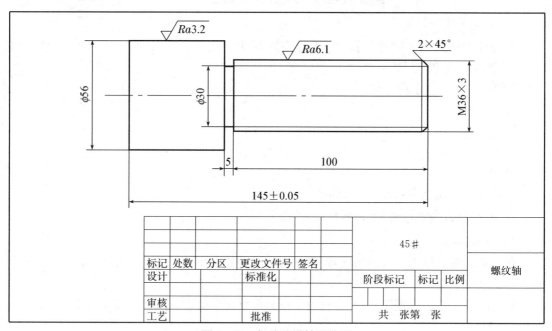

图 2-63 螺纹阶梯轴零件图

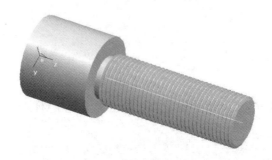

图 2-64 螺纹阶梯轴实体图

1. 图样分析

螺栓零件具备余量较大、需要二次装夹的特点,车削力比较大,刀具的磨损大,要求加工机床的主轴功率要足够大;二次装夹需要较高的同轴度要求;又由于本任务是生产 1 000 件,属小批量生产,为了满足螺杆的精度要求,需要采用数控车床加工。为了更好地控制加工时间,需要先进行工件的试切,保证获得准确良好的加工效率和得到刀具切削此种工件的使用寿命,使生产过程更容易控制,满足交货期的要求。如图 2-65 所示的螺纹阶梯轴零件,材料为 45♯钢,毛料为径向净料,轴向有 2 mm 的余料。此件的加工不是特别复杂,关键在于二次装夹的选择和加工工艺路线的确定。

2. 确定工件的装夹方案

由于工件余量较大,因此,工件的装夹要尽量保证工件装夹的稳定性,保证在螺杆切削过程中不会出现因工件松动导致尺寸误差的问题。

数控车床采用装夹方法:

(1) 利用尾座及顶尖做辅助支承,采用一夹一顶方式装夹,保证工件装夹的稳定性。

(2) 利用软卡爪,适当地增大夹持面的长度,以保证定位准确、装夹牢固。

3. 确定加工路线

第一次装夹:先加工 $\phi56$ 端面,然后在加工 $\phi56$ 外圆柱面。

第二次装夹:加工 $\phi36H7$ 端面,$\phi36H7$ 外圆柱面,最后加工 $\phi30$ 的槽。

4. 刀具的选择与进刀方式

90°外圆车刀一般由高速钢和硬质合金两种材料制成,近年来随着材料工业的不断发展,在高档产品中也出现了超硬硬质合金制造的刀具,更进一步提高了刀具的整体加工性能。刀具类型按结构来分,有整体式、焊接式和机械夹固式三种。外圆车刀要根据车削轮廓的特点选择刀具。常用 90°外圆左偏车刀。

5. 切削用量的选择

切削用量是表示机床主运动和进给运动大小的重要参数,包括切削速度、进给量和背吃刀量。

(1) 切削速度 v_c:在进行切削加工时,刀具切削刃的某一点相对于待加工表面在主运动方向上的瞬时速度,也可理解为是主运动的线速度,单位为 m/min。

当主运动为旋转运动时,v_c 可按下式计算:

$$v_c = \frac{\pi D n}{1\ 000}$$

式中:D——工件待加工表面或刀具的最大直径(mm);n——主运动的转速(rpm 或 r/min)。

(2) 进给量 f:刀具在进给运动方向上相对于工件的位移量,可用刀具或工件每转(主运动为旋转运动时)或每行程(主运动为直线运动时)的位移量来表述和度量,其单位为 mm/r 或 mm/行程。车削的进给量 f 为每转一转(单位时间),刀具沿轴线进给所移动的距离(mm/r);刨削时的进给量 f 为刨刀(或工件)每往复一次,工件(或刨刀)沿进给方向移动的距离(mm/str)。

对于铰刀、铣刀、拉刀等多齿刀具,每转或每行程相对于工件在进给运动方向上的位移

量称为每齿进给量,记作 f_z,单位为 mm/齿。显然:

$$f_z = \frac{f}{z}$$

式中:z——刀齿数。

切削刃上选定点相对工件的进给运动瞬时速度称为进给速度 v_f,其单位为 mm/min。对于连续进给的切削加工(如车削),v_f 可按下式计算:

$$v_f = n_f$$

(3) 背吃刀量 a_p:又称切削深度,一般指工件已加工表面和待加工表面间的垂直距离,单位为 mm。

车削外圆柱面的背吃刀量为该次切除余量的一半:

$$a_p = \frac{d_w - d_m}{2}$$

式中:d_w——工件待加工表面直径(mm);d_m——工件已加工表面直径(mm)。

镗孔时:

$$a_p = \frac{d_m}{2}$$

综合零件材料和刀具选择:切削速度 $v = 600$ r/min;进给量 $f = 0.2$ mm;背吃刀量 $a_p = 1$ mm。

6. 填写加工刀具卡和工艺卡

为了保证加工的合理进行,使车间各方面的加工过程统一,保证加工过程的工艺控制和各工序的质量控制,建立工件的刀具卡片和工艺卡片。

中心孔采用中心钻钻定位孔;外形的加工分别采用外圆车刀,可分为粗加工和精加工两种;退刀槽采用外圆切断刀。

关于刀具参数的选择,根据 45♯ 钢的特点、采用的合金刀具的性能和实际的加工经验,在粗加工时,为了尽快地去除余料,一般采用较低的转速,较大的背吃刀量;而在精加工时,为了得到精确的尺寸和较好的表面质量,一般采用较高的转速和小的背吃刀量。对于切断刀,应根据实际的情况进行选择,防止切削过大造成刀具折断,保证最终的加工质量。

具体情况见表 2-5。

表 2-5 工件的刀具工艺卡

零件图号		数控车床加工工艺卡		机床型号	CK6130
零件名称	工件 A			机床编号	
刀具表				量具表	
刀具号	刀补号	刀具名称	刀具参数	量具名称	规格
T01	01	中心钻			
T02	02	93°外圆车刀		游标卡尺	0～200 mm/0.02
T03	03	外圆切断刀	刀宽 5 mm、切深 15 mm		

(续表)

工序	工艺内容	切削用量			加工性质
		$S/r \cdot min^{-1}$	$F/mm \cdot r^{-1}$	a_p/mm	
1	钻定位孔	400	0.5		
2	粗精加工工件	600	0.2	1	
3	加工退刀槽	200	0.15		

7. 编写加工程序

(1) 程序的设计思路

第一步:钻定位孔(手动钻)。

第二步:先加工 ϕ56 端面,然后在加工 ϕ56 外圆柱面。

第三步:加工 ϕ36H7 端面, ϕ36H7 外圆柱面,最后加工 ϕ30 的槽。

(2) 编写加工程序

表 2-6 为本任务的参考加工程序,请注意领会表中程序说明的意思。

表 2-6 工件的第一次装夹加工程序

程序内容	程序说明
O0001;	主程序
T0101 M03 S600;	换 1 号刀,主轴正转,600 r/min
G00 X61 Z0;	(程序略)请自行编写
G94 G01 X0 Z0 F0. 2;	
G00 X58 Z2;	切端面
G71 U1 R1;	循环程序起始点
G71 U0. 2 W0. 2　P10 Q20 F0. 2;	
N10 G01 X0 F0. 1;	
G01 X56;	
N20 Z—60;	
G00 X100 Z100;	
M05;	
M30;	

表 2-7 工件的第二次装夹加工程序

程序内容	程序说明
O0002;	主程序
T0101 M03 S600;	换 1 号刀,主轴正转,600 r/min
GO0 X61 Z0;	(程序略)请自行编写
G95 G01 X0 Z0 F0. 2;	
G00 X58 Z2;	切端面
G71 U1 R1;	循环程序起始点
G71 P10 Q20 U0. 2 W0. 2 F0. 2;	
N10 G01 X0 F0. 1;	

(续表)

程序内容	程序说明
G01 X32； X36 Z－2； N20 Z－105； G00 X100 Z100； T0202； S800 M3； G0 X37 Z2； G76 P010060 Q200 R0.05； G76 X32.1 Z－102 P2000 Q250 F3； G0 X200 Z200； M30；	

8. 进行加工

（1）装刀

根据刀具工艺卡片，准备好要用的刀具，机夹式刀具要认真检查刀片与刀体的接触和安装是否正确无误，螺丝是否已经拧牢固。按照刀具卡的刀号分别将相应的刀具安装到刀盘中。装刀时要一把一把的装，通过试切工件的端面，不断调整垫刀片的高度，保证刀具的切削刃与工件的中心在同一高度的位置，然后将刀具压紧。

注意刀盘中的刀具与刀号的关系一定要与刀具卡一致，否则程序调用刀具时，如果相应的刀具错误，将会发生碰撞危险，造成工件报废，机床受损，甚至人身伤害。

（2）对刀

数控车床的对刀一般采用试切法，用所选的刀具试切零件的外圆和端面，经过测量和计算得到零件端面中心点的坐标值。这种方法首先要知道进行程序编制时所采用的编程坐标系原点在工件的什么地方。然后通过试切，找到所选刀具与坐标系原点的相对位置，把相应的偏置值输入刀具补偿的寄存器中。

常用的方法是对每一把刀具分别对刀，将刀具偏移量分别输入寄器。

步骤如下：

① 选择一把刀具；

② 试切端面，保持 Z 方向不动，从 X 向退出刀具；

③ 通过测量得到刀具当前位置相对于编程原点的 Z 向偏移 ΔZ；

④ 进入刀具偏置寄存器的形状补偿，在相应的刀补号中；

⑤ 输入 $Z\Delta Z$，按面板的"测量"按钮，就将 Z 向的偏移值输入刀补中了；

⑥ 同样试切外径，得到偏移 ΔX；

⑦ 输入 $X\Delta X$，按面板的"测量"按钮，将 X 向的偏移值输入刀补中。

接着调用下一把刀具，重复以上操作将相应的偏置值输入刀具补偿中，直到完成所有刀具偏移值的输入。

需要说明的是，我们可以用手动脉冲的方法，在已经加工的工件面上进行对刀，这种方法对刀时，一定要注意在靠近工件后，应该采用小于 0.01 mm 的倍率来移动刀具，直到碰到工件为止,注意不要切削过大造成工件报废。

(3)程序模拟仿真

当所有的准备工作完成时,先不要急于加工工件,程序的模拟仿真是不能省略的过程,为了使得程序的质量得到保证,在加工之前先要对程序进行模拟验证,检查程序。

有些车床有自己的模拟功能,那样最好在机床上直接模拟,查看刀具的运动路线是否和我们想要的路线一致,如果一致,则可以加工;如果不一致,说明可能存在错误,应当检查程序,直到模拟的结果正确为止。

对于没有模拟功能的车床,我们可以采用在计算机上利用仿真软件进行模拟,直到程序无误,方可进行加工。

(4)加工操作、监控

当一切准备就绪后,现在可以加工工件了。

先将"快速进给"和"进给速率调整"开关的倍率打到"零"上,启动程序,慢慢调整"快速进给"和"进给速率调整"旋钮,直到刀具切削到工件。这一步的目的是检验车床的各种设置是否正确,如果不正确有可能发生碰撞现象,我们可以迅速停止车床的运动。

当切到工件后,通过调整"进给速率调整"和"主轴转速"调整旋钮,使得切削三要素进行合理的配合,就可以持续进行加工了,直到程序运行完毕。

在加工中,要适时的检查刀具的磨损情况,工件的表面加工质量,保证加工过程的正确,避免事故的发生。每运行完一个程序后,应检查程序的运行效果,对有明显过切或表面光洁度达不到要求的,应立即进行必要地处理,并在机床交接记录本上详细记录。

(5)检验

加工完成后工件实体应按照图纸的要求进行检测,检查工件是否达到要求尺寸,否则不能拆件,可以在车床上继续修整加工,直到尺寸合格,方可拆件。

9.操作注意事项

为了保证加工基准的一致性,在多把刀具对刀时,可以先用一把刀具加工出一个基准,其他各个刀具依次为基准进行对刀。

2.4.2 成型轴加工

加工如图 2-65 所示的轴零件,工件材料为 YL12 钢,毛坯尺寸为 $\phi50$。

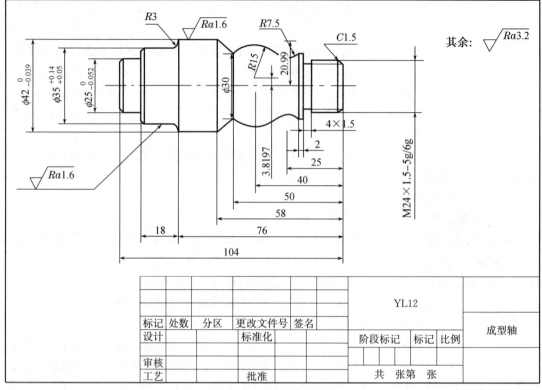

图 2-65　成型轴零件图

1. 图样分析

材料为 YL12 钢,毛料为径向余料有余量,轴向有足够长的余料。此件的加工不是特别复杂,关键在于 2 号刀具的选择和加工工艺路线的确定。

2. 确定工件的装夹方案

采用三爪卡盘夹持工件,悬出 115 mm。

3. 确定加工路线

端面、外圆、槽、螺纹、切断。

4. 填写加工刀具卡和工艺卡

为了保证加工的合理进行,保证加工过程的工艺控制和各工序的质量控制,建立工件的刀具卡片和工艺卡片。

外形的加工分别采用外圆车刀,可分为粗加工和精加工两种;退刀槽采用外圆切断刀。

刀具的选择应根据 YL12 钢的特点,采用的硬质合金刀具。在粗加工时,为了尽快地去除余料,一般采用较低的转速,较大的背吃刀量;而在精加工时,为了得到精确的尺寸和较好的表面质量,一般采用较高的转速和小的背吃刀量。对于切断刀,应根据实际的情况进行选择,防止切削过大造成刀具折断。保证最终的加工质量。

具体情况见表 2-8。

表 2-8 工件的刀具工艺卡

零件图号		数控车床加工工艺卡		机床型号	CK6130
零件名称	工件 A			机床编号	

刀具表				量具表	
刀具号	刀补号	刀具名称	刀具参数	量具名称	规格
T01	01	93°外圆车刀			
T02	02	仿形车刀		游标卡尺	0～200 mm/0.02
T03	03	螺纹刀			
T04	04	外圆切断刀	刀宽 3 mm		

工序	工艺内容	切削用量			加工性质
		$S/r \cdot min^{-1}$	$F/mm \cdot r^{-1}$	a_p/mm	
1	切端面	1 000	0.1		
2	粗精加工工件右端	1 000,2 000	0.2	1	
3	加工退刀槽	200	0.15		
4	加工螺纹	800	1.5		
5	粗精加工工件左端	800	0.1		
6	切断	800	0.08		

5. 编写加工程序

（1）程序的设计思路

第一步：加工端面

第二步：粗精车右端外圆表面

第三步：车槽

第四步：车螺纹

第五步：粗精加工左端外圆

第六步：切断

（2）编写加工程序

表 2-9 为本任务的参考加工程序。

表 2-9 参考加工程序

程序内容
O0001； T0101； S1000 M3； G0 X47 Z2； G01 X－1 F0.1； G00 Z3； X47； G01 Z0；

程序内容

X-1；
Z2；
G0 X100 Z150；
T0202；
M03 S1000；
G0 X47 Z2；
G73 U12 R8；
G73 P10 Q20 U0.5 W0.5 F0.2；
N10 G0 X20；
G1 Z0 F0.1；
X21；
X23 W-1.5；
Z-18；
X30；
Z-20；
G02 X30.03 Z-30.03 R7.5；
G03 X30 Z-50 R15；
G01 X42 Z-58；
Z-110；
N20 U2；
G0 X50 Z10；
T0202；
S2000 M03；
G0 G42 X48 Z3；
G70 P10 Q20；
G0 G40 X200 Z200；
M00；
T0404；
S800 M03；
G0 X26 Z-17.09；
G01 X23.98 F0.15；
X22.5 F0.08；
G0 X24；
Z-18；
G1 X22.5 F0.08；
G0 X200；
Z200；
T0303；(螺纹加工)
S800M3；
G0 X26 Z2；
G92 X23.2 Z-16 F1.5；
X22.6；
X22.2；
X22.05；
G0 X200；
Z200；
T0404；

（续表）

程序内容
S800 M03;
G0 X50 Z−107;
G01 X1 F0.08;
G0 X50;
Z−107;
G1 X21 F0.08;
G0 X50;
Z200;
M05;
T0101;
S800 M03;
G40 G0 X51 Z2 M8
G72 W2 R0.2;
G72 P30 Q40 U0.1 W0.1 F0.1;
N30 G00Z−28;
G02 X35 Z−25 R3 F0.15;
G01 Z−11.5;
X32 Z−10;
X25;
Z−1.5;
X22 Z0;
N40 W2;
G70 P30 Q40;
G40 G0 X200 Z200;
M05;
M30;

6. 进行加工

（1）装刀（同上略）

（2）对刀（同上略）

（3）程序模拟仿真

（4）加工操作、监控

（5）检验

工件加工完成后应按照图纸的要求进行检测,检查工件是否达到要求尺寸,否则不能拆件,可以在车床上继续修整加工,直到尺寸合格,方可拆件。

7. 操作注意事项

为了保证加工基准的一致性,在多把刀具对刀时,可以先用一把刀具加工出一个基准,其他各个刀具依次为基准进行对刀。

2.5　套类零件加工

训练目的

1. 了解套类零件的特点；
2. 掌握套类零件的加工要领；
3. 能够独立加工套类零件并进行检验。

知识导入

在机械设备上常见有各种轴承套、齿轮及带轮内套及内腔的零件，因支撑、连接配合的需要，一般都将它们做成带圆柱的孔、内锥、内沟槽和内螺纹等一些形状，此类件称为内套、内腔类零件。

1. 技术要求

（1）内套，内腔类零件一般都要求具有较高的尺寸精度、较小的表面粗糙度和较高的形位精度。在车削安装套类零件时关键的是要保证位置精度要求。

（2）内轮廓加工刀具回旋空间小，刀具进退刀方向与车外轮廓时有较大区别，编程时进退刀尺寸必要时需仔细计算。

（3）内轮廓加工刀具由于受到孔径和孔深的限制刀杆细而长，刚性差。对于切削用量的选择，如进给量和背吃刀量的选择较切外轮廓时的稍小。

（4）内轮廓切削时切削液不易进入切削区域，切屑不易排出，切削温度可能会较高，镗深孔时可以采用工艺性退刀，以促进切屑排出。

（5）内轮廓切削时切削区域不易观察，加工精度不易控制，大批量生产时测量次数需安排多一些。

2. 车削工艺与编程特点

内成形面一般不会太复杂，加工工艺常采用"钻→粗镗加工→精镗"，孔径较小时可采用手动方式或 MDI 方式"钻→铰"加工。

（1）大锥度锥孔和较深的弧形槽，球窝等加工余量较大的表面加工可采用固定循环编程或子程序编程，一般直孔和小锥度锥孔采用钻孔后两刀镗出即可。

（2）较窄内槽采用等宽内槽切刀一刀或两刀切出（槽深时中间退一刀以利于断屑和排屑），宽内槽多采用等宽内槽切刀多次切削成精镗一刀。

（3）切削内沟槽时，进刀采用从孔中心先进 $-Z$ 方向，后进 $-X$ 方向，退刀时先退少量 $-X$，后退 $+Z$ 方向。为防止干涉，退 $-X$ 方向时退刀尺寸必要时需计算。

（4）中空工件的刚性一般较差，装夹时应选好定位基准，控制夹紧力大小，以防止工件变形，保证加工精度。

（5）工件精度较高时，按粗精加工交替进行内、外轮廓切削，以保证形位精度。

（6）换刀点的确定要考虑镗刀刀杆的方向和长度，以免换刀时刀具与工件、尾架（可能有钻头）发生干涉。

(7)因内孔切削条件差于外轮廓切削,故内孔切削用量较切削外轮廓时选取小些(约小30%～50%)。但因孔直径较外廓直径小,实际主轴转速可能会比切外轮廓时大。

3. 刀具的使用及分类

内镗刀可以作为粗加工刀具,也可以作为精加工刀具,精度一般可达 IT17～IT18、$Ra=1.6～3.2$,精车 Ra 可达 0.8 或更小。内镗刀可分为通孔刀和不通孔刀两种,通孔刀的几何形状基本上与外圆车刀相似,但为了防止后刀面与孔壁摩擦又不使后角磨得太大,一般磨成两个后角。不通孔刀是用来车不通孔或台阶孔的,刀尖在的最前端并要求后角与通孔刀磨的一样。

4. 常见装夹及车削过程

(1) 一次装夹车削完成。

(2) 二次装夹即调头后用软卡抓或开缝同心轴套装夹车削完成。

5. 对刀及加工方法

对刀的方法与车外圆的方法基本相同,所不同的是毛坯若不带内孔必须先钻孔,再用内孔车刀试切对刀。为使测量准确,内径对刀时须用内径百分表测量尺寸。

2.5.1 套筒零件加工

加工如图 2-66 所示的内套零件。

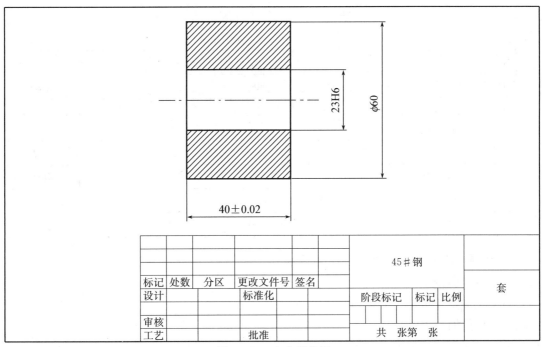

图 2-66 内套零件图

1. 图样分析

该零件由端面,内孔表面组成,尺寸精度和表面粗糙度要求不高。

2. 确定工件的装夹方案

用三爪自定心卡盘装夹 $\phi60$ 工件,毛坯外圆车右端面,调头装夹 $\phi60$ 工件毛坯外圆,车左端并保证长度 40 mm±0.12 mm。

3. 确定加工路线

（1）用三爪自定心卡盘装夹 φ60 工件，毛坯外圆车右端面。

（2）调头装夹 φ60 工件毛坯外圆，车左端并保证长度 40 mm±0.12 mm。

（3）用尾座手动钻 φ23 通孔。

（4）用 90°内孔镗刀粗车内孔径向留 0.8 mm 精车余量，轴向留 0.5 mm 精车余量，精车孔径至尺寸。

4. 填写加工刀具卡和工艺卡

表 2-10　工件的刀具工艺卡

零件图号		数控车床加工工艺卡		机床型号	CK6130
零件名称	工件 A			机床编号	
		刀具表		量具表	
刀具号	刀补号	刀具名称	刀具参数	量具名称	规格
T01	01	有断屑槽的 90°内孔机夹镗刀		游标卡尺	0～200 mm/0.02
T02	02	45°端面刀			
T03	03	φ23 麻花钻头			
T04	04	切断刀	刃宽 3 mm		

工序	工艺内容	切削用量				加工性质
		刀具号	$S/r \cdot min^{-1}$	$F/mm \cdot r^{-1}$	a_p/mm	
1	车毛坯外圆车右端面	T02	800	—		手动
2	车左端面并保证长度 40 mm±0.12 mm	T02	800	—		手动
3	手动钻 φ23 通孔	T03	500	—		手动
4	粗车内孔	T01	700	0.2	2	自动
5	精车内孔	T01	1000	0.1		自动
6	切断	T04	500			手动

5. 编写加工程序

（1）程序的设计计算

孔径公差取中间值，循环起点为（23，2）。

（2）编写加工程序

表 2-11 为本任务的参考加工程序。

表 2-11　参考加工程序

程序内容	程序说明
O00 60; G40 G99 G97 T0101; M03 S700; G00 X100 Z100; X23 Z2 G71 U2R1; G71 P10 Q20 U−0.8 W0.5 F0.2; N10 G41 G00 X25.0 S1000 F0.1; N20 G01 Z−42; G70 P10 Q20; G40 G00 X100 Z100; M05; M02;	主轴正转、转速 7 000 r/min 到内孔循环点 内端面粗车循环加工 精车零件各部分尺寸,取消刀补 返回起始位置

6. 进行加工

(1) 装刀

(2) 对刀

(3) 程序模拟仿真

(4) 加工操作、监控

(5) 检验

7. 操作注意事项

(1) FANUC 系统编程中内腔车削一般用 G71,华中系统也可以用 G71。

(2) 该零件钻孔前必须先平端面,中心处不允许有凸台,否则钻头不能自动定心,将导致钻头折断。钻头刚接近工件和快钻通时应减小进给量。

(3) 钻孔时应加切削液。

(4) 此件应用通孔刀,采用正的刃倾角有利于前排屑。

2.5.2　内锥接头零件的加工

加工如图 2-67 所示的内接头零件,已知:底孔 30 外轮廓以加工完毕。

1. 图样分析

该零件由端面,内台阶孔、内锥表面组成,尺寸精度和表面粗糙度要求不高。其中毛坯尺寸为 $\phi90\times45$ mm,工件材料为 Q245。

2. 确定工件的装夹方案

用三爪自定心卡盘装夹。

3. 确定加工路线

$\phi32$ 直孔精度较高,可分两刀镗出。锥孔精度不高,锥度余量不大,可分一刀镗出,但可考虑和 $\phi32$ 孔一起加工,也可分两刀完成。

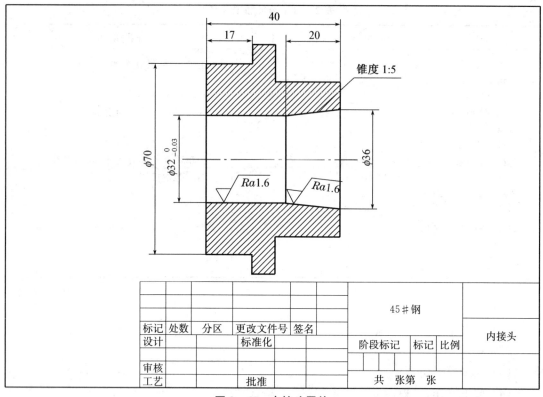

图 2-67　内接头零件

4. 填写加工刀具卡和工艺卡

表 2-12　工件的工具工艺卡

零件图号		数控车床加工工艺卡			机床型号		CK6130
零件名称	工件 A				机床编号		

刀具表					量具表		
刀具号	刀补号	刀具名称		刀具参数	量具名称	规格	
T01	01	有断屑槽的 90°重磨内镗刀			游标卡尺	0~200 mm/0.02	
T02	02	45°端面刀					

工序	工艺内容	切削用量				加工性质
		刀具号	$S/r \cdot min^{-1}$	$F/mm \cdot r^{-1}$	a_p/mm	
1	车毛坯外圆车右端面	T02	800	—		手动
2	车左端面并保证长度 40 mm	T02	800	—		手动
3	手动钻 $\phi30$ 通孔	T03	500	—		手动
4	粗车内孔	T01	700	0.2	2	自动
5	精车内孔	T01	1 000	0.1		自动

5. 编写加工程序

表2-13为本任务的参考加工程序。

表2-13　参考加工程序

程序内容	程序说明
O1000； N10　T0101； N30　S600　M03； N50　G00　X34　Z2； N60　G71　U1.5　R0.2； N70　G71　P80　Q120　U—0.4　F0.15； N80　G0　X36； N90　G41　G1　Z0　F0.1； N100　X32　Z—20； N110　Z—41； N120　U—0.2； N130　G70　P80　Q120； N150　G40　G0　X200　Z200　M5； N160　M30；	到精车起点 精镗内锥孔 精镗φ32内孔

【SIEMENS 802 C/S 系统】

……

SC904. MPBF；　　　　　　　　　程序名

N10　G54；

N20　G90　G94　G23；　　　　　绝对编程,mm/min进给,直径编程

N30　S600　M03；

N40　T1　D0；　　　　　　　　　换1号刀,设刀补为零

N50　G00　X34　Z2；　　　　　　快速进刀

N60　G01　Z0　F300；

N70　X35.1　Z—20；　　　　　　粗车学内锥孔

N80　Z—41；　　　　　　　　　　粗车削φ32内孔

N90　G00　X30　Z2；　　　　　　退刀

N100　G01　X30　Z0　F300；　　到精车起点

N110　X32　Z—20　F200；　　　精镗内锥孔

N120　Z—41；　　　　　　　　　精镗φ32内孔

N130　G00　X30　Z5；

N140　X50　Z100；　　　　　　　退刀

N150　M02；　　　　　　　　　　程序结束

6. 进行加工

同上（略）

7. 操作注意事项

(1) 用重磨刀可不加刀补。

(2) 为了使内腔与端面过渡好,应车至内腔延长线处。

(3) 加工此零件必须用不通孔刀,后锥孔敞开应采用负的刃倾角,有利于后排屑。

2.5.3 端盖内孔加工

加工如图 2-68 所示的端盖零件。(未注倒角 C1)外轮廓已加工完毕。

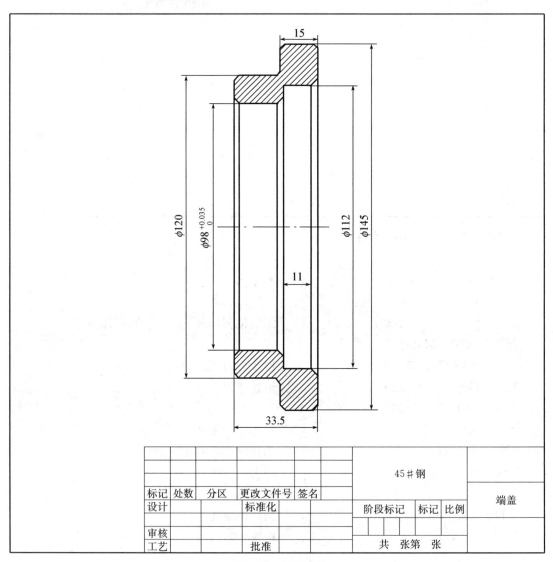

图 2-68 端盖零件

1. 图样分析

该零件由端面,内台阶孔、内倒角组成,尺寸精度和表面粗糙度要求不高。毛坯为 $\phi150 \times 40$ mm 棒料。

2. 确定工件的装夹方案

夹 $\phi120$ 外圆,找正,加工 $\phi145$ 外圆 $\phi112$ 外圆和 $\phi98$ 内孔。

3. 确定加工路线

(1) 粗加工 $\phi98$ 内孔 $\phi112$ 内孔及端面;

(2) 精加工 $\phi98$ 内孔和 $\phi112$ 内孔及孔底表面。

4. 填写加工刀具卡和工艺卡

表 2-14　工件的刀具工艺卡

零件图号		数控车床加工工艺卡		机床型号	CK6130
零件名称	工件 A			机床编号	

刀具表				量具表	
刀具号	刀补号	刀具名称	刀具参数	量具名称	规格
T01	01	外圆车刀		游标卡尺	0~200 mm/0.02
T02	02	有断屑槽的 90°内孔机夹镗刀			
T03					

工序	工艺内容	切削用量				加工性质
		刀具号	$S/r \cdot min^{-1}$	$F/mm \cdot r^{-1}$	a_p/mm	
1	粗加工 $\phi98$ 内孔 $\phi112$ 内孔及端面	T02	800	—		自动
2	精加工 $\phi98$ 内孔和 $\phi112$ 内孔及孔底表面	T02	1 000	—		自动

5. 编写加工程序

表 2-15　参考加工程序

程序内容	程序说明
G97 G99 G40；	设工件坐标系,绝对编程,分进给
T0202；	换 2 号刀内孔镗刀,建立坐标系
M03 S300；	主轴正转,转速 300 r/min
G00 X97 Z5；	快速进刀
G01 Z-34 F100；	粗镗 $\phi98$ 孔,留 0.5 余量
G00 X97 Z5；	快速退刀
X105；	快速进刀
G01 Z-10.5 F100；	粗镗第一刀 $\phi112$ 内孔
G00 X100 Z5；	快速退刀
X111.5；	快速进刀
G01 Z-10.5 F100；	粗镗第二刀 $\phi112$ 内孔

（续表）

参考程序	程序说明
G00 X105 Z5；	快速退刀
X116 Z1；	进刀
G01 X111 Z−1 F100；	倒角
Z−11；	精镗 ϕ112 内孔
X100；	精镗内孔台阶
X98 Z−12；	倒角 C1
Z−34；	精镗 ϕ98 内孔
G00 X95；	退刀
Z100；	
X160；	
M5；	
M02；	程序结束

6. 进行加工

（1）装刀（同上略）

（2）对刀（同上略）

（3）程序模拟仿真

（4）加工操作、监控

（5）检验

2.6 法兰零件加工

训练目的

1. 了解盘类零件的特点；

2. 掌握盘类零件的加工要领；

3. 能够独立加工盘类零件并进行检验。

2.6.1 法兰盘加工

加工如图 2−69 所示盘类零件，注意盘类零件的加工，使之符合精度和公差要求。此工件共加工 1 000 套，每加工 5 件检测尺寸的合格情况，检查刀具磨损情况，及时更换刀具。

其中工件材料为 45♯钢，毛坯尺寸为 ϕ130×35 mm。

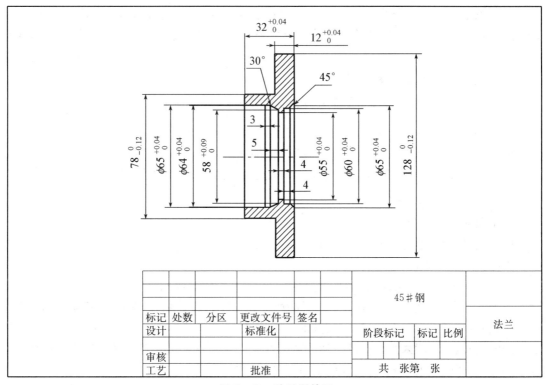

图 2-69　法兰零件图

图 2-70　法兰实体图

1. 图样分析

如图 2-70 所示的盘零件共 1 000 件：材料为 45 # 钢，毛料尺寸为径向 2 mm 的余料，轴向有 3 mm 的余料。此件的加工不是特别复杂，关键在于二次装夹的选择和加工工艺路线的确定保证同轴度。

2. 任务分析

盘类零件的加工的特点，需要钻孔后镗孔，加工具有薄壁零件的特点，精度要求比较高，要求加工机床的精度比较高；本任务是生产 1 000 件，属小批量生产，为了满足精度要求，需要采用数控车床加工。为了更好地控制加工时间,需要先进行工件的试切,保证获得准确良好的加工效率和得到刀具切削此种工件的使用寿命,使生产过程更容易控制,满足交货期的要求。

3. 确定工件的装夹方案

利用卡盘及卡爪做辅助支承,采用一夹一挡方式装夹,保证工件装夹的稳定性。

4. 确定加工路线

第一次装夹:先加工左端面,$\phi78$、$\phi128$,然后再钻$\phi30$孔,再镗$\phi65$、$\phi64$、$\phi58$、$\phi55$孔。

第二次装夹:加工右端面,之后镗$\phi65$、$\phi60$孔、之后加工$\phi128$外圆。

5. 填写加工刀具卡和工艺卡

为了保证加工的合理进行,使车间各方面的加工过程统一,保证加工过程的工艺控制和各工序的质量控制,建立工件的刀具卡片和工艺卡片。

中心孔采用中心钻钻定位孔。

外形的加工分别采用外圆车刀,可分为粗加工和精加工两种。

根据45#钢的特点,采用的合金刀具的性能和实际的加工经验,在粗加工时,为了尽快地去除余料,一般采用较低的转速,较大的背吃刀量;而在精加工时,为了得到精确的尺寸和较好的表面质量,一般采用较高的转速和小的背吃刀量。对于切断刀,应根据实际的情况进行选择,防止切削过大造成刀具折断。保证最终的加工质量。

表 2-16　工件的刀具工艺卡

零件图号		数控车床加工工艺卡		机床型号	CK6140
零件名称	工件 B			机床编号	
		刀具表		量具表	
T01	01	93°外圆车刀		游标卡尺	0～200 mm/0.02
T02	02	93°内孔车刀	直径<30 mm	内径量表	20～40 mm/0.02
T03	03	$\phi30$ 钻头			

工序	工艺内容	切削用量			加工性质
		$S/\text{r} \cdot \text{min}^{-1}$	$F/\text{mm} \cdot \text{r}^{-1}$	a_p/mm	
1	粗精加工左端工件外形和端面	600	0.2	1	
2	加工直径 30 mm 的通孔	400	0.5		
3	粗精加工左端工件内孔	600	0.2		
4	粗精加工右端工件内孔	600	0.2		
数控车	粗精加工右端工件外形和端面	600	0.2		

6.编写加工程序

表 2 - 17 工件的第一次装夹加工程序

法兰盘

工件代号	CA0205		工序号	9
工步号	工步加工内容			
1	用三爪自定心卡盘装夹右端,棒料伸出长度约 40 mm			
2	车左端面			
3	钻 A2 中心孔			
4	钻 ϕ30 通孔			
5	用 55°内孔车刀车内孔台阶面			
6	用 3 mm 内孔切槽刀切 3 mm 槽			
7	用 55°外圆车刀车外圆台阶面,保证 ϕ78 轴面与 ϕ67 内孔轴面同轴度 0.04 mm			
8	用 60°外圆螺纹刀车 R2 和 R15 弧面			

刀具清单				切削参数		
工步	刀具编号	刀具名称	刀具型号	主轴转速 /r·min⁻¹	背吃刀量 /mm	进给量 /mm·r⁻¹
2	T03	55°外圆车刀		600	1	0.2
3		中心钻	A2	250		
4		麻花钻	ϕ19.8	250		
5	T01	55°内孔车刀		600	1	0.2
6	T02	3 mm 内孔切槽刀		300		1.5
7	T03	55°外圆车刀		600	1	0.2

注释:

手动操作工步 2:车右端面

手动操作工步 3:钻 A2 中心孔

手动操作工步 4:钻 ϕ30 通孔

程序内容:

工步 5 程序	程序说明
O0009;	工序 9 程序名
N01 G99 G97 G40 G21;	
N02 T0101;	调用 1 号刀、1 号刀补
N03 M03 S600;	主轴正转,主轴转速 600 r/min
N04 M08;	切削液开
N05 G00 X150 Z100;	快速定位刀具起止点
N06 X28 Z2;	快速定位刀具循环起止点

N07	G71 U1.0 R1.0；	内径粗车循环
N08	G71 P09 Q15 U−0.5 W0.05 F0.1；	X 向精车余量 0.5 mm、Z 向精车余量 0.05 mm
N09	G00 G41 X64.015；	建立刀具左补偿
N10	G01 Z0 F0.2；	
N11	Z−13.964；	
N12	X58.015 W−5.2；	
N13	X55.015；	
N14	W−5；	
N15	X36；	
N16	G70 P09 Q15；	内径精车循环
N17	G00 G40 X150 Z100；	快速返回刀换刀点，取消刀具补偿
N18	M00；	程序暂停，切削液关
工步 6 程序		**程序说明**
N19	T0202；	调用 2 号刀、2 号刀补
N20	M03 S250；	主轴正转，主轴转速 250 r/min
N21	M08；	切削液开
N22	G00 X40 Z2；	快速定位刀具起止点
N23	G01 Z−13.964 F0.05；	
N24	X65；	
N25	G04 X1；	延时 1 s
N26	G01 X40；	
N27	G00 Z100；	快速返回刀换刀点
N28	X150；	
N29	M00；	程序暂停，切削液关
工步 7 程序		**程序说明**
N30	T0303；	调用 3 号刀、3 号刀补
N31	M03 S600；	主轴正转，主轴转速 600 r/min
N32	M08；	切削液开
N33	G00 X132 Z2；	快速定位刀具循环起止点
N34	G71 U1 R1；	粗车循环
N35	G71 P36 Q43 U0.5 W0.05 F0.1；	X 向精车余量 0.5 mm、Z 向精车余量 0.05 mm
N36	G00 G42 X60 S1200；	建立刀具右补偿
N37	G01 Z0 F0.2；	
N38	X75.977；	
N39	X77.977 Z−1；	车 C1 倒角
N40	Z−20.0215；	
N41	X127.95；	
N42	Z−33；	
N43	X130；	

(续表)

N44	G70 P36 Q43;	精车循环
N45	G00 X150 Z100;	快速返回刀换刀点,取消刀具补偿
N46	M00;	程序暂停,切削液关
工步 8 程序		程序说明
N47	T0404;	调用 4 号刀、4 号刀补
N48	M03 S600;	主轴正转,主轴转速 600 r/min
N49	M08;	切削液开
N50	G00 X132 Z2;	快速定位刀具循环起止点
N51	G01 X122 Z0 F 0.05;	
N52	G02 X116.1 W−1.7538 R2;	
N53	G03X89.647W−1.3198 R14.9785;	
N54	G02 X84.1 Z−20.0215 R2;	
N55	G00 Z100;	快速返回刀换刀点
N56	X150;	
N57	M30;	程序结束,切削液关

表 2-18 工件的第二次装夹加工程序

法兰盘

工件代号	CA0205			工序号		10
工步号	工步加工内容					
1	用三爪自定心卡盘装夹左端,装夹长度约 10 mm					
2	车右端面					
3	用 55°内孔车刀车内孔台阶面					
4	用 60°外圆螺纹刀车 R2 mm 和 R15 mm 弧面					

刀具清单				切削参数		
工步	刀具编号	刀具名称	刀具型号	主轴转速/r·min⁻¹	背吃刀量/mm	进给量/mm·r⁻¹
2	T03	55°外圆车刀		600	1	0.2
3	T01	55°内孔车刀		600	1	0.2

注释:
手动操作工步 2:车右端面
程序内容:

工步 3 程序		程序说明
O0010;		工序 10 程序名
N01	G99 G97 G40 G21;	
N02	T0101;	调用 1 号刀、1 号刀补
N03	M03 S600;	主轴正转,主轴转速 600 r/min

（续表）

N04	M08;	切削液开
N05	G00 X150 Z100;	快速定位刀具起止点
N06	X28 Z2;	快速定位刀具循环起止点
N07	G71 U1 R1;	内径粗车循环
N08	G71 P09 Q15 U−0.5 W0.05 F0.1;	X 向精车余量 0.5mm、Z 向精车余量 0.05 mm
N09	G00 G41 X64.015 S1200;	建立刀具左补偿
N10	G01 Z0 F0.2;	
N11	X60.02 Z−4.84;	
N12	W−4;	
N13	X55.015;	
N14	W−5;	
N15	X34;	
N16	G70 P09 Q15;	内径精车循环
N17	G00 G40 X150 Z100;	快速返回刀具换刀点,取消刀具补偿
N18	M00;	程序暂停,切削液关

7. 进行加工

（1）装刀（同上略）

（2）对刀（同上略）

（3）程序模拟仿真

（4）加工操作、监控

（5）检验

加工完成后工件实体应按照图纸的要求进行检测,检查工件是否达到要求尺寸,否则不能拆件,可以在车床上继续修整加工,直到尺寸合格,方可拆件。

8. 操作注意事项

为了保证加工基准的一致性,在多把刀具对刀时,可以先用一把刀具加工出一个基准,其他各个刀具依次为基准进行对刀。

2.6.2 密封法兰盘加工

如图 2-71 所示密封法兰盘,材料为 Q235,试加工其零件的表面及槽。

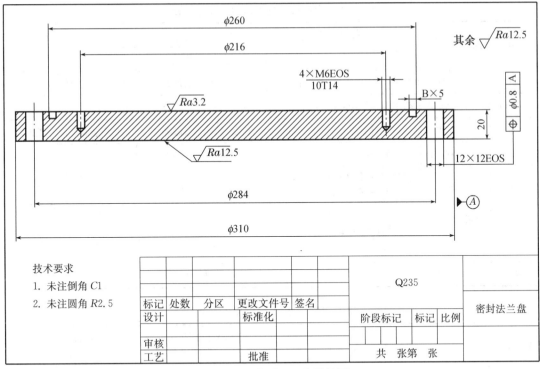

图 2－71　密封法兰盘零件图

1. 图样分析

根据零件特点,使用 CK6140 数控车床加工较为合适。

2. 工艺分析

根据图纸分析,该零件外圆车削的基准为下底面和 $\phi310$ 的中心线,所以在头一道工序中应先加工出来。

3. 确定工件的装夹方案

以加工的底面做定位基准,采用三爪自定心卡盘的软爪固定装夹,注意清除卡盘爪面上的铁屑,以防止工件装夹不平。

4. 确定加工路线

第一次装夹:先加工下底面,$\phi310$ 部分外圆。

第二次装夹:加工上表面,之后车削 $\phi310$ 剩余部分,注意不要留下接刀痕,倒角 C1。

5. 编制工艺文件

切削条件的好坏直接影响加工的效率和经济性,这主要取决于编程人员的经验,工件的材料及形状,机床、刀具、工件的刚性,加工精度、表面质量要求和冷却系统等。结合后面的任务实训,具体工艺文件见表 2－19～2－24。

表 2-19　密封法兰盘机械加工工艺过程卡

单位名称		产品名称或代号		零件名称		零件图号	
				密封法兰盘			
材料牌号	毛坯种类	毛坯外形尺寸		每毛坯可制件数		每台件数	
Q235	钢板气割	$\phi320\times23$					
工序号	工序名称	工序内容	车间	工段	设备	工艺装备	工时
1	下料	$\phi320\times23$	金工		气割机		
2	车	粗精车$\phi310$外圆、端面、槽至尺寸	金工		CK6140	三爪卡盘（软爪）	
3	孔加工	$12\times\phi12$、$4\times M6$各孔至尺寸	金工		加工中心	三爪卡盘（软爪）	
4	检验						
编制		审核		批准		年 月 日	共 页　第 页

表 2-20　工序 1 数控加工工序卡

单 位	数控加工工序卡片		产品名称或代号	零件名称
				密封法兰盘
工序简图			车 间	使用设备
			金工	气割机
			工艺序号	工序名称
			1	下料
			夹具名称	程序号

工步号	工步作业内容	刀具号	规格	主轴转速/r·min⁻¹	进给速度/mm·min⁻¹	背吃刀量/mm	备 注
1	下料				0.15		
2	检验				0.1		

表 2-21　工序 2 数控加工工序卡

单 位	数控加工工序卡片		产品名称或代号	零件名称
				密封法兰盘
工序简图			车 间	使用设备
			金工	CK6140
			工艺序号	工序名称
			2	车
			夹具名称	程序号
			三爪卡盘	O3014

技术要求
1. 未注倒角C1
2. 未注圆角R2.5

（续表）

工步号	工步作业内容	刀具号	规格	主轴转速 /r·min⁻¹	进给速度 /mm·min⁻¹	背吃刀量 /mm	备注
1	车端面（见平即可）、车一端φ310（部分）至尺寸、倒角C1	T01	20×20×160	1 000	0.15		
2	车另一端面，保证总厚20 mm 车φ310（剩余部分）至尺寸、倒角C1	T01	20×20×160	1 000	0.1		
3	车端面槽	T02	20×20×160	1 000	0.05		
4	检验						

表 2-22　工序 2 数控加工刀具及其补偿卡

编号	刀具名称	刀具规格	数量	用途	刀具材料	加工性质	刀具补偿
1	外圆车刀	20×20×160	1	切端面、外圆	硬质合金	车削	G001
2	端面槽刀	20×20×160	1	端面槽	硬质合金	车削	G002

表 2-23　工序 3　数控加工工序卡片

单　位	数控加工工序卡片	产品名称或代号	零件名称
			密封法兰盘

工序简图

其余 $\sqrt{Ra12.5}$

$\phi310$
$\phi180$
M6EQS
10×14
$7×4$
$\sqrt{Ra3.2}$
$\sqrt{Ra12.5}$
20
12×12EQS $\phi\,0.8$ A
A

技术要求
1.未注倒角C1
2.未注圆角R2.5

车　间	使用设备
金工	加工中心

工艺序号	工序名称
3	孔

夹具名称	程序号
三爪卡盘	O3015

工步号	工步作业内容	刀具号	规格	主轴转速 /r·min⁻¹	进给速度 /mm·min⁻¹	背吃刀量 /mm	备注
1	钻定位孔	T01	A2.5 中心钻	1 000	50		
2	钻螺纹底孔 4×φ5.1	T02	麻花钻 φ5.1	800	100		
3	钻 12×φ12 的孔	T03	麻花钻 φ12	600	100		
4	螺纹孔口倒角	T04	麻花钻 φ18	600	150		
5	攻螺纹 4×M6	T05	丝锥 M6	100	100		
6	检验						

表 2－24　工序 3 数控加工刀具及其补偿卡

编号	刀具名称	刀具规格	数量	用途	刀具材料	加工性质	刀具补偿	
1	中心钻	A2.5	1	钻定位孔	高速钢	钻定位孔	H/mm	D/mm
							H01	
2	麻花钻	ϕ5.1	1	钻孔	高速钢	钻孔	H02	
3	麻花钻	ϕ12	1	钻孔	高速钢	钻通孔	H03	
4	麻花钻	ϕ18	1	钻孔	高速钢	倒角	H04	
5	丝锥	M6	1	攻丝	高速钢	攻螺纹	H05	

6. 编写加工程序

为了计算方便，工件坐标系的零点设在零件上表面的中心处。利用百分表、量块确定工件坐标系的零点 O。用 FANUC－0i 数控系统指令及规则编写程序如表 2－25 所示。

表 2－25　数控加工程序

程序内容	程序说明
O3014；	程序初始化
N1； G0 G40 G99 G97； T0101； M3 S1000； G0 X322 Z3； M8； G94 X－1 Z－1 F0.15； G72 W2 R1； G72 P10 Q20 U0.2 W0 F0.15； N10 G0 G41 X302； G1 X310 Z－1； Z－15； N20 X320； G70 P10 Q20； G40 G0 X200； Z200； M5； M00；	工步 1 调取一号刀车下底面、车外圆
N2； T0102； S1200 M3； G0 X322 Z3； M8； G94 X－1 Z－2； G72 W2 R1；	工步 2 工件掉头，加工另一端

（续表）

程序内容	程序说明
G72 P30 Q40 U0.2 W0 F0.15； N30 G0 G41 X302； G1 X310 Z−1； Z−10； N40 X320； G70 P30 Q40； G40 G0 X200； Z200； M5； M30；	
N3； T0203； S600 M3； G0 X260 Z3； G74 R0.5； G74 X260 Z−5 P2000 Q3 R0 F0.05； G0 Z200； G0 X200； M5； M02；	工步 3 加工端面槽

7. 进行加工

（1）装刀（同上略）

（2）对刀（同上略）

（3）程序模拟仿真

（4）加工操作、监控

（5）检验

加工完成后工件实体应按照图纸的要求进行检测，检查工件是否达到要求尺寸，否则不能拆件，可以在车床上继续修整加工，直到尺寸合格，方可拆件。

8. 操作注意事项

为了保证加工基准的一致性，在多把刀具对刀时，可以先用一把刀具加工出一个基准，其他各个刀具依次为基准进行对刀。

2.7　槽类零件加工

2.7.1　车多槽

车多槽零件如图 2-72 所示。其中工件材料为 45♯钢，毛坯尺寸为 $\phi55 \times 120$ mm。

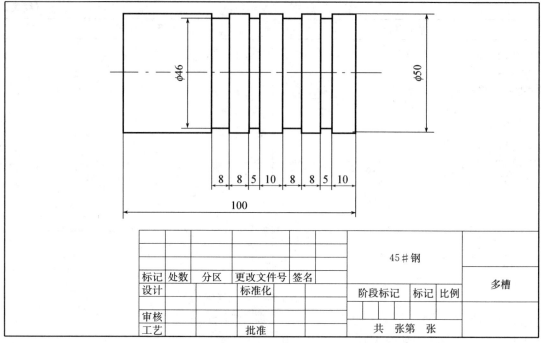

图 2 - 72 多槽零件图

1. 图样分析

该零件由端面,外圆、多槽组成。尺寸精度和表面粗糙度要求不高,毛坯为 φ55×120 mm 棒料。

2. 确定工件的装夹方案

用自定义三爪卡盘加紧 φ55 外圆,找正并加紧。

3. 确定加工路线

(1) 采用手动切削右端面。

(2) φ55 外轮廓加工。

(3) 切多槽。

4. 填写加工刀具卡和工艺卡

表 2 - 26 工件的刀具工艺卡

零件图号			数控车床加工工艺卡		机床型号	CK6130
零件名称	工件 A				机床编号	
刀具表					量具表	
刀具号	刀补号	刀具名称	刀具参数		量具名称	规格
T01	01	有断削槽的 90° 重磨正偏刀			游标卡尺 0~200 mm/0.02	
T02	02	4 mm 车槽刀	刃宽 4 mm			
T03	03	5 mm 车断刀	刃宽 5 mm			

(续表)

工序	工艺内容	切削用量			加工性质
		$S/\text{r} \cdot \text{min}^{-1}$	$F/\text{mm} \cdot \text{r}^{-1}$	a_p/mm	
1	手动切削右端面				
2	$\phi55$ 外轮廓加工	800	0.2		
3	切多槽	500	0.2		
4	切断	500			手动

5. 编写加工程序

(1) 程序的设计思路

第一步:采用手动切削右端面。

第二步:利用子程序切槽。

(2) 编写加工程序

表 2-27　参考加工程序

程序内容	程序说明
O0096； N100 G99 G97 G40 T0101 S500 M03； N110 G00 X100 Z100； N130 G00 X52 Z0； N140 M98 P0022 L2； N150 G00 X100 Z100； N160 M05； N170 M03； O0022 N180 G00 W−15； N190 G01 U−6 F0.2； N200 G04 P2000； N210 U6； N220 G00 W−16； N230 G01 U−5.5 F0.2； N240 U5.5； N250 W3； N260 U−6； N270 W−3； N280 U6； N290 M99；	主程序 换 1 号刀,主轴正转,转速 500 r/min (程序略)请自行编码

6. 进行加工

(1) 装刀(略)

(2) 对刀(略)

（3）程序模拟仿真

（4）加工操作、监控

（5）检验

加工完成后工件实体应按照图纸地要求进行检测，检查工件是否达到要求尺寸，否则不能拆件，可以在车床上继续修整加工，直到尺寸合格，方可拆件。

7. 操作注意事项

（1）采用子程序编程时需用增量形式。

（2）在数控机床上车槽与普通机床所采用的刀具与方法基本相同。一次切槽的宽度取决于槽刀的宽度，宽槽可以用多次排刀法切削，但在 Z 方向退刀时移动距离应小于刀头的宽度，刀具从槽底退出时必须沿 X 轴完全退出，否则将发生碰撞。另外，槽的形状取决于车槽刀的形状。

2.7.2　车端面槽

车端面槽零件如图 2-73 所示。其中工件材料为 45♯钢，毛坯尺寸 $\phi45\times70$ mm。

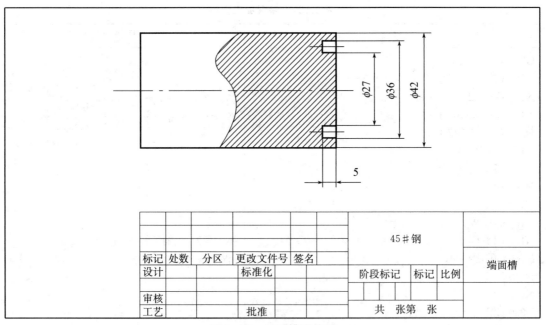

图 2-73　端面槽零件图

1. 图样分析

该零件由端面槽组成。尺寸精度和表面粗糙度要求不高，毛坯为 $\phi45\times70$ mm 棒料。

2. 确定工件的装夹方案

用自定义三爪卡盘夹紧 $\phi45$ 外圆，找正并夹紧。

3. 确定加工路线

（1）采用手动切削右端面。

（2）切端面槽。

4. 填写加工刀具卡和工艺卡

表 2-28 工件的刀具工艺卡

零件图号		数控车床加工工艺卡		机床型号	CK6130
零件名称	端面槽			机床编号	

刀具表				量具表	
刀具号	刀补号	刀具名称	刀具参数	量具名称	规格
T01	01	有断削槽的 90° 重磨正偏刀		游标卡尺 0～200 mm/0.02	
T02	02	4 mm 车断刀			

工序	工艺内容	切削用量			加工性质
		$S/r \cdot min^{-1}$	$F/mm \cdot r^{-1}$	a_p/mm	
1	手动切削右端面				
2	切端面槽	500	0.2		

5. 编写加工程序

（1）程序的设计思路

第一步：采用手动切削右端面。

第二步：利用子程序切槽。

（2）编写加工程序

表 2-29 华中多槽参考加工程序

程序内容	程序说明
T02；	调用三号刀端面切槽刀刀宽 4.5 mm
G54 G00 X100 Z100；	选定坐标系,到程序起点位置
G96 M03 S70；	恒线速度有效、线速度为 70 mm/min
G00 X36 Z2；	快速移动到切削起点处
G01 W−7 F0.2；	进刀切削至端面深度 6 mm 尺寸
G04 P3000；	暂停 3 s,光整加工
W7 F0.2；	退刀至切削起点
G00 X100；	
Z100；	返回对刀点
M02；	主程序结束

6. 进行加工

（1）装刀（略）

（2）对刀（略）

（3）程序模拟仿真

（4）加工操作、监控

（5）检验

加工完成后按照图纸的要求进行检测,检查工件是否达到要求尺寸,否则不能拆件,可以在车床上继续修整加工,直到尺寸合格,方可拆件。

7. 操作注意事项

(1) 采用子程序编程时需用增量形式。

(2) 在数控机床上车槽与普通机床所采用的刀具与方法基本相同。一次切槽的宽度取决于槽刀的宽度,宽槽可以用多次排刀法切削,但在 Z 方向退刀时移动距离应小于刀头的宽度,刀具从槽底退出时必须沿 X 轴完全退出,否则将发生碰撞。另外,槽的形状取决于车槽刀的形状。

2.8　螺纹零件加工

训练目的

1. 了解螺纹类零件的特点;
2. 掌握螺纹类零件的加工要点;
3. 能够独立加工螺纹类零件并进行检验。

知识导入

螺纹是机械零件上最重要的连接结构之一,它具有结构简单、拆装方便及连接可靠等优点,在机械制造业中广泛应用。

1. 螺纹分类

螺纹按断面形状一般可分为三角螺纹、矩形、梯形、锯齿形和圆形螺纹。

2. 表示代号

普通螺纹分为粗牙螺纹和细牙普通螺纹,即当公称直径相同时,细牙螺纹的螺距较小,用字母"M"及公称直径×螺距表示,如 M20×1.5 等。粗牙螺纹用字母"M"及公称直径表示,如 M20 等。

3. 英制螺纹和管螺纹

牙型角为 55°,公称直径是指内螺纹的大径,用英寸(in)来表示,螺距用(1 in=25.4 mm)牙数 n 表示。管螺纹主要应用于流通气体或液体的管接头、旋塞、阀门的连接。根据螺纹副的密封状态与牙型角可分为非螺纹密封的圆柱管螺纹与螺纹密封的圆锥管螺纹(55°圆锥管螺纹)和(60°圆锥管螺纹)等三种。

4. 螺纹车削进刀法

(1) 直进法。易获得较准确的牙型,但切削力较大,常用于螺纹小于 3 mm 的三角螺纹。

(2) 左右车削法。在每次往复行程后,除了做横向进刀以外,还需要向左或向右微量进给。

(3) 斜进法。在每次往复行程后,除了做横向进刀以外,只在纵向的一个方向微量进给。

5. 车多线螺纹

沿两条或两条以上,在轴向等距分布的螺旋线所形成的螺纹。

6. 螺纹车削控制过程

各种螺纹上的螺旋线是按车床主轴每一转,纵向进刀为一个螺距(或导程)的规律进行车削的。在数控车床上用车削法可以加工螺纹,工具和刀具方面与普通车床一样,由于车螺纹起始时有一个加速过程,停刀时有一个减速过程,在这段距离中螺距不可能准确,所以应注意在两端要设置足够的升速进刀段和降速退刀段,以消除伺服滞后造成的螺距误差。升速进刀段和降速退刀段的尺寸计算如下:

升速进刀段:$\delta 1 = 0.0015nP$

降速退刀段:$\delta 2 = 0.00042nP$(n 为主轴转速r/min,P 为螺纹导程,单位 mm)

7. 车螺纹的安排

在数控设备上车螺纹一般安排在精车以后车削。

2.8.1　三角螺纹加工

一、不带退尾量的单线螺纹切削

车削圆柱螺纹零件如图 2-74 圆柱螺纹零件所示,其中工件材料为 45♯钢,毛坯为 $\phi 40 \times 100$ mm 棒料。

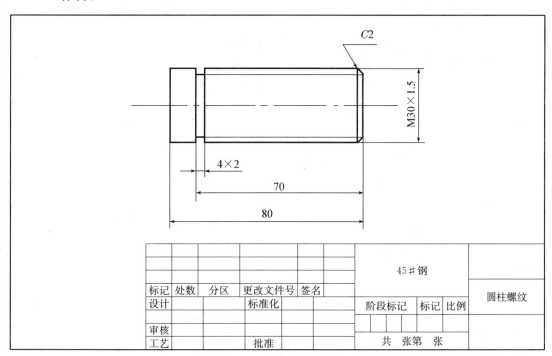

标记	处数	分区	更改文件号	签名		45♯钢			圆柱螺纹
设计			标准化			阶段标记	标记	比例	
审核									
工艺			批准			共　张第　张			

图 2-74　圆柱螺纹零件

1. 图样分析

该零件由端面、倒角、外圆、槽、螺纹组成。尺寸精度和表面粗糙度要求不高,毛坯为 $\phi 40 \times 100$ mm 棒料。

2. 确定工件的装夹方案

用三爪自定心卡盘夹持工件左端,棒料伸出卡盘外 85 mm。

3. 确定加工路线

(1) 采用手动切削右端面,粗车精车用同一把刀。

(2) 用三爪自定心卡盘夹持工件左端,棒料伸出卡盘外 85 mm。

(3) 用 90°正偏刀车削加工外圆轮廓,车槽刀车到位后应有暂停光整加工。

(4) 正偏刀车削加工时径向留 0.8 mm 精车余量,轴向留 0.4 mm 精车余量。

(5) 车削螺纹采用三次进刀第一次背吃刀量 0.6 mm、第二次 0.5 mm、第三次 0.325 mm。

(6) 车断。

4. 填写加工刀具卡和工艺卡

表 2-30 工件的刀具工艺卡

零件图号		圆柱螺纹零件工艺卡		机床型号	CK6130
零件名称	圆柱螺纹零件			机床编号	

刀具表					量具表	
刀具号	刀补号	刀具名称	刀具参数		量具名称	规格
T01	01	有断屑槽的 90°重磨正偏刀				
T02	02	切槽刀	刀宽 4 mm 的车削槽			
T03	03	螺纹刀	刀尖角 60°		游标卡尺	0~200 mm/0.02
T04	04	车断刀	刀宽 5 mm			

工序	工艺内容	切削用量			加工性质
		$S/r \cdot min^{-1}$	$F/mm \cdot r^{-1}$	a_p/mm	
1	手动切削端面	800			
2	粗精车螺纹轴	800	0.1	2	
3	车槽	500	0.1		
4	粗精车螺纹	650	1.5		
5	车断	500			手动

5. 编写加工程序

(1) 计算

加工外螺纹式外圆轮廓应车削的尺寸:$d=$公称直径$-0.13P$,即

$$d=30 \text{ mm}-0.13\times1.5 \text{ mm}=29.805 \text{ mm}$$

车螺纹时螺纹地精应车削的尺寸:$d=30 \text{ mm}-1.3\times1.5 \text{ mm}=28.05 \text{ mm}$

(2) 编写加工程序

表 2-31 为本任务的参考加工程序,请注意领会表中程序说明的意思。

表 2-31　工件的第一次装夹螺纹加工程序

程序内容	程序说明
O0097；	
G99　G97　G40　T0303；	调三号螺纹刀,确定坐标系
M03　S650；	主轴正转 65 r/min
G00　X32　Z1；	到螺纹循环起点,升速段 1 mm
G92　X29.205　Z−66.5　F1.5；	车削螺纹到终点,升速段 0.5 mm
X28.705　Z−66.5　F1.5；	
X28.38　Z−66.5　F1.5；	螺纹加工
X28.05　Z−66.5　F1.5；	去毛刺,光整加工
G00　X100　Z100；	退回程序起点
M02；	主程序结束

6. 进行加工

（1）装刀（略）

（2）对刀（略）

（3）程序模拟仿真

（4）加工操作、监控

（5）检验

加工完成后工件实体应按照图纸地要求进行检测,检查工件是否达到要求尺寸,否则不能拆件,可以在车床上继续修整加工,直到尺寸合格,方可拆件。

7. 操作注意事项

（1）从螺纹粗加工到精加工,主轴的转速必须保持一常数。

（2）在没有停止主轴的情况下,停止螺纹加工将很危险。因此,螺纹加工时进给保持无效,若按进给保持键,刀具在加工完螺纹后停止运动。

（3）在螺纹加工中不使用恒定线速度控制。

（4）刃磨刀尖角时应等于牙型角,左右切削刃必须是直线。

（5）装夹螺纹刀时,应使刀尖与工件中心等高,并使车刀刀尖角的对称中心线与工件轴线垂直,否则会使牙型歪斜。

（6）车刀挤压使外径产生塑性变形胀大,因此螺纹大径应车至：

$$d=公称直径−0.13P=30\text{ mm}−0.13×1.5\text{ mm}=29.805\text{ mm}$$

（7）螺纹背吃刀量可采用数次进给,每次进给可按螺纹深度依次递减分配。

（8）车削螺纹时主轴转速：$n≤(1\,200/P)−80$。

二、不带退尾量的双线螺纹切削

车削带退尾量的双线圆柱螺纹零件如图 2-75 所示,毛坯为 $\phi40×100$ mm 棒料,材料 45#。

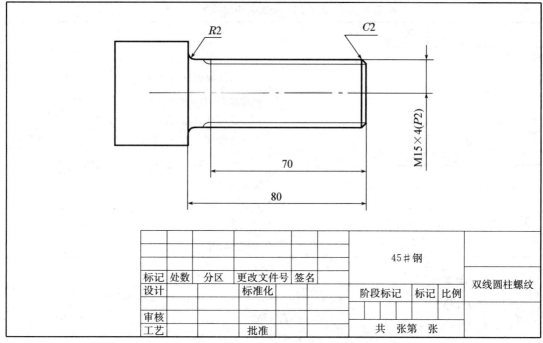

标记	处数	分区	更改文件号	签名		45#钢			双线圆柱螺纹
设计			标准化			阶段标记	标记	比例	
审核									
工艺			批准			共　张第　张			

图2-75　双线圆柱螺纹零件

1. 图样分析

该零件由端面、倒角、外圆、螺纹组成。尺寸精度和表面粗糙度要求不高,毛坯为 $\phi40 \times 100$ mm 棒料。

2. 确定工件的装夹方案

用三爪自定心卡盘夹持工件左端,棒料伸出卡盘外 85 mm。

3. 确定加工路线

(1) 采用手动车削右端面,粗车精车用同一把刀。

(2) 用三爪自定心卡盘夹持左端,棒料伸出卡爪外 85 mm。

(3) 用 90°正偏刀车削加工外圆轮廓,正偏刀车削加工时径向留 0.8 mm 精车余量,轴向留 0.4 mm 精车余量。

(4) 车多线螺纹有两种方法:第一种是按指令格式中的"C"和"P"给定值,第二种是在加工完后第一条螺纹后刀沿轴向移动一个螺距在车第二条螺纹。

(5) 车螺纹采用第三次进刀第一次背吃刀量为 0.8 mm,第二次背吃刀量为 0.6 mm,第三次背吃刀量为 0.5 mm。

4. 填写加工刀具卡和工艺卡

表 2 - 32　工件的刀具工艺卡

零件图号		数控车床加工工艺卡		机床型号	CK6130
零件名称	双线圆柱螺纹			机床编号	

刀具表				量具表	
刀具号	刀补号	刀具名称	刀具参数	量具名称	规格
T01	01	90°正偏刀		游标卡尺	0～200 mm/0.02
T02	02	螺纹刀	刀尖角 60°		

工序	工艺内容	切削用量			加工性质
		$S/\mathrm{r} \cdot \min^{-1}$	$F/\mathrm{mm} \cdot \mathrm{r}^{-1}$	a_p/mm	
1	手动切削端面				
2	粗精车螺纹轴				
3	粗精车螺纹	650	1.5		

5. 编写加工程序

1) 计算

(1) 加工外螺纹时,外圆轮廓应车削到的尺寸为

$$d = 公称直径 - 0.13P,即\ d = 30\ \mathrm{mm} - 0.13 \times 2\ \mathrm{mm} = 27.84\ \mathrm{mm}$$

(2) 车螺纹时螺纹底径应车削到的尺寸为

$$d = 公称直径 - 1.3P,即\ d = 30\ \mathrm{mm} - 1.3 \times 2\ \mathrm{mm} = 27.4\ \mathrm{mm}$$

Z 向回退刀量:$R = -2\ \mathrm{mm}$,X 向回退刀量:$E = 0.95\ \mathrm{mm}$。

注:车螺纹前先精车外圆柱面至尺寸。

2) 编写加工程序

表 2 - 33 为本任务的参考加工程序,请注意领会表中程序说明的意思。

表 2 - 33　工件的第一次装夹加工程序

程序内容	程序说明
O0098;	主程序
G97　S500　T0202　M03;	换 2 号刀,主轴正转,转速为 500 r/min
G00　X32.0　Z2.0;	
G76　P011260　Q100　R0.5;	
G76　X27.4　Z-68.0　P1300　Q800　F4;	
G00　X32.0;	
Z4.0;	
G76　P011260　Q100　R0.5;	
G76　X27.4　Z-68.0　P1300　Q800　F4;	
G00　X100.0　Z100;	
M30;	

6. 进行加工

(1) 装刀(略)

(2) 对刀(略)

(3) 程序模拟仿真

(4) 加工操作、监控

(5) 检验

加工完成后工件实体应按照图纸的要求进行检测,检查工件是否达到要求尺寸,否则不能拆件,可以在车床上继续修整加工,直到尺寸合格,方可拆件。

7. 操作注意事项

(1) P 为主轴基准脉冲处距离切削点的主轴转角。车削单线螺纹时 P 为任意角;车削多线螺纹时为相邻螺纹头的切削起始点之间对应的主轴转角,如车削双线螺纹时起始点角度相差为 $P=360/2=180°$。

(2) 在数控机床上车削多线螺纹的关键是分线要准确,其工艺、刀具方面与普通机床基本相同。

(3) 每次进给量可以凭经验选取不用查表,这里应注意车螺纹时,螺纹底径应车削到的尺寸为 $d=$公称直径$-1.08P$。

(4) FANUC - 0i 系统中 G76 指令 Q、P、R、地址后的数值应以无小数点形式表示单位为微米制,但第一行中 R 单位为毫米。

三、外锥螺纹切削

车削带退刀槽的单线圆锥螺纹零件如图 2 - 76 所示,材料为 45♯钢,毛坯为 $\phi60\times$ 80 mm 棒料。

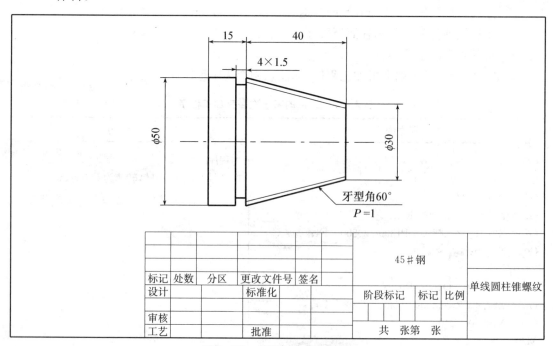

标记	处数	分区	更改文件号	签名		45♯钢			单线圆柱锥螺纹
设计			标准化			阶段标记	标记	比例	
审核									
工艺			批准			共 张第 张			

图 2 - 76　单线圆锥螺纹零件

1. 图样分析

该零件由端面、锥体、螺纹组成。尺寸精度和表面粗糙度要求不高,材料为 45♯钢,毛坯为 $\phi60\times80$ mm 棒料。

2. 确定工件的装夹方案

用三爪自定心卡盘夹持工件左端,棒料伸出卡盘外 65 mm。

3. 确定加工路线

(1) 采用手动切削右端面,粗车精车用同一把刀。

(2) 采用三爪自定心卡盘夹持左端,棒料伸出卡爪外 65 mm。

(3) 用 90°机夹正偏刀加工外轮廓面,正偏刀车削加工时径向留 0.8 mm 精车余量,轴向留 0.4 mm 精车余量。

(4) 切螺纹采用两次进刀,第一次背吃刀量 0.8 mm,第二次背吃刀量 0.6 mm。

(5) 手动切断。

4. 填写加工刀具卡和工艺卡

表 2-34　工件的刀具工艺卡

零件图号		数控车床加工工艺卡		机床型号	CK6130
零件名称	双线圆柱螺纹			机床编号	
		刀具表		量具表	
刀具号	刀补号	刀具名称	刀具参数	量具名称	规格
T01	01	90°正偏刀		游标卡尺	0～200 mm/0.02
T02	02	螺纹刀	刀尖角60°		
T03	03	切断刀	刀宽5 mm		

工序	工艺内容	切削用量			加工性质
		$S/\mathrm{r}\cdot\mathrm{min}^{-1}$	$F/\mathrm{mm}\cdot\mathrm{r}^{-1}$	$a_{\mathrm{p}}/\mathrm{mm}$	
1	手动切削端面				
2	粗精车螺纹轴				
3	粗精车螺纹	650	1.5		
4	手动切断	500			手动

5. 编写加工程序

(1) 计算

① 计算"I"值。因为螺纹有升速段 2 mm 如图 2-77 所示,根据两个直角三角形相似有 $10/h=40/42$,即 $h=10.5$ mm。

所以,在 $Z=2$ 处的直径为 50 mm—10.5 mm×2＝29 mm。

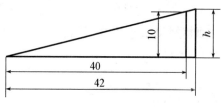

图 2-77 几何分析图

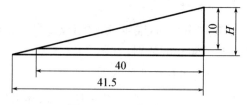

图 2-78 几何分析图

因为螺纹有降速段 1.5 mm,如图 2-78 所示,根据两个直角三角形相似,有 $10/H = 40/41.5$,即 $H = 10.375$ mm。

所以零件在 $Z = -41.5$ mm 处的直径为 30 mm+10.375 mm×2=50.75 mm。

有以上计算可得 $I = (29-50.75)$mm/2$ = -10.875$ mm。

② 加工外轮廓圆锥螺纹小径 d 与大径 D 时,外圆锥应实际车削到的尺寸分别为

$$d = 30-0.13P = 30 \text{ mm}-0.13 \times 1 \text{ mm} = 29.87 \text{ mm}$$
$$D = 50-0.13P = 50 \text{ mm}-0.13 \times 1 \text{ mm} = 48.67 \text{ mm}$$

③ 车削螺纹时,在升速点与降速点,螺纹小径分别为

$$d' = 29-1.08P = 29 \text{ mm}-1.08 \times 1 \text{ mm} = 27.92 \text{ mm}$$
$$D' = 50.75-1.08P = 50.75 \text{ mm}-1.08 \times 1 \text{ mm} = 49.67 \text{ mm}$$

④ 计算螺纹牙深,Z=0、X=30 处为基准点计算,即

$$[(30-0.13P)-(30-1.08P)]/2 = (29.87 \text{ mm}-28.92 \text{ mm})/2 = 0.475 \text{ mm}$$

⑤ 精整次数 $C=2$,螺纹高度 $K=0.475$ mm,精加工余量 $U=0.15$ mm、最小背吃刀量深度 $V=0.1$ mm,第一次背吃刀量深度 $Q=0.3$ mm。

(2) 编写加工程序

表 2-35 为本任务的参考加工程序,请注意领会表中程序说明的意思。

表 2-35 工件的第一次装夹加工程序

程序内容	程序说明
O0098; G97　S500　T0202　M03; G00　X52.0　Z2.0　M08; G76　P010060　Q100　R0.5; G76　X49.67　Z-41.5　R-10875　P475　Q300　F1.0; M03;	主程序 换 2 号刀,主轴正转,转速为 500 r/min 循环程序起始点

6. 进行加工

(1) 装刀(略)

(2) 对刀(略)

(3) 程序模拟仿真

(4) 加工操作、监控

(5) 检验

加工完成后工件实体应按照图纸的要求进行检测,检查工件是否达到要求尺寸,否则不

能拆件,可以在车床上继续修整加工,直到尺寸合格,方可拆件。

7. 操作注意事项

(1) FANUC 系统与华中系统螺纹编程都可以使用 G76,但格式不同。

(2) 在 FANUC 系统中 G76 指令第二行中 Q、P、R 地址后的数值应以无小数点形式表示。

(3) 在编程时,重点是计算 I 值(FANUC 系统用 R 值),一定按照刀点与刀点的位置来计算,而不能按实际的锥度考虑。

(4) 不允许在执行螺纹加工程序段中随意暂停。

(5) 严禁在车床主轴旋转过程中用棉纱擦拭车出的螺纹表面,以免发生人身事故。

(6) 启动运行车削加工程序时,宜低速开启车床主轴,使主轴脉冲发生器按规定信号发出工作脉冲信号。

(7) 调整主轴与进给间的关系。

(8) 在调整螺纹车刀切削深度时,要注意保持其划痕细而清晰。

2.8.2　梯形螺纹加工

知识导入

1. 梯形、矩形螺纹的用途

梯形螺纹广泛应用于传动结构的丝杠等,一般它的长度较长,精度要求较高。而矩形螺纹是一种非标准螺纹,传动精度低,广泛用于台虎钳、千斤顶等工具中,缺点是它经过一段时间使用后由于磨损便产生松动,且不能调整。

2. 梯形、矩形螺纹的代号及标记

梯形螺纹代号用 Tr 及公称直径和螺纹表示。左旋螺纹须在尺寸规格之后加注"左"右旋则不标出,如:Tr40×4、Tr36×6 左等。

矩形螺纹代号只用"矩"及公称直径和螺纹表示,如:矩 42×6 等。导程与线数用斜线分开,左边表示导程,右边表示线数,如:45×6/2 等。

梯形螺纹的标记有螺纹公差带代号和螺纹旋合长度代号组成,如:Tr×7LH－7e－L (Tr50×7LH 为梯形螺纹代号、7e 为公差带代号、L 为旋合长度代号)。

3. 梯形、矩形螺纹的车削方法

在数控机床上车削梯形螺纹,其工艺、刀具方面与普通机床基本相似。在车削过程中,每次往复行程除了做横向进刀外,还要向左或右做微量纵向进给粗车、半精车和精车。

4. 梯形螺纹的种类

梯形螺纹可分为米制螺纹和英制螺纹两种(这里只介绍米制螺纹)。

5. 梯形螺纹的中径公差及牙型角

梯形外螺纹的中径公差等级有 6、7、8、9 四种,公差带位置有 b、c、e 三种。梯形内螺纹的中径公差等级有 7、8、9 三种;公差带位置只有 H 一种,其基本偏差为零,牙型角 $a=30°$。

6. 梯形、矩形螺纹车刀

1) 梯形螺纹精车刀

(1) 两侧车削刃夹角:高速钢车刀一般取 $30°±10'$,硬质合金车刀一般取 $30°±(-5''\sim15°)$。

（2）横车削刃的宽度：$W=0.366P-0.536a_c$，应用牙顶间隙 a_c 时查《金属切削手册》。

（3）纵向前角：一般取 0°，必要时也可以取 5°～10°，但其前刀面上的两侧车削刃夹角要做相应修改，否则将影响牙型角。

（4）纵向后角：一般取 6°～8°。

（5）两侧切削刃后角：$a_左=(3°～5°)±\psi$。

$a_右=(3°～5°)±\psi（\psi$ 为螺旋升角，即 $\tan\psi=P/\pi D2$）。

车右旋螺纹时，ψ 取正号；车左旋纹时，ψ 为负号。

2）矩形螺纹精车刀

（1）主切削刃宽度：$b=0.5P+(0.02～0.05)$。

（2）刀头长度：$L=0.5P+(1～3)$。

（3）纵向前角：加工钢件时，一般取 12°～16°。

（4）纵向后角：一般取 6°～8°。

（5）两侧切削刃后角：同梯形螺纹。

车削梯形螺纹零件如图 2-79 所示，材料为 45♯钢，毛坯为 $\phi40×180$ mm 棒料。

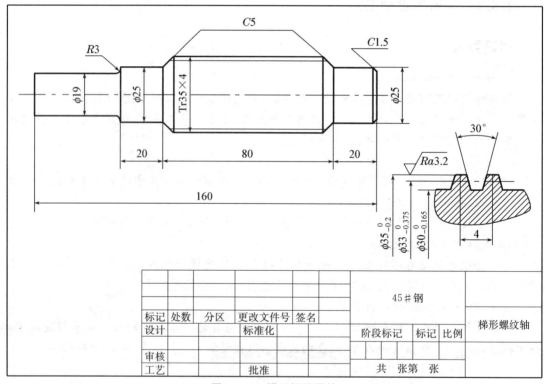

图 2-79 梯形螺纹零件

1. 图样分析

该零件由端面、倒角、外圆、螺纹组成。尺寸精度和表面粗糙度要求不高，材料为 45♯钢，毛坯为 $\phi40×180$ mm 棒料。

2. 确定工件的装夹方案

一夹一顶装夹，棒料伸出卡盘外 165 mm。

3. 确定加工路线

（1）用 45°端面刀手动切削右端面，并钻中心孔 A2/4.25。

（2）一夹一顶装夹，棒料伸出卡盘外 165 mm，用 90°机夹正偏刀加工外圆外径留 0.8 mm 精车余量，轴向留 0.4 mm 精车余量。

（3）外圆精车粗车用同一把刀。

（4）用梯形螺纹车刀加工时，应采用左右车削法。

（5）车削螺纹的顺序

① 沿径向 X 进刀车至接近中径处，退刀后在轴向 Z 左右进刀车削两侧至给定的尺寸。

② 沿径向 X 精车至零件的公差尺寸，退刀后在轴向 Z 左右进刀车削两侧至给定的尺寸。

③ 沿径向 X 精车至零件的公差尺寸，退刀后在轴向 Z 左右进刀车削两侧至零件规定的公差尺寸。

4. 填写加工刀具卡和工艺卡

表 2-36　工件的刀具工艺卡

零件图号		数控车床加工工艺卡		机床型号	CK6130
零件名称	梯形螺纹零件			机床编号	
刀具表				量具表	
刀具号	刀补号	刀具名称	刀具参数	量具名称	规格
T01	01	45°端面刀		游标卡尺	0～200 mm/0.02
T02	02	90°正偏刀			
T03	03	梯形螺纹车刀			

工序	工艺内容	切削用量			加工性质
		$S/r \cdot min^{-1}$	$F/mm \cdot r^{-1}$	a_p/mm	
1	手动切削端面				
2	粗精车螺纹轴				
3	粗精车螺纹	650	1.5		

5. 编写加工程序

表 2-37 为本任务的参考加工程序，请注意领会表中程序说明的意思。

表 2-37　工件的第一次装夹加工程序

程序内容	程序说明
O0098;	主程序
G97　S500　M03　T0303;	换 3 号刀，主轴正转
G00　X52.0　Z2.0　M08;	
G76　P010060　Q100　R0.5;	
G76　X49.67　Z−41.5　R−10875　P475　Q300　F1.0;	
M03;	

6. 进行加工

（1）装刀（略）

（2）对刀（略）

（3）程序模拟仿真

（4）加工操作、监控

（5）检验

加工完成后工件实体应按照图纸的要求进行检测，检查工件是否达到要求尺寸，否则不能拆件，可以在车床上继续修整加工，直到尺寸合格，方可拆件。

7. 操作注意事项

（1）FANUC 系统与华中系统螺纹编程都可以使用 G76，但格式不同。

（2）在 FANUC 系统中 G76 指令第二行中 Q、P、R 地址后的数值应以无小数点形式表示。

（3）在编程时，重点是计算 I 值（FANUC 系统用 R 值），一定按照刀点与刀点的位置来计算，而不能按实际的锥度考虑。

（4）不允许在执行螺纹加工程序段中随意暂停。

（5）严禁在车床主轴旋转过程中用棉纱擦拭车出的螺纹表面，以免发生人身事故。

（6）启动运行车削加工程序时，宜低速开启车床主轴，使主轴脉冲发生器按规定信号发出工作脉冲信号。

（7）调整主轴与进给间的关系。

（8）在调整螺纹车刀切削深度时，要注意保持其划痕细而清晰。

2.8.3 矩形螺纹加工

车削矩形螺纹零件如图 2-80 所示，材料为 45# 钢，毛坯为 $\phi40\times135$ mm 棒料。

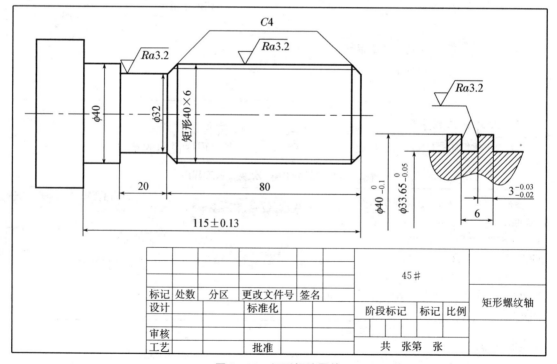

图 2-80 矩形螺纹零件

1. 图样分析

该零件由端面、倒角、外圆、矩形螺纹组成。尺寸精度和表面粗糙度要求不高,材料为45#钢,毛坯为$\phi 40 \times 135$ mm棒料。

2. 确定工件的装夹方案

用三爪自定心卡盘夹持工件左端,棒料伸出卡爪外120 mm。

3. 确定加工路线

(1) 用45°端面刀手动切削右端面。

(2) 装夹,棒料伸出卡爪外120 mm,用90°偏刀加工外圆外径留0.8 mm精车余量,轴向留0.4 mm精车余量。

(3) 外圆加工粗车、精车用同一把刀。

(4) 用矩形螺纹车刀加工时,先用直进法粗、精车至尺寸,左右采用直进法精车至尺寸。

4. 填写加工刀具卡和工艺卡

表2-38　工件的刀具工艺卡

零件图号		数控车床加工工艺卡		机床型号	CK6130
零件名称	矩形螺纹零件			机床编号	
刀具表				量具表	
刀具号	刀补号	刀具名称	刀具参数	量具名称	规格
T01	01	45°端面刀		游标卡尺	0~200 mm/0.02
T02	02	90°正偏刀			
T03	03	矩形螺纹刀	刃宽度磨成2.5 mm(并用齿形样板严格检验)		

工序	工艺内容	切削用量			加工性质
		$S/\text{r} \cdot \min^{-1}$	$F/\text{mm} \cdot \text{r}^{-1}$	a_p/mm	
1	手动切削端面				
2	粗精车螺纹轴				
3	粗精车矩形螺纹	650	1.5		

5. 编写加工程序

(1) 计算

① 计算牙槽底宽度:$b = 0.5P + (0.02 \sim 0.040)$,即$b = 0.5 * 6$ mm $+ 0.025$ mm $= 3.025$ mm;或从零件图上得到尺寸为:$b = 6$ mm $-(3 - 0.025)$mm $= 3.025$ mm。

② 计算每次进刀与左右让刀尺寸。矩形螺纹车刀主切削刃的宽度为2.0 mm,而牙槽宽度为3.025 mm,所以Z向左右让刀的距离应为$(3.025 - 2.0)$mm$/2 = 1.025$ mm$/2 = 0.513$ mm。

③ 计算牙型高度。$h1 = 0.5P + a_c = 0.5 * 6$ mm $+ 0.16$ mm $= 3.16$ mm(a_c间隙取值为$0.1 \sim 0.2$);或从零件图上得到尺寸为$h1(39.95 - 33.625)$mm$/2 = 3.163$ mm。

④ 调整每次切入量:略。

（2）编写加工程序

表 2-39 为本任务的参考加工程序,请注意领会表中程序说明的意思。

表 2-39 工件加工程序

程序内容	程序说明
O0077; T0303; M03 S500;	主程序 换 3 号刀,主轴正转,转速为 500 r/min 程序起始点

G00 X42 Z4 M08;
G92 X39 Z−84 F6 X38.2 X37.4 X36.6 X35.8
    X35 X34.2 X33.8;
G00 X42;
Z4.5;
G92 X39 Z−84 F6 X38.2 X37.4 X36.6 X35.8
    X35 X34.2 X33.8 X33.625;
G00 X42;
Z3.5;
G00 X42;
Z4.513;
G92 X39 Z−84 F6;
G92 X38.2 X37.4 X36.6 X35.8 X35 X34.2
X33.8 X33.625;
G00 X42;
Z3.487;
	加工至各个尺寸

6. 进行加工

（1）装刀（略）

（2）对刀（略）

（3）程序模拟仿真

（4）加工操作、监控

（5）检验

加工完成后工件实体应按照图纸的要求进行检测,检查工件是否达到要求尺寸,否则不能拆件,可以在车床上继续修整加工,直到尺寸合格,方可拆件。

7. 操作注意事项

（1）在刃磨车刀时,应保证各切削刃平直和两侧切削刃的对称性。

（2）装刀时,横切削刃必须与车床的主轴轴线相平行并等高。

（3）为防止在切削过程中"扎刀"现象,切削时可采用弹性刀杆。

（4）在螺纹加工过程中,进给修调开关和主轴开关均无效,在操作时可采用"单段"方式,但不允许在执行螺纹加工时随意暂停。

（5）测量梯形螺纹中径尺寸时,可采用三针测量法。

2.9　用户宏程序连接轴零件的加工

训练目的

1. 了解宏程序编程的特点；
2. 掌握宏程序零件的加工要点。

加工如图2-81所示带有椭圆形状的连接轴零件，此零件为某模具生产厂一模具零部件，生产批量为100件，采用数控车床加工，工件材料为H13模具钢，毛坯尺寸为$\phi56\times154$ mm。

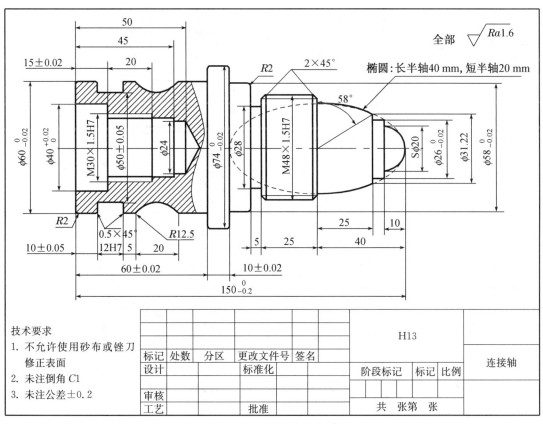

图 2 - 81　连接轴零件图

图 2 - 82　连接轴实体图

表 2 - 40   评分表

评分表

序号	项目	检验内容		占分	评分标准	实测	得分
1	外圆	ϕ26	IT	4	每超差 0.01 扣 1 分		
2			Ra1.6	2	每降一级扣 1 分		
3		ϕ58	IT	4	每超差 0.01 扣 1 分		
4			Ra1.6	2	每降一级扣 1 分		
5		ϕ60	IT	4	每超差 0.01 扣 1 分		
6			Ra1.6	2	每降一级扣 1 分		
7		ϕ74	IT	4	每超差 0.01 扣 1 分		
8			Ra1.6	2	每降一级扣 1 分		
9	内孔	ϕ40	IT	4	每超差 0.01 扣 1 分		
10			Ra1.6	2	每降一级扣 1 分		
11	长度	10		3	每超差 0.01 扣 1 分		
12		10		3	每超差 0.01 扣 1 分		
13		15		3	每超差 0.01 扣 1 分		
14		60		3	每超差 0.01 扣 1 分		
15		150		4	每超差 0.01 扣 1 分		
16		其他长度尺寸 （10 处）		5	每超差 1 处扣 0.5 分		
17	外螺纹	M48×1.5H7		5	超差不得分		
18	内螺纹	M30×1.5H7		5	超差不得分		
19	退刀槽	ϕ38	IT	1	超差不得分		
20			Ra3.2	1	超差不得分		
21	槽	12H7		4	每超差 0.01 扣 1 分		
22		ϕ50	IT	4	每超差 0.01 扣 1 分		
23			Ra3.2	2	每降一级扣 1 分		
24	圆弧槽	R12.5	IT	4	每超差 0.01 扣 1 分		
25			Ra1.6	2	每降一级扣 1 分		
26	球面	Sϕ20	IT	2	超差不得分		
27			Ra1.6	2	每降一级扣 1 分		
28	椭圆面	长半轴 40 mm， 短半轴 20 mm	形状尺寸	8	超差不得分		
29			Ra1.6	2	每降一级扣 1 分		
30	圆角	R2	2	2	每处 1 分		

(续表)

评分表

序号	项目	检验内容		占分	评分标准	实测	得分
31	倒角	$2\times45°$	2	2	每处 0.5 分		
32		$1\times45°$	6	3	每处 0.5 分		
33	文明生产	发生重大安全事故取消考试资格;按规定每违反一项总分扣除 3 分。					
34	其他项目	工件必须完整,工件局部无缺陷(如夹伤、划痕等)					
35	程序编制	程序中严重违反工艺规程的则取消考试资格;其他问题酌情扣分。					
36	加工时间	120 min 后尚未开始加工则终止考试;超过额定时间 5 min 扣 1 分;超过 10 min 扣 5 分;超过 15 min 扣 10 分;超过 20 min 扣 20 分;超过 25 min 扣 30 分;超过 30 min 则终止考试。					
合计							

名称		材料规格	得分	
		H13, $\phi56\times154$	考试时间	240 min
图号		工时	记事	
		240 min(含编程)	监考	检验

1. 图样分析

在生产加工中有时会遇到一些椭圆、抛物线等二次曲线零件的加工,而我们的数控系统一般只提供直线及圆弧插补指令,而很少有椭圆、抛物线等插补指令,我们可利用系统提供的宏程序功能将椭圆、抛物线编制成宏指令,存储在数控系统内,在加工时直接调用即可。如图 2-88 如示零件,其零件右部有一个长半轴为 40 mm,短半轴为 20 mm 的椭圆,我们可利用数控系统本身提供指令代码将右部除椭圆以外形状加工完成,然后利用已编辑好的椭圆宏指令程序对椭圆进行粗、精加工。

2. 任务分析

一般意义上所讲的数控指令即代码的功能是固定的,它们是由系统生产厂家开发,使用者按照指令格式编程,但有时系统生产厂家提供的这些指令不能满足用户的要,比如一般数控系统只提供了直线与圆弧的插补功能,加工椭圆及抛物线等形状零件时无法满足用户的需要,系统因此提供了用户宏程序功能,使用户可以对数控系统进行一定的功能扩展,在数控系统的平台上进行二次开发。

用户把实现某种功能的一组指令像子程序一样预先存入储存器中,用一个指令代表这个存储的功能,在程序中只要指定该指令就能实现这个功能。把这一组指令称为用户宏程序本体,简称宏程序。把代表指令称为用户宏程序调用指令,简称宏指令。它允许使用变量、算术和逻辑操作及条件分支,使得用户可以自行编辑软件包、固定循环程序。

扫一扫见"宏程序"
知识点

3. 装夹方法

精车削完左端后,以软爪夹持车削椭圆端。

4. 确定零件的加工路线

（1）粗车右端面及外圆、椭圆、槽。

（2）调头，夹持右端钻孔 24 mm。

（3）粗车左端面及外圆、槽。

（4）粗车内孔。

（5）精车内孔及螺纹。

（6）调头精车外圆及外螺纹。

（7）粗精车椭圆。

5. 确定数控加工刀具及工艺卡

（1）数控加工工艺卡

根据"先粗后精"工艺安排原则制定如表 2 - 41 所示。

表 2 - 41　数控加工工艺卡

工序	名称	工艺要求				备注
1	下料	$\phi76\times155$				
2	数控车		工步	工步内容	刀具号	
			1	粗车右端面及外圆各尺寸、椭圆，留精车余量	T01	
			2	调头，夹持右端钻孔 $\phi24$ mm 至尺寸	T02	
			3	粗车左端面、外圆及 R12.5 凹圆弧，留精车余量	T01	
				粗车槽 12H7，留精车余量	T06	
			4	粗车内孔，留精车余量	T03	
			5	精车内孔至尺寸	T03	
				粗、精车内螺纹	T04	
				精车左端面及外圆各部至尺寸	T05	
				精车槽至尺寸	T08	
				调头精车端面、外圆及椭圆，并控制总长至尺寸	T05	
				车退刀槽	T06	
				粗、精车外螺纹	T07	
3	检验		6			

（2）数控加工刀具卡

根据加工要求，选 35°菱形外圆粗、精车刀、外圆粗、精切槽刀和 60°内、外螺纹刀、$\phi24$ mm 钻头、镗孔刀各一把。因左端面有一 R12.5 凹圆弧，所以选取 35°菱形外圆刀。镗孔刀注意选取最大刀杆直径及最小刀杆长度，使其具有足够的刚度及强度。

表 2－42 数控加工刀具卡

刀具号	刀具规格名称	刀尖圆弧半径	加工内容	主轴转速 /r·min⁻¹	进给速度 mm·r⁻¹	备注
T01	35°菱形外圆粗车刀	0.8	粗车工件外轮廓	800	0.3	
T02	φ24 mm 钻头		钻孔	280	0.1	
T03	粗镗孔刀	0.8	粗车内轮廓	600	0.15	
T04	60°度内螺纹车刀		粗、精车内螺纹	500	1.5	
T05	35°菱形外圆精车刀	0.4	精车工件外轮廓	1 200	0.15	
T06	外圆粗车槽刀		粗车槽	600	0.08	刀宽 4 mm
T07	60°度外螺纹车刀		粗、精车外螺纹	750	1.5	
T08	外圆精车槽刀	0.4	精车外轮廓	900	0.05	

6. 编写加工程序

这里只编写的粗、精加工椭圆的宏程序,对于加工图 2-83 其他部分的程序,在前面已经介绍了,这里就不再叙述了。

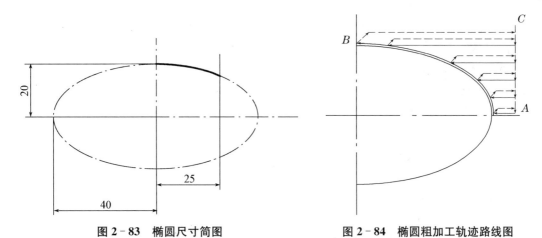

图 2－83 椭圆尺寸简图   图 2－84 椭圆粗加工轨迹路线图

宏程序椭圆粗加工轨迹如图 2-84 所示。

O9001 程序为椭圆粗、精加工程序。加工程序如下:

G65 P9001 X(#24)0 Z(#26)－40 A(#1)20 B(#2)40 C(#3)30 D(#7)0 U(#21)0.2 W(#23)0.2 Q(#17)2.0 R(#18)0.1 F(#9)0.2;粗加工程序

G65 P9001 X(#24)0 Z(#26)－40 A(#1)20 B(#2)40 C(#3)30 D(#7)0 U(#21)0 W(#23)0 R(#18)0.1 F(#9)0.2;精加工程序

X(#24)——椭圆中心 X 轴坐标(半径值)

Z(#26)——椭圆中心 Z 轴坐标

A(#1)——短半轴

B(#2)——长半轴

C(♯3)——Z 轴起点距椭圆圆心长度

D(♯7)——Z 轴终点距椭圆圆心长度

F(♯9)——进给量

U(♯21)——X 向精加工余量

W(♯23)——Z 向精加工余量

Q(♯17)——粗加工 X 向背吃刀量

R(♯18)——精加工步距

O9001

IF［♯21EQ0］GOTO10

♯10＝♯1×SQRT［1－♯3×♯3/［♯2×♯2］］；(X 轴起点坐标　半径值)

♯12＝♯1×SQRT［1－♯7×♯7/［♯2×♯2］］(X 轴终点坐标　半径值)

G00　X［［♯1＋♯21］×2＋2］　　Z［♯3＋♯26＋2.0］;刀具快速移动至起刀点

WHILE［♯12GT♯10］DO1

♯12＝♯12－♯17

IF［♯12GT♯10］GOTO1

♯12＝♯10

N1　♯15＝SQRT［［1－♯12×♯12/［♯1×♯1］］×♯2×♯2］

♯13＝［♯26＋♯15＋♯23］

♯14＝［♯12＋♯21＋♯24］×2.0

G00　X♯14

G01　Z♯13　F♯9

U2.0　W1.0；

G00　Z［♯3＋♯26＋2.0］

N2

N4♯19＝♯1×SQRT［1－♯3×♯3/［♯2×♯2］］

♯16＝♯26＋♯3＋♯23

♯20＝［♯19＋♯21＋♯24］×2.0

G01X♯20Z♯16F

IF［♯3EQ♯7］GOTO3

♯3＝♯3－♯18

IF［♯3GT♯7］GOTO4

♯3＝♯7

GOTO4

N3　G01　U2.0　F

G00　X100.0　Z100.0

GOTO15

N10　　　　　　　　　　　　　　　　　　　　椭圆精加工程序段

G00　G41　X［♯24＋♯1］Z［♯26＋♯3＋2］　　加刀补起刀点

N11

$\#30=\#1\times SQRT[1-\#3\times\#3/[\#2\times\#2]]$

$\#31=[\#30+\#24]\times2.0;$ 　　　精加工椭圆上一点的 X 坐标值

$\#32=\#26+\#3(Z);$ 　　　　　精加工椭圆上一点的 Z 坐标值

G01　X#31　Z#32　F#9;

IF[#3EQ#7]GOTO15; 　　　　　如果#3等于#7　到 N15

#3=#3-#18; 　　　　　　　Z 坐标一次递增一个步距

IF[#3GT#7]GOTO11; 　　　　　如果#3大于或等于#7　到 N11

#3=#7; 　　　　　　　　　　让#3=#7

GOTO15; 　　　　　　　　　　到 N15

N15　G00　G40　X100.0　Z100; 　取消刀补至退刀点

M99;

使用此加工椭圆宏程序说明:

① 宏程序只使用于加工小于或等于 90°椭圆。

② 粗加工时平行于轴线进行粗车。

③ 精加工时注意输入正确的刀尖圆弧半径。

④ 当 U 为"0"时,执行椭圆精加工。

2.10　轴套配合件加工

训练目的

1. 了解配合零件的特点;

2. 掌握配合零件的加工要点;

3. 能够独立加工配合零件并进行检验。

如图 2-92 所示为轴套配合零件,包括套 1、套 2、套 3 和轴,锥度和内孔都有配合要求。工件材料都为 45#钢,零件图如图 2-85~2-93 所示。

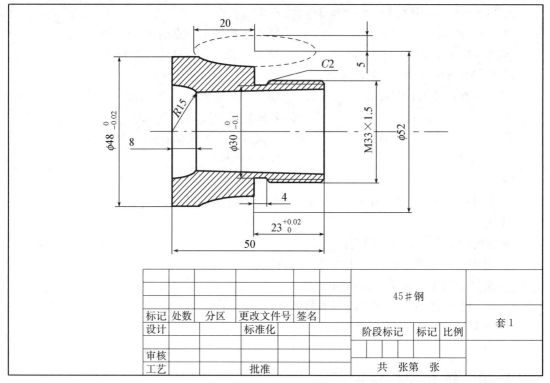

						45#钢			
标记	处数	分区	更改文件号	签名					套1
设计			标准化			阶段标记	标记	比例	
审核									
工艺			批准			共 张第 张			

图 2-85 套 1

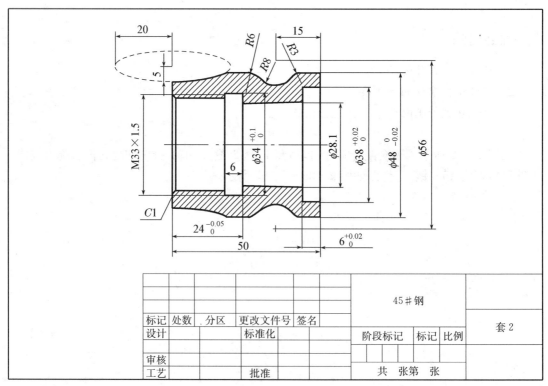

						45#钢			
标记	处数	分区	更改文件号	签名					套2
设计			标准化			阶段标记	标记	比例	
审核									
工艺			批准			共 张第 张			

图 2-86 套 2

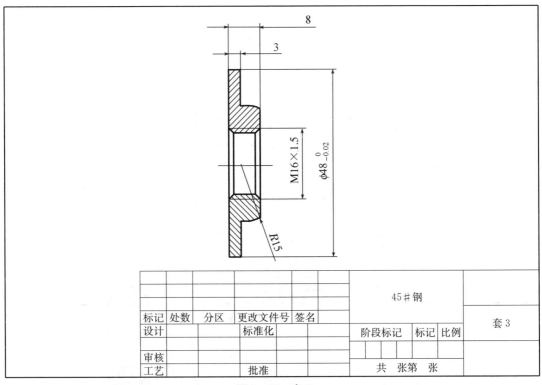

							45#钢			
标记	处数	分区	更改文件号	签名						套3
设计			标准化			阶段标记	标记	比例		
审核										
工艺			批准			共　张第　张				

图 2-87　套 3

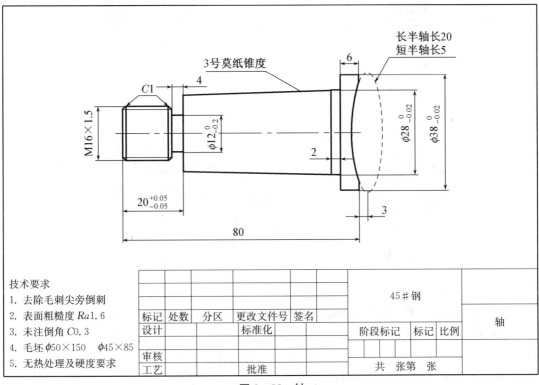

技术要求
1. 去除毛刺尖旁倒刺
2. 表面粗糙度 Ra1.6
3. 未注倒角 C0.3
4. 毛坯 φ50×150　φ45×85
5. 无热处理及硬度要求

							45#钢			
标记	处数	分区	更改文件号	签名						轴
设计			标准化			阶段标记	标记	比例		
审核										
工艺			批准			共　张第　张				

图 2-88　轴

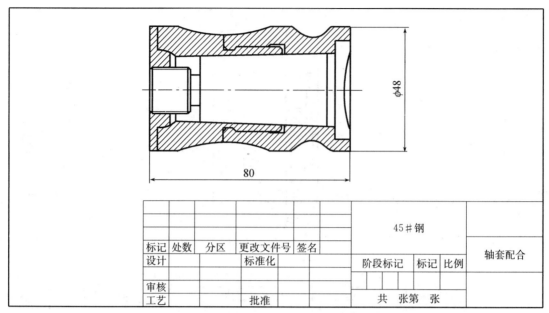

标记	处数	分区	更改文件号	签名	45#钢			
设计			标准化		阶段标记	标记	比例	轴套配合
审核								
工艺			批准		共　张第　张			

图 2-89　配合图

图 2-90　套 1 　　　　　　　　　　图 2-91　套 2

图 2-92　套 3 　　　　　　　　　　图 2-93　轴

1. 图样分析

该零件表面由圆柱、圆锥、顺圆弧、逆圆弧及单线螺纹、椭圆等表面组成,其中多个直径尺寸有较严格的尺寸精度和表面粗糙度等要求,尺寸标注完整,轮廓描述清楚,零件材料为 45 钢,3 号莫氏锥度为 1:19.922,无热处理和硬度要求。具体说,加工套 1、套 2、套 3 和轴有粗精车内外形、车槽、车螺纹、车内槽、车内外螺纹、切断等工步,所需刀具 10 把。

通过上述分析,采取以下几点工艺措施:

（1）对图样上给定的几个精度要求较高的尺寸,因其公差数值较小,故编程时不必取平均值,而全部取基本尺寸。

（2）又因为是单件加工,所以为了减少在线加工时间,在加工轴的右端椭圆时,采用坐标平移和提磨耗相结合的方法分两刀加工出椭圆,在加工椭圆时坐标系向工件反方向平移 3 mm,第一刀 Z 向提磨耗 1 mm,第二刀 Z 向磨耗改为 0 mm。

（3）因"套 1""套 2""套 3"配合时有同轴度要求,故做如下工艺处理:一是在单独加工"套 1"时把椭圆、ϕ48 圆柱及内孔和内圆弧不车出,把右端外径车到 ϕ33,并车出 M33×1.5 米制外螺纹和外槽 ϕ30;二是单独加工"套 2"时,外轮廓及内右孔不车出,把内径车到 ϕ31.5 深 23.8 mm,并车出 M33×1.5 米制内螺纹及内槽 ϕ34;三是在把"套 1""套 2"用螺纹装配在一起后把上述留着没有加工的外形部分及内孔车出;四是"套 3"单独加工出。

（4）在加工"套 3"右端时采用内螺纹刀加工出"套 3"左端内倒角 C1。

（5）为了简化程序,所有的平断面的工序可以共用一个程序,加工"套 3"左端外倒角和"套 1"左端外倒角时可以共用一个程序。

2. 确定工件的装夹方案

数控车床上所使用的通用夹具为三爪自定心卡盘,这种夹具具有装夹简单、夹持范围大、装夹速度快、能满足车槽、车螺纹等一般常见的加工和自动定心的特点,因此,它主要用于在数控车床装夹加工圆柱形轴类零件和套筒类零件。配合零件套 1、套 2、套 3 与轴都为轴类零件。而套 1、套 2、套 3 的同轴度要求完全可以用三爪自定心卡盘装夹来达到。因此,选择三爪自定心卡盘作为进行这对配合件的全程加工的夹具。

（1）加工"套 1""套 2""套 3"时确定毛坯的轴线为定位基准。

（2）轴加工时,为了便于装夹,毛坯的一端应车出 4 mm 长的台阶,并在另一端钻出中心孔。

（3）四件配合时为了保证同轴度和防止夹伤工件的外轮廓,应预先加工出一个工装,以"套 2"的外轮廓为定位基准,加工"套 3"平"套 3"的右端面保"套 3"的总长及配合总长;以"套 1"外轮廓和"套 2"的左外轮廓为定位基准加工出轴的右端椭圆。

3. 确定加工路线

以现有四工位数控机床考虑,在加工这套配合件时要考虑刀具顺序的安排尽可能地减少换刀次数和一次装夹后尽可能多地加工出零件表面,所以在加工这套配合零件时应按如下顺序加工:先加工套 3 右端的外轮廓及内孔—调头加工套 2 左端的内轮廓—切断套 2—调头切断套 3—加工轴的左端—加工套 1 右端外轮廓—套 2 配合套 1 上加工套 1、2 的外轮廓及内孔—加工套 1 左端内圆弧—四件配合加工加工套 3 的左端—调头加工轴右端的椭圆。

4. 填写加工刀具卡和工艺卡

表 2-43　套 3 和套 2 加工工艺卡

工步号	工步内容	刀具号	刀具名称	刀具规格	主轴转速 /r·min⁻¹	进给量 /mm·r⁻¹	背吃刀量 /mm
1	先加工"套 3"右端：手动钻孔至 16 mm		钻头	φ14	300	0.15	
2	车端面	T01	外圆车刀	93°	1 000	0.15	0.2
3	粗车外轮廓至 9 mm 长，留精车余量 0.4 mm	T01	外圆车刀	93°	1 000	0.15	1.5
4	精车外轮廓至尺寸	T01	外圆车刀	93°	2 000	0.1	0.4
5	粗车内孔至 12 mm 长，留精车余量 0.4 mm	T02	φ12 内孔镗刀	93°	1 000	0.15	1.5
6	精车内孔至 φ14.5×12 mm	T02	φ12 内孔镗刀	93°	2 000	0.1	0.4
7	车左端面的内倒角	T04	螺纹车刀	60°	800	0.15	1
8	车内螺纹 M16×1.5	T04	螺纹车刀	60°	800	1.5	0.25
9	调头加工"套 2"左端：手动钻孔至 134 mm		钻头	φ24	300	0.15	
10	车端面	T01	外圆车刀	93°	1 000	0.15	0.2
11	粗车内孔 23.8 mm 长，留精车余量 0.4 mm	T02	φ12 内孔镗刀	93°	1 000	0.15	1.5
12	精车内孔至 φ31.5×23.8 mm		φ12 内孔镗刀	93°	2 000	0.1	0.4
13	车内槽至 φ34×24.025 mm	T03	φ16 内槽刀	刀宽 3 mm	800	0.05	
14	车内螺纹 M33×1.5	T04	螺纹车刀	60°	800	1.5	0.25
15	切断(51 mm 处)	T05	切断刀	刀宽 3 mm	600	0.06	
16	调头切断"套 3"(9 mm 处)	T05	切断刀	刀宽 3 mm	600	0.06	

表 2-44　轴、套 1 和套 2 加工工艺卡

工步号	工步内容	刀具号	刀具名称	刀具规格	主轴转速 /r·min⁻¹	进给量 /mm·r⁻¹	背吃刀量 /mm
1	先加工"轴"左端：平断面	T01	外圆车刀	93°	1 000	0.15	0.2
2	钻中心孔		中心钻	φ2.5	300	0.1	
3	调头，车 4 mm 长台阶	T01	外圆车刀	93°	1 000	0.15	1.5
4	调头，粗车外轮廓至 80.5 mm 长，留精车余量 0.4 mm	T02	成型车刀	35°	1 000	0.15	1.5
5	精车外轮廓至尺寸	T02	成型车刀	35°	2 000	0.1	0.4
6	车外槽 φ12 mm	T03	外槽刀	刀宽 3 mm	600	0.05	

（续表）

工步号	工步内容	刀具号	刀具名称	刀具规格	主轴转速/r·min⁻¹	进给量/mm·r⁻¹	背吃刀量/mm
7	车外螺纹 $\phi16\times1.5$	T04	外螺纹刀	60°	800	1.5	0.25
8	加工"套1"右端：平断面	T01	外圆车刀	93°	1 000	0.15	0.2
9	粗车外轮廓至 23.01 mm 长，留精车余量 0.4 mm	T02	成型刀	35°	1 000	0.15	1.5
10	精车外轮廓 $\phi33\times23.01$ mm	T02	成型刀	35°	2 000	0.1	0.4
11	车外槽 $\phi30$ mm	T03	外槽刀	刀宽 3 mm	600	0.05	
12	车外螺纹 $\phi33\times1.5$	T04	外螺纹刀	60°	800	1.5	0.25
13	"套2"配到"套1"上，平"套2"右端面保"套2"总长 50 mm	T01	外圆车刀	93°	1 000	0.15	0.2
14	粗加工"套2"和"套1"外轮廓至 78 mm 长，提磨耗 1 mm	T02	成型刀	35°	1 000	0.15	
15	精车"套2"和"套1"外轮廓至尺寸	T02	成型刀	35°	2 000	0.1	1
16	粗加工"套2"和"套1"内孔至 69 mm 长，留精车余量 0.4 mm	T05	$\phi20$ 内孔镗刀	93°	1 000	0.15	1.5
17	精车"套2"和"套1"内轮廓至尺寸	T05	$\phi20$ 内孔镗刀	93°	2 000	0.1	0.4
18	卸下"套2"，切断"套1" 51 mm 处	T06	切断刀	刀宽 3 mm	600	0.06	
19	装"卡套"车削"卡套"	T05	$\phi20$ 内孔镗刀	93°	1 000	0.15	1
20	把"套2"右端装入"卡套"内，加工"套1"左端：平端面，保"套1"总长 50 mm	T01	外圆车刀	93°	1 000	0.15	0.2
21	粗车"R15"圆弧至 8 mm 长，留精车余量 0.4 mm	T05	$\phi20$ 内孔镗刀	93°	1 000	0.15	1.5
22	精车"R15"圆弧至尺寸	T05	$\phi20$ 内孔镗刀	93°	2 000	0.1	0.4

表 2-45　四件配合工序卡

工步号	工步内容	刀具号	刀具名称	刀具规格	主轴转速/r·min⁻¹	进给量/mm·r⁻¹	背吃刀量/mm
1	把"套2"右端装入"卡套"内，车"套3"左端面保"套3"总长 8 mm 和配合总长 80 mm	T01	外圆车刀	93°	1 000	0.15	0.2
2	调头，把"四件配合"的左端装入卡套内，平轴的右端面保总长 80 mm	T01	外圆车刀	93°	1 000	0.15	0.2

（续表）

工步号	工步内容	刀具号	刀具名称	刀具规格	主轴转速/r·min⁻¹	进给量/mm·r⁻¹	背吃刀量/mm
3	粗车"轴右端椭圆"提磨耗0.2 mm	T02	φ16 内孔镗刀	35°	1 000	0.15	
4	精车"轴右端椭圆"至尺寸	T02	φ16 内孔镗刀	35°	1 500	0.1	0.2

表 2－46　刀具卡

序号	刀具号	刀具规格名称	数量	序号	刀具号	刀具规格名称	数量
1	T01	90°外圆车刀	1	7	T07	外切槽刀	1
2	T02	φ12 钻头	1	8	T08	外螺纹刀	1
3	T03	φ12 内孔镗刀	1	9	T09	3 mm 切断刀	1
4	T04	φ16 内槽刀	1	10	T10	φ24 钻头	1
5	T05	φ12 内螺纹刀	1	11	T11	φ20 内孔镗刀	1
6	T06	35°成型刀	1	12	T12	φ16 内孔镗刀	1

5. 编写加工程序

表 2－47　参考加工程序

```
O0001;(套 3 右端)                          T0404;(车套 3 左端倒角,用螺纹刀倒角)
T0101;(公用平端面)(外圆车刀)                S800  M03;
S1000  M03;                                G40  G00  X13  Z2  M08;
G00  X55  Z0  M08;                         Z－6.5;
G01  X－1  F0.15;                           G01  X14.5  F0.1;
G00  X200  Z200  M09;                      X16.5  Z－8;
M01;                                       Z－12;
(套 3 右端)                                 X13;
T0101;(外圆车刀,粗车)                       G00  Z200  M09;
S1000  M03;                                X200;
G40  G00  X55  Z2  M08;                    M01;
G71  U1.5  R0.2;                           T0404;(车内 16 螺纹)
G71  P10  Q20  U0.4  F0.15;                S800  M03;
N10  G00  X25  S1200;                      G00  X13  Z2  M08;
G42  G01  Z0  F0.1;                        G76  P010060  Q100  R0.05;
X30;                                       G76  X16  Z－9  P974  Q250  F1.5;
G03  X100  Z－5  R15;                       G00  X200  Z200  M09;
G01  X48  S1200;                           M30;
Z－10;                                      O0002;(套 2 左端)(内孔刀,粗车)
N20  U2;                                    T0202;
G40  G00  X200  Z200  M09;                  S1000  M03;
M01;                                       G40  G00  X23  Z2  M08;
T0101;(外圆车刀,精车)                       G71  U1.5  R0.2;
S2000  M03;                                G71  P30  Q40  U－0.4  F0.15;
G40  G00  X55  Z2  M08;                    N30  G00  X35;
```

(续表)

G70 P10 Q20;	G41 G01 Z0 F0.1;
G40 G0 X200 Z200 M09;	X31.5 C1;
M01;	Z—23.8;
T0202;(内孔刀,粗车)	X24 C2;
S1000 M03;	Z—26;
G40 G00 X13 Z2 M08;	N40 G40;
G71 U1.5 R0.2;	G00 X200 Z200 M09;
G71 P30 Q40 U—0.4 F0.15;	M30;
N30 G00 X18 S1200;	T0202;(内孔刀,精车)
G41 G01 Z0 F0.1;	S2000 M03;
X14.5;	G40 G00 X23 Z2 M08;
Z—12;	G70 P30 Q40;
N40 G40;	G00 X200 Z200 M09;
G00 X200 Z200 M09;	M01;
M01;	T0303;(车套2内槽)
T0202;(内孔刀,精车)	S600 M03;
S2000 M03;	G00 X30 Z2 M08;
G40 G00 X13 Z2 M08;	Z—22;
G70 P30 Q40;	G01 X33.9 F0.05;
G00 X200 Z200 M09;	X23;
M30;	

Z—24.025;	T0303;(车外槽)
X34;	S600 M03;
W0.1;	G00 Z1 M08;
X30;	X18;
Z—19 S1000;	Z—19.5;
X31.5;	G01 X12.1 F0.05;
Z—21;	X18;
X34;	Z—20;
Z—24.025;	X12;
X30;	W0.1;
G00 Z200 M09;	X18;
X200;	Z—18 S1000;
M01;	X16;
T0404;(车内33螺纹)	Z—19;
S800 M03;	X12;
G00 X30 Z2 M08;	Z—20;
G76 P010060 Q100 R0.05;	W0.1;
G76 X33 Z—22 P974 Q250 F1.5;	X18;
G00 X200 Z200 M09;	G00 X200 M09;
M01;	Z10;
O0003;(车轴)	M01;
T0202;(仿形刀,粗车外轮廓)	T0404;(车外16螺纹)
S1000 M03;	S800 M03;
G40 G00 Z1 M08;	G00 Z0.5 M08;
X50;	X18;
G71 U1.5 R0.2;	G76 P010060 Q100 R0.05;

G71　P10　Q20　U0.4　F0.15；
N10　G0　X14；
G42　G1　Z0　F0.1；
X16；
Z−20；
X25.3896　C0.3；
X28　Z−72；
Z−74；
X38；
Z−80.5；
N20　U2；
G40　G00　X200　M09；
Z10；
M01；
T0202；(精车外轮廓)
S2000　M03；
G40　G00　Z1　M08；
X50；
G70　P10　Q20；
G40　G00　X200　M09；
Z10；
M01；

T0303；(外槽刀)
S600　M03；
G00　X35　Z2　M08；
Z−22.5；
G01　X29.9　F0.05；
X35；
Z−23.01；
X30；
W0.1；
X35；
Z−20　S1000；
X33；
Z−22；
X30；
Z−23.01；
W0.1；
X35；
G00　X200　Z200　M09；
M01；
T0404；(车外33螺纹)
S800　M03；
G00　X35　Z2　M08；
G76　P010060　Q100　R0.05；
G76　X31.05　Z−21　P974　Q250　F1.5；

G76　X14.05　Z−18　P974　Q250　F1.5；
G00　X200　M09；
Z10；
M01；
O0004(车套1的右端)
T0202；(仿形刀粗车)
S1000　M03；
G40　G00　X55　Z2　M08；
G71　U1.5　R0.2；
G71　P10　Q20　U0.4　W0.1　F0.15；
N10　G00　X30　S1200；
G42　G01　Z0　F0.1；
X33；
Z−23.01；
N20　X50；
G40　G00　X200　Z200　M09；
M01；
T0202；(仿形刀精车)
S2000　M03；
G40　G00　X55　Z2　M08；
G70　P10　Q20；
G40　G00　X200　Z200　M09；
M01；

N20　U2；
G40　G00　X200　Z200　M09；
M01；
T0202；(仿形刀,粗车外轮廓,)
S2000　M03；
G40　G00　X55　Z2　M08；
G70　P10　Q20；
G40　G00　X200　Z200　M09；
M30；
T0404；(20内孔刀粗车)
S1000　M03；
G40　G00　X23　Z2　M08；
G71　U1.5　R0.2；
G71　P30　Q40　U−0.4　W0.4　F0.15；
N30　G00　X40　S1200；
G41　G01　Z0　F0.1；
X38；
Z−6.01；
X28.1；
X24.9　Z−69；
N40　G40；
G00　X200　Z200　M09；
M01；
T0404；(20内孔刀精车)

（续表）

G00　X200　Z200　M09； M30； O0005；（套 1 与套 2 配合，车套 1,2 的外轮廓及内孔） T202；（仿形刀，粗车外轮廓，） S1000　M03； G40　G00　X55　Z2　M08； G73　U7　R5； G73　P10　Q20　U0.4　W0.4　F0.15 N10　G00　Z1　S1200； G42　G01　Z0　F0.1； X48； Z−6.515； G03　X45.82　Z−8.83　R3； G02　X44.572　Z−20.599　R8； G03　X48　Z−24.798　R6； G01　Z−31.67； #1=18.33； WHILE[#1G　E−18.33]DO1； #2=5/20×SQRT[20×20−#1×#1]； G1　X[2×[26−#2]]　Z[#1−50]； #1=#1−0.05； END1； G0　Z−77.5；	S2000　M03； G40　G00　X23　Z2　M08； G70　P30　Q40； G00　X200　Z200　M09； M30； O0006；（车套 1 左端圆弧及倒角） T0404； S1000　M03； G40　G0　X23　Z2　M08； G71　U1.5　R0.2； G71　P30　Q40　U−0.4　W0.4　F0.15； N30　G00　X32　S1200； G41　G01　Z0　F0.1； X30； G03　X[2×SQRT[15×15−8×8]]Z−8R15； G0　IX24.9； N40　G40； G00　X200　Z200　M09； M30；
O0007；（四件配合，平套 3 的左端面保总长 80 mm 及倒角，调用 O0001 中公用平端面程序） O0008；（四件配合，车轴的右端面，及椭圆，车椭圆） T0303； S1000　M03； G40　G0　X42　Z2　M08； G41　G01　Z0　F0.1； X40； #1=20； WHILE[#1GE0]DO　1； #2=5/20 * SQRT[20 * 20−#1 * #1]； G1　X[2×#1]　Z−#2； #1=#1−0.05； END 1； G40　G0　Z200　M09； X200； M30；	O0009；（套"1,3"左端两处倒角程序；） T101； S1000　M3； G40　G0　X55　Z2　M8； X47.4； G42　G1　Z0　F0.15； X48Z−0.3； G40　G0　X200　Z200　M9； M30；

O0001;（套3右端）
T0101;（公用平端面）（外圆车刀）
S1000　M03;
G00　X55　Z0　M08;
G01　X−1　F0.15;
G00　X200　Z200　M09;
M01;
（套3右端）
T0101;（外圆车刀,粗车）
S1000　M03;
G40　G00　X55　Z2　M08;
G71　U1.5　R0.2;
G71　P10　Q20　U0.4　F0.15;
N10　G00　X25　S1200;
G42　G01　Z0　F0.1;
X30;
G03　X100　Z−5　R15;
G01　X48;
Z−10;
N20　U2;
G40　G00　X200　Z200　M09;
M01;
T0101;（外圆车刀,精车）
S2000　M03;
G40　G00　X55　Z2　M08;
G70　P10　Q20;
G40　G0　X200　Z200　M09;
M01;
T0202;（内孔刀,粗车）
S1000　M03;
G40　G00　X13　Z2　M08;
G71　U1.5　R0.2;
G71　P30　Q40　U−0.4　F0.15;
N30　G00　X18　S1200;
G41　G01　Z0　F0.1;
X14.5;
Z−12;
N40　G40;
G00　X200　Z200　M09;
M01;
T0202;（内孔刀,精车）
S2000　M03;
G40　G00　X13　Z2　M08;
G70　P30　Q40;
G00　X200　Z200　M09;
M30;

T0404;（车套3左端倒角,用螺纹刀倒角）
S800　M03;
G40　G00　X13　Z2　M08;
Z−6.5;
G01　X14.5　F0.1;
X16.5　Z−8;
Z−12;
X13;
G00　Z200　M09;
X200;
M01;
T0404;（车内16螺纹）
S800　M03;
G00　X13　Z2　M08;
G76　P010060　Q100　R0.05;
G76　X16　Z−9　P974　Q250　F1.5;
G00　X200　Z200　M09;
M30;
O0002;（套2左端）（内孔刀,粗车）
T0202;
S1000　M03;
G40　G00　X23　Z2　M08;
G71　U1.5　R0.2;
G71　P30　Q40　U−0.4　W0.4　F0.15;
N30　G00　X35;
G41　G01　Z0　F0.1;
X31.5;
Z−23.8;
X24;
Z−26;
N40　G40;
G00　X200　Z200　M09;
M30;
T0202;（内孔刀,精车）
S2000　M03;
G40　G00　X23　Z2　M08;
G70　P30　Q40;
G00　X200　Z200　M09;
M01;
T0303;（车套2内槽）
S600　M03;
G00　X30　Z2　M08;
Z−22;
G01　X33.9　F0.05;
X23;
G0　X50;
Z100;
M30;

6．进行加工

（1）装刀（略）

（2）对刀（略）

（3）程序模拟仿真

（4）加工操作、监控

（5）检验

加工完成后工件实体应按照图纸的地要求进行检测，检查工件是否达到要求尺寸，否则不能拆件，可以在车床上继续修整加工，直到尺寸合格，方可拆件。

7．操作注意事项

（1）所有刀具要对工件中心在同一基准上。

（2）套1与套2配合加工时要留出切断的余量。加工外轮廓时注意磨耗要适当，粗车后要松动"套2"防止完成所有工序后卸不下"套2"。

（3）加工轴时，要注意留出足够的加工余量，防止车到卡盘。

（4）加工轴的右端椭圆时注意工件坐标系的平移和磨耗。

习　题

2-1　简述数控车床的分类。

2-2　简述数控车床常用车刀的种类和用途。

2-3　数控车床车削用量包括哪几个参数？各参数的选择原则是什么？

2-4　什么是对刀？

2-5　简述刀具半径补偿的作用。

2-6　如何理解机床坐标系和工件坐标系？

2-7　目前高硬度刀具材料有哪些？其性能特点和使用范围如何？

2-8　数控加工对刀具有什么要求？

2-9　分析刀具破损的主要形式及其产生原因和对策。

2-10　确定走刀路线应考虑哪些问题？

2-11　准备功能G代码和辅助功能M代码在数控编程中的作用如何？

2-12　M00、M01、M02、M30指令各有何特点？如何运用？

2-13　F、S、T功能指令各自的作用是什么？

2-14　G90　X20　Y15与G91　X20　Y15有什么区别？

2-15　G00与G01、G02与G03的不同点在哪里？

2-16　整圆编程为什么不能用R？

2-17　什么是模态代码（续效指令）与非模态代码？举例说明。

2-18　使用G00指令编程时，应注意什么问题？

2-19　用G02，G03编程时，什么时候用+R，什么时候用-R，为什么？

2-20　试编写图1所示圆弧几种正确的程序。

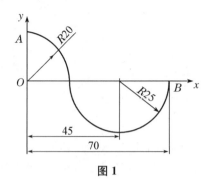

图 1

2-21 选择如图 2 所示零件数控加工所需的刀具,并编写数控加工程序。

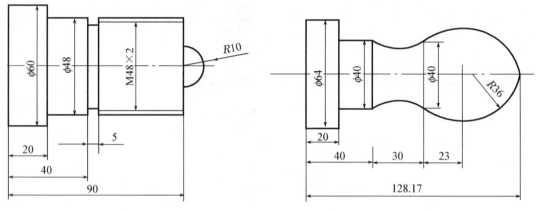

图 2

模块三　铣削/加工中心编程

3.1　数控铣削/加工中心加工工艺分析

3.1.1　数控铣床加工的对象

数控铣床是由普通铣床发展而来的一种数字控制机床,一般指规格较小的升降台式数控铣床,其工作台宽度多在 400 mm 以下。它可完成钻孔、镗孔、攻螺纹、外形轮廓铣削、平面铣削、平面型腔铣削及三维复杂型面的铣削加工。

3.1.2　数控铣床加工的特点

1. 加工灵活,通用性强

数控铣床的最大特点是高柔性,即灵活、通用,可以加工不同形状工件。在数控铣床上能完成钻孔、镗孔、铰孔、铣平面、铣斜面、铣槽、铣曲面(凸轮)、攻丝等加工,而且在一般情况下,可以一次装夹就能完成多种加工工序。

2. 工件的加工精度高

目前数控装置的脉冲当量一般为 0.001 mm,高精度的数控系统可达 0.1 μm,一般情况下,都能保证工件精度。由于数控铣床具有较高的加工精度,能加工很多普通机床难以加工或根本不能加工的复杂型面,所以在加工各种复杂模具时更显出其优越性。

3. 大大提高了生产效率

在数控铣床上,一般不需要专用夹具和工艺装备。在更换工件时,只需调用储存在数控装置中的加工程序、装夹工件和调整刀具数据即可,因而大大缩短了生产周期;其次,数控铣床具有铣床、镗床和钻床的功能,使工序高度集中,大大提高了生产效率并减少了工件装夹误差。另外数控铣床的主轴转速和进给速度都是无级变速的,因此,有利于选择最佳切削用量。数控铣床具有快进、快退、快速定位功能,可大大减少机动时间。据统计,采用数控铣床加工比普通铣床加工生产率可提高 3~5 倍。对于复杂的成型面加工,则生产率可提高十几倍,甚至几十倍。

4. 大大减轻了操作者的劳动强度

数控铣床对零件加工是按照事先编制好的加工程序自动完成的,操作者除了操作控制面、装卸工件、中间测量和观察机床运行外,不需要进行繁重的重复性手工操作,大大减轻了劳动强度。

3.1.3 数控铣床编程时应注意的问题

铣削是机械加工中最常见的方法之一,它包括平面铣削和轮廓铣削。使用数控铣床的目的在于:解决复杂的和难加工的工件的加工问题,把一些用普通机床可以加工(但效率不高)的工件,改用数控铣床加工,可以提高加工效率。数控铣床功能各异,规格繁多。编程时要考虑如何最大限度地发挥数控铣床的特点。两坐标联动数控铣床用于加工平面零件轮廓;三坐标以上的数控铣床用于难度较大的复杂工件的立体轮廓加工;铣镗加工中心具有多种功能,可以多工位、多工件和多种工艺方法加工。

数控铣床的数控装置具有多种插补方式,一般都具有直线插补和圆弧插补的功能。有的还具有极坐标插补、抛物线插补、螺旋线插补等多种插补功能。编程时要合理充分地选择这些功能,以提高加工精度和效率。

程序编制时要充分利用数控铣床齐全的功能,如刀具位置补偿、刀具长度补偿、刀具半径补偿和固定循环、对称加工等功能。

由直线、圆弧组成的平面轮廓铣削的数学处理比较简单。非圆曲线、空间曲线和曲面的轮廓铣削加工,数学处理比较复杂,一般要采用计算机辅助计算和自动编程。

3.1.4 加工中心的加工特点

加工中心(Machining Center)是指备有刀库,并能自动更换刀具,对工件进行多工序加工的数字控制机床(图3-1和图3-2)。加工中心是一种典型的集高新技术于一体的机械加工设备,它的发展代表了一个国家设计、制造的水平,因此在国内外企业界都受到高度重视。如今,加工中心已成为现代机床发展的主流方向,广泛应用于机械制造中。与普通机床和其他数控机床相比,它具有以下几个突出特点。

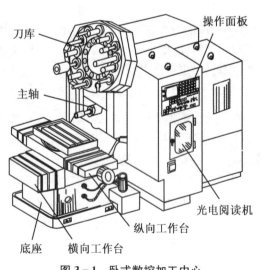

图3-1 卧式数控加工中心

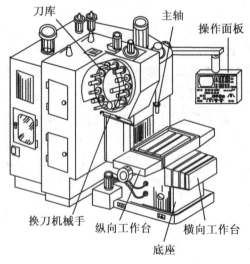

图3-2 立式数控加工中心

1. 工序集中

加工中心备有刀库并能自动更换刀具,对工件进行多工序加工,使得工件在一次装夹后,数控系统能控制机床按不同工序,自动选择和更换刀具,自动改变机床主轴转速、进给量和刀具相对工件的运动轨迹,以及其他辅助功能,现代加工中心更大程度地使工件在一次装夹后实现多表面、多特征、多工位的连续、高效、高精度加工,即工序集中。这是加工中心最突出的特点。

2. 自适应控制能力和软件的适应性强

加工中心还具有自适应控制功能,使切削参数随刀具和工件加工材质等因素的变化而自动调整,不受操作者技能,视觉误差等因素的影响。能显著提高工件的加工质量,且零件加工的一致性好。由于零件的加工内容、切削用量、工艺参数等都可以编制到机内的程序中去,并以软件的形式出现,可以随时修改,这给新产品试制及新的工艺流程和试验提供了极大的方便。

3. 加工精度高

加工中心采用了半闭环或全闭环补偿控制,使机床的定位精度和重复定位精度高,而且加工中心由于加工工序集中,避免了长工艺流程,减少了工件的装夹次数,消除了多次装夹所带来的定位误差,减少了人为干扰,故加工精度更高,加工质量更加稳定。

4. 加工生产效率高

零件加工所需要的时间包括机动时间与辅助时间两部分。加工中心带有刀库和自动换刀装置,在一台机床上能集中完成多种工序,因而可减少工件装夹、测量和机床的调整时间,减少工件半成品的周转、搬运和存放时间,使机床的切削利用率(切削时间和开动时间之比)高于普通机床 3~4 倍,达 80% 以上。这样能缩短生产周期,简化了生产计划调度和管理工件,提高了生产效率。

5. 操作者的劳动强度减轻

加工中心对零件的加工是按事先编好的程序自动完成的,操作者除了操作键盘、装卸零件、进行关键工序的中间测量以及观察机床的运行之外,不需要进行繁重的重复性手工操作,劳动强度和紧张程度均可大为减轻,劳动条件也得到很大的改善。

6. 经济效益高

使用加工中心加工零件时,分摊在每个零件上的设备费用是较昂贵的,但在单件、小批生产的情况下,可以节省许多其他方面的费用,因此能获得良好的经济效益。例如,在加工之前节省了划线工时,在零件安装到机床上之后可以减少调整、加工和检验时间,减少了直接生产费用。另外,由于加工中心加工零件不需手工制作模型、凸轮、钻模板及其他工夹具,省去许多工艺装备,减少了硬件投资。还由于加工中心的加工稳定,减少了废品率,使生产成本进一步下降。

7. 有利于生产管理的现代化

用加工中心加工零件,能够准确地计算零件的加工工时,并有效地简化了检验和工夹具、半成品的管理工作。这些特点有利于使生产管理现代化。当前有许多大型 CAD/CAM 集成软件已经开发了生产管理模块,实现了计算机辅助生产管理。

3.1.5 加工中心程序的编制特点

一般使用加工中心加工的工件形状复杂、工序多,使用的刀具种类也多,往往一次装夹后要完成从粗加工、半精加工到精加工的全部过程。因此程序比较复杂。在编程时要考虑下述问题。

（1）仔细地对图纸进行工艺分析和工艺设计，合理安排各工序加工顺序，确定合适的工艺路线。

（2）刀具的尺寸规格要选好，为提高机床利用率，尽量采用刀具机外预调，并将测量尺寸填写到刀具卡片中，以便操作者在运行程序前，及时修改刀具补偿参数。

（3）确定合理的切削用量。主要是主轴转速、背吃刀量和进给速度等。

（4）应留有足够的自动换刀空间，以避免与工件或夹具碰撞。换刀位置建议设置在机床原点。

（5）除换刀程序外，加工中心的编程方法和数控铣床基本相同。

（6）为便于检查和调试程序，可将各工步的加工内容安排到不同的子程序中，而主程序主要完成换刀和子程序的调用。这样程序简单而且清晰。

（7）尽可能地利用机床数控系统本身所提供的镜像、旋转、固定循环及宏指令编程处理的功能，以简化程序量。

（8）若要重复使用程序，注意第1把刀的编程处理。若第1把刀直接装在主轴上（刀号要设置），程序开始可以不换刀，在程序结束时要有换刀程序段，要把第1把刀换到主轴上。若主轴上先不装刀，在程序的开头就需要换刀程序段，使主轴上装刀，后面程序同前述。

（9）对编好的程序要进行校验和试运行，注意刀具、夹具或工件之间是否有干涉。在检查 M、S、T 功能时，可以在 Z 轴锁定状态下进行。

3.1.6　加工中心的主要加工对象

加工中心主要适用于加工形状复杂、工序多、精度要求高的工件。主要加工对象有以下几类。

1. 箱体类工件

箱体类工件一般指具有多个孔系，内部有型腔或空腔，在长、宽、高方向有一定比例的工件（图3-3）。这类工件在机床、汽车、飞机行业用得较多，如汽车发动机缸体、变速箱体、机床的床头箱、主轴箱及齿轮泵壳体等。这类工件一般都要求进行多工位孔系及平面的加工，定位精度要求高，需要的工序和刀具较多，在普通机床上加工时需多次装夹、找正、测量次数多，工艺复杂，加工周期长，成本高，且精度难以保证。在加工中心上加工时，一次装夹可完成绝大部分的工序内容。减少了大量的工装，零

图3-3　箱体工件

件的各项精度高，质量稳定，节省了工时费用。缩短了生产周期，降低了成本。

在加工箱体类工件时，对于加工工位较多，工件台需多次旋转才能完成的零件，一般选卧式加工中心，对于加工的工位较少，且跨距不大的零件，一般选立式加工中心。

2. 复杂曲面类工件

对于由复杂曲线、曲面组成的零件，如凸轮类、叶轮类（图3-4）和模具类等零件。一般

可以用球头铣刀进行三坐标联动加工,加工精度较高,但效率低。如果工件存在加工干涉区或加工盲区,就必须考虑采用四坐标或五坐标联动的机床。

图 3－4 叶轮工件

3. 异形件

异形件是外形不规则的零件,大多需要点、线、面多工位混合加工。如支架、基座、样板、模支架等。加工异形件时,形状越复杂,精度要求越高,使用加工中心越能显示其优越性。如手机外壳等。

4. 盘、套、板类工件

这类工件包括带有键槽和径向孔,端面分布有孔系、曲面的盘套或轴类工件。如带有键槽或方头的轴类零件;具有较多孔加工的板类零件,如电机盖等。端面有分布孔系、曲面的盘、套、板类零件宜选用立式加工中心加工,有径向孔的选用卧式加工中心加工。

5. 新产品试制中的零件

在新产品定型前,需在经过反复试验和改进。选择加工中心试制,可省去许多用通用机床加工所需试制工装。当零件要修改时,只要修改相应的程序和适当调整夹具、刀具。这样节省了时间,缩短了试制周期。

3.1.7 加工中心的换刀形式

1. 刀库的形式

加工中心的刀库的形式很多,结构各异。加工中心常用的刀库有鼓轮式刀库和链式刀库两种。

鼓轮式刀库结构简单,紧凑,应用较多。一般存放刀具不超过 32 把,见图 3－5。

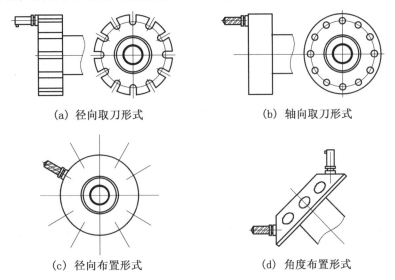

(a) 径向取刀形式　　　　　　　　(b) 轴向取刀形式

(c) 径向布置形式　　　　　　　　(d) 角度布置形式

图 3－5 鼓轮式刀库

链式刀库多为轴向取刀,适于要求刀库容量较大的数控机床,见图3-6。

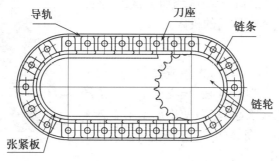

图 3-6　链式刀库

2. 自动换刀装置的形式

自动换刀装置的结构取决于机床的类型、工艺、范围及刀具的种类和数量等。自动换刀装置主要有回转刀架和带刀库的自动换刀装置两种形式。

回转刀架换刀装置的刀具数量有限,但结构简单,维护方便,如车削中心上的回转刀架。

带刀库的自动换刀装置是镗铣加工中心上应用最广的换刀装置,主要有刀库换刀和机械手换刀两种方式。

(1) 刀库＋主轴换刀加工中心,这种加工中心特点是无机械手式主轴换刀,利用工作台运动及刀库转动,并由主轴箱上下运动进行选刀和换刀。如图3-1所示的卧式加工中心便属此类。

(2) 刀库＋机械手＋主轴换刀加工中心,这种加工中心结构多种多样,机械手卡爪可同时分别抓住刀库上所选的刀和主轴上的刀,然后,进行刀具交换,再将新刀具装入主轴,把旧刀具放回刀库。换刀时间短。并且选刀时间与切削加工时间重合,因此得到广泛应用。如图3-2所示的立式加工中心多用此类机械手式换刀装置。

3.2　数控铣削/加工中心刀具

3.2.1　数控铣削刀具的选择

1. 选择数控刀具应该考虑的因素

数控加工中刀具的选择是非常重要的内容,刀具选择合理与否不仅影响到机床的加工效率,还影响到工件质量。选择刀具时通常要考虑机床的加工能力、工件内容、工序内容、工件材料等因素。主要因素如下:

(1) 被加工工件材料的类别,常用材料有有色金属、黑色金属和非金属等不同的材料。

(2) 被加工工件材料的性能,包括硬度、韧性、组织状态等。

(3) 切削工艺的类别,有车、钻、铣、镗、粗加工、半粗加工、精加工、超精加工等。

(4) 被加工工件的几何形状(影响到连续切削或继续切削、刀具的切入和退出角度)、零件精度(尺寸公差、形位公差、表面粗糙度)和加工余量等因素。

（5）要求刀具能够承受的切削用量（背吃刀量、进给量、切削速度）。

（6）被加工工件的生产批量，它直接影响到刀具的寿命。

2. 数控铣床镗铣削系统刀具的选择

数控铣床刀具主要为镗铣削系统刀具。镗铣削系统工具有刀片（刀具）、刀杆（或柄体）、主轴或刀片（刀具）、工作头、连接杆、主柄、主轴组成。

镗铣削系统刀具在加工中心和带刀库的数控铣床中采用模块式工具系统，如图 3-7 所示。不带刀库的数控铣床也采用此结构，不同之处只是手动换刀。模块式工具系统的连接结构如图 3-8 所示。

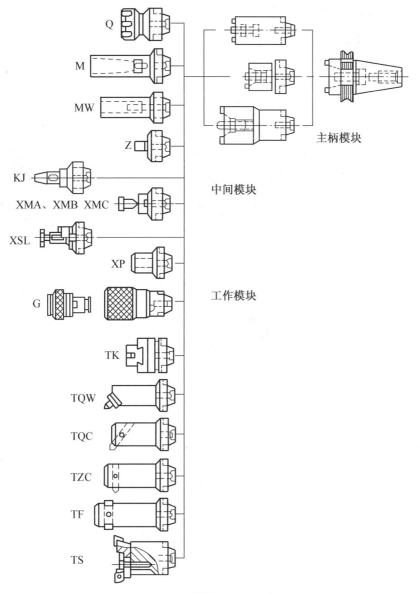

图 3-7 模块式工具系统

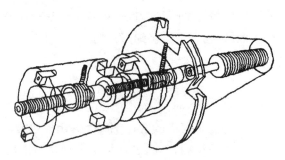

图 3-8　模块式工具系统的连接结构

3. 铣刀类型的选择

铣刀类型应与被加工工件的尺寸与表面形状相适合。加工较大的平面应该选择面铣刀;加工凸台、凹槽及平面轮廓应选择立铣刀;加工毛坯表面或加工孔可选择镶硬质合金的玉米铣刀;加工曲面多选用模具铣刀;加工封闭的键槽选择键槽铣刀。图 3-9 所示为各种铣刀的形状。

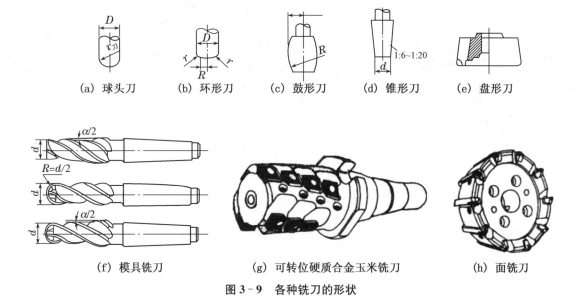

(a) 球头刀　　(b) 环形刀　　(c) 鼓形刀　　(d) 锥形刀　　(e) 盘形刀

(f) 模具铣刀　　　(g) 可转位硬质合金玉米铣刀　　　(h) 面铣刀

图 3-9　各种铣刀的形状

3.2.2　对刀仪

在数控机床加工中,为提高调整精度并提高机床的开动率,在进行数控机床工艺技术准备时,还应事先测量出数控机床所需刀具的有关几何尺寸,并将这些数据参数随刀具提供给机床操作者。操作者根据这些参数直接修改数控系统中有关的程序内容和补偿参数(如刀具长度补偿,刀具半径补偿等)后,并经准确对刀后才能进行加工。测量数控机床刀具几何尺寸的装置称为对刀仪。对于多刃数控刀具,对刀仪还能起到调刀的作用,是提高数控机床效率必不可少的装备。

根据对象的不同,对刀仪可分为数控车床对刀仪和数控镗铣床、加工中心用对刀仪及综合两种功能的综合对刀仪。

对刀仪通常由以下两部分组成,如图 3－10 所示。

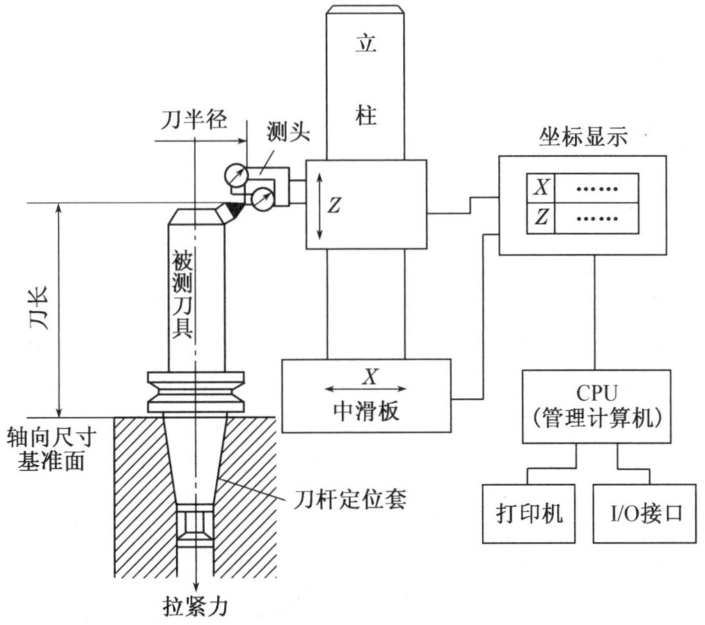

图 3－10 对刀仪示意图

1. 刀柄定位机构

刀柄定位基准是测量的基准,故应有很高的精度要求,一般要和机床主轴定位基准的要求接近。定位机构主体为一个回转精度很高、与刀柄锥面接触很好、带拉紧刀柄机构的对刀仪主轴。该主轴的轴向尺寸基准面与机床主轴相同,主轴能高精度回转便于找出刀具上刀齿的最高点,对刀仪主轴中心线对测量轴 Z、X 有很高的平行度和垂直度要求。

2. 测头部分

接触式测量用百分表(或扭簧仪)直接测刀齿最高点,测量精度可达 0.002～0.01 mm 左右。

3.3 数控铣床加工的刀具补偿功能指令

在加工过程中由于刀具的磨损,实际刀具尺寸与编程时规定的刀具尺寸不一致以及更换刀具等原因,都会直接影响最终加工尺寸,造成误差。为了最大限度地减少因刀具尺寸变化等原因造成的加工误差,数控系统通常都具备刀具误差补偿功能。通过刀具补偿功能指令,计算机可以根据输入补偿量或者实际的刀具尺寸,从而使机床能够自动加工出符合零件程序所要求的零件。

3.3.1 刀具半径补偿指令——G41、G42、G43

现代数控机床一般都具备刀具半径补偿功能,以适应圆头刀具(如铣刀、圆头车刀等)加工时的需要,简化程序的编制。

1. 刀具半径补偿的概念

刀具半径补偿也称为刀具半径偏置或铣刀半径偏置。刀具半径补偿功能不是指在加工过程中,刀具半径发生变化(如磨损)时有自动改变刀具半径的功能,而是指改变刀具中心运动轨迹的功能。如图 3 - 11 所示,若要用半径为 r 的刀具加工外形轮廓为 AB 的工件,则刀具中心必须沿着与轮廓 AB 偏离 r 距离的轨迹 $A'B'$ 移动,即铣削时,刀具中心运动轨迹和工件的轮廓形状是不一致的。如果不考虑刀具半径,直接按照工件的廓形

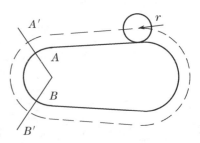

图 3 - 11　刀具半径补偿原理

编程,加工时刀具中心是按廓形运动的,加工出来的零件比图样要求缩小了,不符合要求。因此编程时只有根据轮廓 AB 的坐标参数和刀具半径 R 的值人工计算出刀具轨迹的坐标参数 $A'B'$,再编制成程序进行加工。但这样做很不方便,因为这种计算是很繁琐的,有时是相当复杂的。特别是当刀具磨损、重磨以及换新刀导致刀具半径变化时,又需要重新计算。这就更加繁琐,也不容易保证加工精度。为了既能使编程方便,又能使刀具中心沿 $A'B'$ 轮廓运动,加工出合格的零件来,就需要有刀具半径自动补偿功能。

刀具半径补偿功能的作用就是要求数控系统能根据工件轮廓 AB 和刀具半径 r 自动计算出刀具中心轨迹 $A'B'$。这样,在编程时,就可以直接按零件轮廓的坐标数据编制加工程序。而在加工时,数控系统就自动地控制刀具沿轮廓 $A'B'$ 移动,加工出合格零件。

2. 刀具半径补偿指令

刀具半径补偿功能是通过刀具半径自动补偿指令来实现的。刀具半径补偿指令又称为刀具偏置指令。分为左偏置和右偏置两种,以适应不同的加工需要。G41 表示刀具左偏,指沿着刀具前进的方向观察,刀具偏在工件轮廓的左边。G42 表示刀具右偏,指沿着刀具前进的方向观察,刀具偏在工件轮廓的右边,如图 3 - 12 所示。G40 表示取消左右偏置指令,即取消刀补,使刀具中心与编程轨迹重合。G40 指令总是和 G41 或 G42 指令配合使用的。G41、G42 指令均为续效指令。

G41 和 G42 的编程格式可分为两种情况。与 G00、G01 指令配合使用时的编程格式为

$$\begin{bmatrix} G00 \\ G01 \end{bmatrix} \begin{bmatrix} G41 \\ G42 \end{bmatrix} \quad X\_\_\_\_ \quad Y\_\_\_\_ \quad D\_\_\_\_ ;$$

与 G02、G03 指令配合使用时的编程格式为

$$\begin{bmatrix} G02 \\ G03 \end{bmatrix} \begin{bmatrix} G41 \\ G42 \end{bmatrix} \quad X\_\_\_\_ \quad Y\_\_\_\_ \quad R\_\_\_\_ \quad D\_\_\_\_ ;$$

使用 G41、G42 指令时,用 D 功能字指定刀具半径补偿值寄存器的地址号。当刀具半径确定之后,可以将刀具半径的实测值输入刀具半径补偿存储器,存储起来,加工时可根据需要用 G41 或 G42 进行调用,也可预先设定偏置值,根据程序进行调用。刀具半径发生变化(如刀具磨损和更换)都应该重新指定偏置值。运用刀具半径补偿功能不仅可以简化刀具运动轨迹的计算,而且还可以提高零件的加工精度。

例 3.1　在 XY 平面内使用半径补偿(没有 Z 轴移动)进行轮廓铣削,如图 3 - 13 所示。应用刀具半径补偿功能,可直接按图中轮廓尺寸数据进行编程。CNC 装置便能自动计算刀

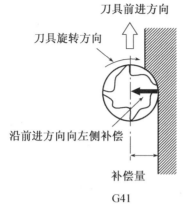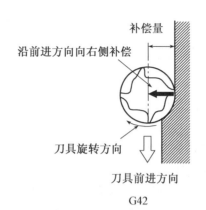

图 3-12　刀具的补偿方向

心轨迹并按刀心轨迹运动,使编程十分方便。程序如下:

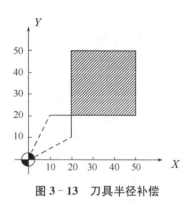

O001;

N10　G90 G54 [G17];

S1000 M03;

G00 X0 Y0;

N20　[G41] X20.0 Y10.0 [D01];

N30　G01 Y50.0 F100;

N40　X50.0;

N50　Y20.0;

N60　X10.0;

N70　[G40] G00 X0 Y0;

M05;

N80　M30;

图 3-13　刀具半径补偿

注意:

① 程序中有[　]标记的地方是与没有刀具半径补偿的程序不同之处。

② 刀具半径补偿必须在程序结束前取消,否则刀具中心将不能回到程序原点上。

③ D01 是刀具补偿号,其具体数值在加工或试运行前已设定在补偿存储器中。

④ D 代码是续效(模态)代码。

显然,使用刀具半径补偿功能能避免繁琐的计算。除此之外,也可以灵活运用刀具半径补偿功能做加工过程中的其他工作。如刀具磨损或重磨后半径变小,这时只需手工输入新的刀具半径值到程序的 D 功能字指定的存储器即可,而不需修改程序。可利用刀具半径补偿功能,采用同一加工程序实现一把刀具完成工件的粗、精加工。如图 3-14 所示,现将 AB 线段的加工分两次切削,刀具半径为,第一次粗加工,加工后的余量为

图 3-14　粗、精加工补偿

△,第二次精加工,加工到图样尺寸,先将偏置两$(r+△)$存入 D01 地址中,使用上述程序,即可进行粗加工,加工至图中虚线的位置。粗加工结束后,将 D01 中的数值改成 r 值,再使用同一加工程序,即可完成精加工。

3.3.2 刀具长度补偿指令——G43、G44、G49

刀具长度补偿指令用来补偿刀具长度方向尺寸的变化,当实际刀具长度与编程长度不一致时,可以通过刀具长度补偿这一功能实现对刀具长度差额的补偿。通常把实际刀具长度与编程刀具长度之差称为偏置值(或称为补偿量)。这个偏置值设置在偏置存储器中,并用 H 代码(或其他指定代码)指令偏置号。

刀具长度补偿分为正向补偿(也称为正刀补)和负向补偿(也称为负刀补),G43 指令实现正向补偿,G44 指令实现负向补偿。G49 是刀具长度补偿(G43 和 G44)的取消指令。除用 G49 指令来取消刀具长度补偿之外还可以用 H00 作为 G43 和 G44 的取消指令。刀具长度补偿指令 G43、G49 和 G44 均为模态指令。编程格式为

  G91 G43(G44)Z ＿＿＿＿ H ＿＿＿＿ ;

  或G90 G43(G44)Z ＿＿＿＿ H ＿＿＿＿ ;

H 是补偿号,与半径补偿类似,H 后边指定的地址中存放实际刀具长度和标准刀具补偿长度的差值,即补偿值或偏置量。进行长度补偿时,刀具要有 Z 轴的移动。

对应于偏置号(H ＿＿＿＿)的偏置值(已经设置在偏置存储器中)将自动与 Z 轴的编程指令值相加(G43)或相减(G44)。例如,刀具长度偏置寄存器 H01 中存放的刀具长度值为 11,执行语句 G90 G01 G43 Z−15.0 H01 后,刀具实际运动到 $Z(-15.0+11)=Z-4.0$ 的位置,如图 3−15(a)所示;如果该语句改为 G90 G01 G44 Z−15.0 H01,则执行该语句后,刀具实际运动到 $Z(-15.0-11)=Z-26.0$ 的位置,如图 3−15(b)所示。

从这两个例子可以看出,在程序命令方式下,可以通过修改刀具长度偏置寄存器中的值来达到控制切削深度的目的,而无须修改零件加工程序。

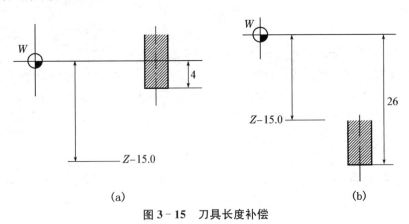

   (a)   (b)

图 3−15 刀具长度补偿

在同一程序段内如果既有运动指令,又有刀具长度补偿指令时,机床首先执行的是刀具长度补偿,然后执行运动指令,如执行语句 G01 G43 Z100.0 H01 F100 时,机床首先执行的是 G43 指令,把工件坐标系向 Z 方向上移动一个刀具长度补偿值(即平移一个 H01 中所寄存的代数值),这相当于重新建立一个新的坐标系。执行 G01 Z100.0 F100 时,刀

具(机床)是在新建的坐标系中进行运动。

3.4 固定循环

在数控加工中,一些典型的加工工序,如钻孔,一般需要快速接近工件、慢速钻孔、快速回退等固定的动作。又如在车螺纹时,需要切入、切螺纹、径向退出,再快速返回四个动作。将这些典型的、固定的几个连续动作,用一条 G 指令来代表,这样,只须用单一程序段的指令程序即可完成加工,这样的指令称为固定循环指令,它可以有效地缩短程序代码,节省存储空间,简化编程。本节介绍常用的三种数控系统的孔循环指令。

3.4.1 FANUC - 0i 的孔加工固定循环

孔加工循环指令为模态指令,一旦定义了某个孔加工循环指令,在接着的所有(X,Y)位置将均采用该孔加工循环指令进行加工,直到 G80 取消孔加工循环为止。FANUC - 0i 的孔加工固定循环指令见表 3 - 1。

表 3 - 1 FANUC - 0i 的孔加工固定循环

G 代码	加工运动(Z 轴负向)	孔底动作	返回运动(Z 轴正向)	应用
G73	分次,切削进给	—	快速定位进给	高速深孔钻削
G74	切削进给	暂停—主轴正转	切削进给	左螺纹攻丝
G76	切削进给	主轴定向,让刀	快速定位进给	精镗循环
G80	—	—	—	取消固定循环
G81	切削进给	—	快速定位进给	普通钻削循环
G82	切削进给	暂停	快速定位进给	钻削或粗镗削
G83	分次,切削进给	—	快速定位进给	深孔钻削循环
G84	切削进给	暂停—主轴反转	切削进给	右螺纹攻丝
G85	切削进给	—	切削进给	镗削循环
G86	切削进给	主轴停	快速定位进给	镗削循环
G87	切削进给	主轴正转	快速定位进给	反镗削循环
G88	切削进给	暂停—主轴停	手动	镗削循环
G89	切削进给	暂停	切削进给	镗削循环

固定循环一般由以下 6 个动作组成,如图 3 - 16 所示。

(1) A→B:刀具快进至孔位坐标(X,Y),即循环初始点 B。

(2) B→R:刀具沿 Z 向快进至加工表面附近的 R 点平面。

(3) R→E:加工动作(如:钻、攻螺纹、镗等)。

(4) E 点:孔底动作(如:进给暂停、刀具偏移、主轴准停、主轴反转等)。

(5) E→R:返回到 R 点平面。

（6）$R \rightarrow B$：返回到初始点 B。

初始平面：初始点所在的与 Z 轴垂直的平面称为初始平面。初始平面是为安全下刀而规定的一个平面。初始平面到零件表面的距离可以任意设定在一个安全的高度上。

R 平面：又叫作 R 参考平面，这个平面是刀具下刀时自快进转为工件的高度平面，距工件表面的距离主要考虑工件表面尺寸的变化来确定，一般可取 $2 \sim 5$ mm。

孔底平面：加工盲孔时孔底平面就是孔底的 Z 轴高度；加工通孔时一般刀具还要伸出工件底平面一段距离，主要是要保证全部孔深都加工到尺寸；钻削加工时还应考虑钻头对孔深的影响。

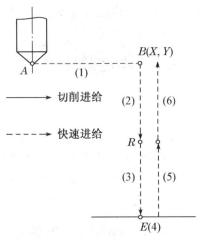

图 3-16 固定循环的组成动作

钻孔定位平面由平面选择代码 G17、G18 和 G19，分别对应钻孔轴 Z、Y 和 X 及它们的平行轴（如 W、V、U 辅助轴）。必须记住，只有在取消固定循环以后才能切换钻孔轴。

固定循环的坐标数值形式可以采用绝对坐标（G90）和相对坐标（G91）表示。采用绝对坐标和相对坐标编程时，孔加工循环指令中的值有所不同。如图 3-17 所示，其中图 3-17（a）是采用 G90 的表示，其中图 3-17（b）是采用 G90 的表示。

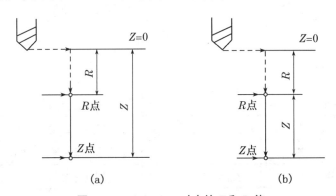

图 3-17 G90、G91 对应的 Z 和 R 值

固定循环指令的一般格式如下：

$$\begin{bmatrix} G90 \\ G91 \end{bmatrix} \begin{bmatrix} G98 \\ G99 \end{bmatrix} \ \text{G\_ X\_ Y\_ Z\_ R\_ Q\_ P\_ F\_ k\_ ;}$$

其中：（1）G98 指令使刀具返回初始点，G99 指令使刀具返回 R 点平面，如图 3-18 所示。

（2）G 为各种孔加工循环方式指令，见表 3-1。

（3）X、Y 为孔位坐标，可为绝对、增量坐标方式。

（4）Z 为孔底坐标，增量坐标方式时为孔底相对于 R 点平面的增量值。

（5）R 为 R 点平面的 Z 坐标（一般距零件表面 2 mm～5 mm），增量坐标方式时为 R 点平面相对于 B 点的增量值。

（6）Q 在 G73 和 G83 中为每次的切削深度，在 G76 和 G87 中为偏移值，它始终是增量坐标值。

（7）P 用来指定刀具在孔底的暂停时间。

（8）F 指定孔加工切削进给时的进给速度。

（9）k 是固定循环的次数，范围是 1～6，当 k＝1 时，可以省略，当 k＝0 时，不执行孔
加工。

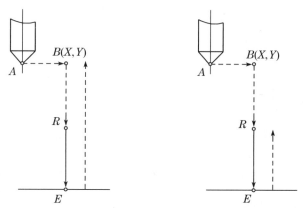

| (a) 用G98指令,返回起始点 | (b) 用G99指令,返回参考平面 |

图 3－18　G98、G99 指令的区别

孔加工方式的指令以及 Z、R、Q、P 等指令都是模态的，只是在取消孔加工方式时才被
清除，因此在开始时指定了这些指令，在后面连续的加工中不必重新指定。如果仅仅是某个
孔加工数据发生发生变化（孔深有变化），仅修改要变化的数据即可。

取消孔加工时使用指令 G80，而如果中间出现了任何 01 组的 G 代码（G00，G01，G02，
G03……），则孔加工的方式也会自动取消。因此用 01 组的 G 代码取消固定循环的效果与
用 G80 时完全一样的。

G98、G99 决定加工结束后的返回的位置，当使用 G99 指令时，如果在台阶面上加工孔，
从低面向高面加工时会产生碰撞现象，这点必须引起注意。

1. 钻孔循环

（1）G81（钻削循环）

钻孔循环指令 G81 为主轴正转，刀具以进给速度向下运动钻孔，到达孔底位置后，快速
退回（无孔底动作）。G81 钻孔加工循环指令格式为

G81　X__Y__Z__R__F__k__；

其中：X、Y——坐标值定义孔的位置；Z——定义孔的深度；R——参考平面位置；F——
加工进给速度；k——为指令执行重复次数，使用 G91 增量坐标 X、Y 编程时，k——可一次
指定多个孔的加工。

（2）G82（钻削循环，粗镗削循环）

钻孔指令 G82 与 G81 格式类似，唯一的区别是 G82 在孔底加进给暂停动作，即当钻头
加工到孔底位置时，刀具不做进给运动，而是保持旋转状态，使孔的表面更光滑，该指令一般
用于扩孔和沉头孔加工。G82 钻孔加工循环指令格式为

G82　X__Y__Z__R__P__F__k__；

P——在孔底位置的暂停时间,单位为 ms。

G81、G82 的循环过程如图 3-19(a)所示,其中虚线表示快进,实线表示切削进给,箭头表示刀具移动方向。

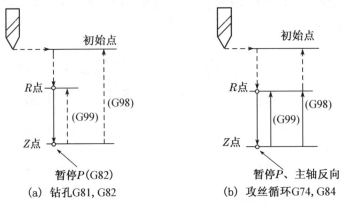

图 3-19　**G81、G82、G74、G84 的循环过程**

(3) G73(高速钻深孔循环)

孔深与孔径之比超过 5～10 的孔,称为深孔。加工深孔时排削较困难,但如不及时将切削排出,则切削可能堵塞在钻头排削槽里,不仅影响加工精度,还会扭断钻头;而且切削时会产生大量高温切削,如不采取有效措施确保钻头的冷却和润滑,将使钻头的磨损加剧。G73 与 G81 的主要区别:由于是深孔加工,采用间歇进给(分多次进给),有利于排削。每次进给深度为 Q,直到孔底位置为止,在孔底进给暂停。

G73 的循环过程如图 3-20(a)所示。G73 高速钻深孔循环指令格式为

G73　X_Y_Z_R_Q_P_F_k_;

P——暂停时间,单位:ms;Q——每次进给的深度,为正值。

(4) G83(深孔钻削循环)

深孔钻削循环指令 G83 与 G73 功能一样,用于钻削深孔,采用间歇进给,不仅可以高效地完成钻孔,而且能较容易地排出切削,并保证冷却和润滑。在使用时可根据实际情况,确定每次的切削深度和退刀距离或快进转化为切削进给的位置。与 G73 格式一样,循环过程如图 3-20(b)所示。

G83 与 G73 用于钻深孔,它们都考虑了排削和散热情况,以保证冷却和润滑。G83 每次钻削一定深度后都返回 R 点(退出孔外),然后再进给,所以它的排削和散热情况比 G73 好。在 G73 中,d 为退刀距离;在 G83 中 d 位置为每次退刀后,再次进给时由快进转换位切削进给的位置,它距离前一次进给结束位置的距离为 d(mm)。

G83 与 G73 两者的主要区别在于回退动作。G73 的回退距离是一个固定值(这个固定值由数控系统参数设定);G83 是回退到一个固定位置,随着钻孔深度的增加,回退距离也随之增加,因此引起工时增加。由于回退的作用是为了排出切削,所以 G83 适用于排量大的场合。G83 循环中,从回退高度到再次加工,进给速度先是以高速下降,到达距工件一段距离时,自动改为 F 速度进给,这个距离的值也是由数控系统设定的。

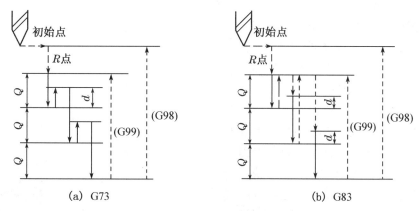

(a) G73　　　　　　　　　　(b) G83

图 3-20　G73、G83 的循环过程

2. 镗孔循环

镗孔是常用的加工方法,其加工范围很广,可进行粗、精加工。镗孔的优点是能修正上一工序所造成的轴线歪曲、偏斜等缺陷。所以镗孔特别适合孔距要求很准的孔系加工,如箱体加工等。尤其适合于大直径孔的加工。

(1) G85(镗孔加工循环)

镗孔加工循环指令 G85 循环过程如图 3-21(a)所示,主轴正转,刀具以进给速度向下运动镗孔,到达孔底位置后,立即以进给速度退出(没有孔底动作)。镗孔加工循环 G85 指令的格式为

G85　X＿Y＿Z＿R＿F＿k＿;

其中:X、Y——坐标值定义孔的位置;Z——孔底位置;R——参考平面位置;F——加工进给速度;k——指令执行重复次数。

(2) G86(镗孔循环)

镗孔循环指令 G86 与 G85 的区别是:G86 在到达孔底位置后,主轴停止转动,并快速退回,循环过程如图 3-21(b)所示。镗孔循环 G86 指令的格式(与 G85 类似)为

G86　X＿Y＿Z＿R＿F＿k＿;

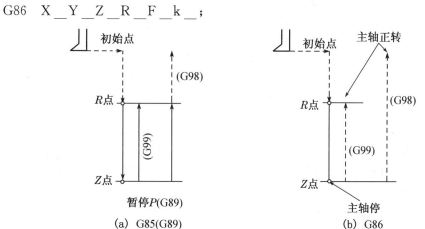

(a) G85(G89)　　　　　　　(b) G86

图 3-21　G85、G86、G89 的循环过程

（3）G89（镗孔循环）

镗孔循环指令 G89 与 G85 的区别：G89 在到达孔底位置后，进给暂停。循环过程如图 3-21(a)所示。镗孔循环 G89 指令的格式：

G89　X＿Y＿Z＿R＿P＿F＿k＿；

其中：P——暂停时间(ms)。

（4）G76（精镗循环）

精镗循环指令 G76 与 G85 的区别是：G76 在孔底有 3 个动作：进给暂停、主轴定向停止、刀具沿刀尖所指的反方向偏移 Q 值（图 3-22 中位移量 δ），然后快速与退出。这样保证刀具不划伤孔的表面。精镗循环指令 G76 的指令格式为

G76　X＿Y＿Z＿R＿Q＿P＿F＿k＿；

其中：P——暂停时间(ms)；Q——偏移值。

加工过程说明（图 3-23）：

① 加工开始刀具先以 G00 移动到指定加工孔的位置 (X,Y)；

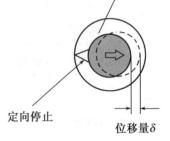

图 3-22　主轴定向示意图

② 以 G00 下降到设定的 R 点（不做主轴定向）；

③ 以 G01 下降至孔底 Z 点，暂停 P 时间后以主轴定位停止转动；

④ 位移镗刀偏心量 δ 距离（Q＝δ）；

⑤ 以 G00 向上升到起始点（G98）或 R 点（G99 高度）。

启动主轴旋转。

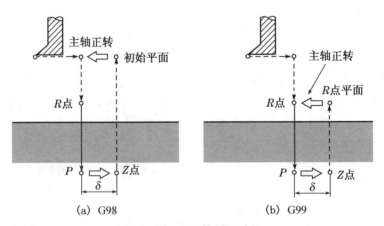

图 3-23　G76 的循环过程

（5）G87（反镗削循环）

反镗削循环也称背镗循环指令 G87，与上述镗削指令的不同之处是反镗削循环由孔底向孔顶镗削，此时刀杆受拉力，可防止震动。当刀杆较长时使用该指令可提高孔的加工精度。

反镗削循环的过程如图 3-24 所示，刀具在 xy 平面定位后主轴停止并准停，然后刀具沿刀尖反方向偏移 Q 距离，然后快速运动到孔底位置，接着沿刀尖所指方向偏移回 E 点，主轴正转，刀具向上进给运动，到 R 点，主轴又定向停止，刀具沿刀尖所指的反方向偏移 Q 值，

快退,沿刀尖所指正方向偏移到 B 点,主轴正转,本加工循环结束,继续执行下一段程序。反镗削循环 G87 的指令格式为

G87 X_ Y_ Z_ R_ Q_ F_ k_ ;

其中:Q——偏移值,通常为正值。

由于 R 点在孔底,这种加工方式,返回高度选择只能用 G98。

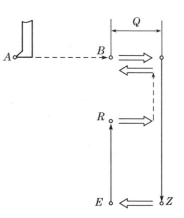

图 3‑24 G87 的循环过程

3. 攻螺纹循环

(1) G84(右旋攻螺纹循环)

右旋攻螺纹循环指令 G84 循环过程如图 3‑19(b)所示,攻螺纹进给时主轴正转,到孔底后主轴反转退出。与 G82 格式类似,右旋攻螺纹循环指令 G84 指令格式为

G84 X_ Y_ Z_ R_ P_ F_ k_ ;

与钻孔加工不同的是攻螺纹结束后的返回过程不是快速运动而是以进给速度反转退出。F 值根据主轴转速和螺距计算。

(2) G74(左旋攻螺纹循环)

左旋攻螺纹循环指令 G74 与 G84 的区别:进给时主轴反转,退出时为正转。指令格式与 G84 格式相同。

4. 固定循环编程示例

例 3.2 编制如图 3‑25 所示零件上的孔的加工程序,孔的尺寸和编程坐标系如图所示。

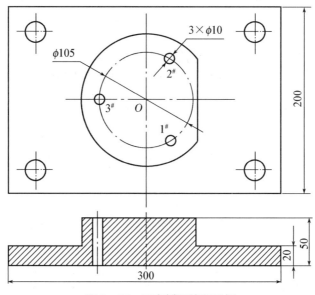

图 3‑25 固定循环编程示例

(1) 零件图分析

如图 3‑25 所示某模具型芯,有 3 个顶针孔需要加工,零件总厚度为 50 mm,孔的直径

为 10 mm,要求加工成通孔。

（2）工艺分析

本例钻此模具型芯的 3 个 10 mm,的通孔,采用其所长 10 mm 的钻头,由于该孔的加工深度要远远大于其直径,所以必须采用啄式(G83)加工,即每式进一定深度,抬一次刀,以排除铁屑;同时加工起始高度位于零件最高面,所以可以使用 G99 指令。

计算出孔的圆心坐标(也可在 AutoCAD 中画出图形查询坐标)。

1♯孔的圆心坐标为

$X=(105/2)\times\sin30=26.25$

$Y=-(105/2)\times\cos30=-45.466$

同理可求另外两个孔的坐标,3 个孔的坐标分别为:1♯(26.25,$-$45.466),2♯(26.25,45.466),3♯($-$52.5,0)。

（3）确定加工坐标原点

如图 3-25 所示确定 O 点为坐标原点,Z 向零点为零件最高点,机床坐标系设在 G54。

（4）编写加工程序

O0015;	程序名
N10　G54　G90;	使用 G54 工件坐标系,绝对值编程
N20　S500　M3　G0　X0　Y0　Z100;	主轴正转,500 r/min
N30　G99　G83　X26.25　Y$-$45.466	采用啄式钻孔,每次进刀 5 mm,
Z$-$53　R3　Q5　F100;	钻 1♯孔
N40　Y45.466;	钻 2♯孔
N50　X$-$52.5　Y0;	钻 3♯孔
N60　G80　G00　Z100;	取消钻孔循环,抬刀到安全平面
N70　M05;	主轴停
N80　M30;	程序结束

例 3.3 编制如图 3-26 所示零件的加工程序,零件上要加工 13 个孔,其中孔 1～6 直径为 6 mm 的通孔,孔 7～10 直径为 10 mm 的盲孔,其余孔为 40 mm 的镗孔,各孔的深度如图 3-26 所示。

（1）零件图分析

使用刀具长度补偿功能和固定循环功能加工图示零件上的 12 个孔。分析零件图样,该零件孔加工中,有通孔、盲孔需要钻和镗加工。故选择钻头 T01、T02 和镗刀 T03。

（2）工艺分析

① 工艺路线的确定

按先小孔后打孔的加工原则,确定工艺路线从编程原点开始,先加工 6 个 ϕ6 孔,再加工 4 个 ϕ10 孔,最后加工 2 个 ϕ40 孔。

② 工艺参数的确定

T01、T02 的主轴转速 $S=600$ r/min,进给速度 $F=120$ mm/min;T03 的主轴转速 $S=300$ r/min,进给速度 $F=50$ mm/min。

T01、T02 和 T03 的刀具补偿分别为 H01、H02 和 H03。对刀时,以 T01 刀为基准,由于零件上表面为 Z 向零点,则 H01 中刀具长度补偿值设置为零。T02 刀具长度与 T01 相

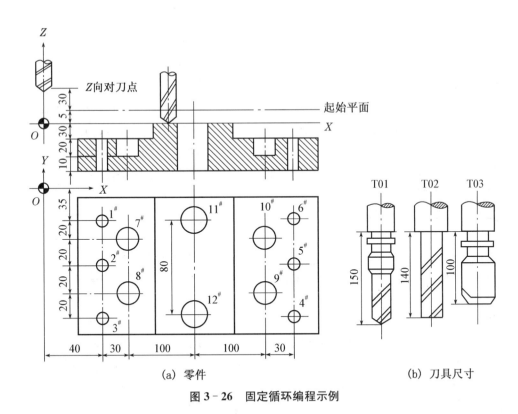

图 3－26　固定循环编程示例

比为 140－150＝－10。同样 H03 的补偿值设置为－50。换刀时，用 M00 指令停止，手动换刀后再按循环启动键，继续执行程序。

（3）确定加工坐标原点

工件坐标原点在零件上表面如图 3－26 中 位置处。

（4）编写加工程序

O0016；

N10　G92　X0　Y0　Z35.0；	建立工件坐标系
N20　G90　G43　G00　Z5.0　H01；	到达起始平面
N30　S600　M03；	主轴正转，600 r/min
N40　G99　G81　X40.0　Y－35.0　Z－63.0 　　　R－27.0　F120.0；	加工 1# 孔，返回到 R 平面
N50　Y－75.0；	加工 2# 孔，返回到 R 平面
N60　G98　Y－115.0；	加工 3# 孔，返回到起始平面
N70　G99　X300.0；	加工 4# 孔，返回到 R 平面
N80　Y－75.0；	加工 5# 孔，返回到 R 平面
N90　G98　Y－35.0；	加工 6# 孔，返回到起始平面
N100　G80　G00　X500.0　Y0　M05；	回换刀点，主轴停
N110　G49　Z20.0　M00；	手动换 T02 刀
N120　G43　Z5.0　H02；	刀具长度正补偿，补偿值放在 H02

		地址中
N130	S600 M03;	主轴正转,600 r/min
N140	G99 G81 X70.0 Y−55.0 Z−5.00 R−27.0 F120.0;	加工 7# 孔,返回到 R 平面
N150	G98 Y−95.0;	加工 8# 孔,返回到起始平面
N160	G99 X270.0;	加工 9# 孔,返回到 R 平面
N170	G98 Y−55.0;	加工 10# 孔,返回到起始平面
N180	G80 G00 X500.0 Y0 M05;	回换刀点,主轴停
N190	G49 Z20.0 M00;	手动换 T03 刀
N200	G43 Z5.0 H03;	刀具长度正补偿,补偿值放在 H03 地址中
N210	S300 M03;	主轴正转,300 r/min
N220	G99 G85 X170.0 Y−35.0 Z−65.0 R3.0 F50.0;	镗 11# 孔,返回到 R 平面
N230	G98 Y−115.0;	镗 12# 孔,返回到参考平面
N240	G80 G00 X0 Y0 M05;	取消固定循环,主轴停
N250	G49 G91 G28 Z0;	取消长度补偿,返回参考点
N260	M30;	程序结束

3.4.2 Sinumerik 802D 的孔加工固定循环

西门子的 Sinumerik 802D 控制系统具有更加丰富的固定循环功能,见表 3 − 2。本节仅选讲几个常用的孔加工循环命令,如果需要全面学习西门子数控系统得加工功能,请参考有关资料。

表 3 − 2 Sinumerik 802D 加工循环功能列表

钻孔循环	阵列钻孔循环	铣削循环
CYCLE81 钻孔,中心钻孔	HOLES1 线性阵列孔加工	CYCLE71 端面铣削
CYCLE82 中心钻孔	HOLES2 线性阵列孔加工	CYCLE72 轮廓铣削
CYCLE83 深度钻孔		CYCLE76 矩形过渡铣削
CYCLE84 刚性攻丝		CYCLE77 圆弧过渡铣削
CYCLE840 带补偿卡盘攻丝		LONGHOLE 加长槽
CYCLE85 铰孔 1(镗孔 1)		SLOT1 圆上切槽
CYCLE86 镗孔(镗孔 2)		SLOT2 圆周切槽
CYCLE87 铰孔 2(镗孔 3)		POCKET3 矩形凹槽
YCLE88 镗孔时可以停止 1(镗孔 4)		POCKET4 圆形凹槽
YCLE89 镗孔时可以停止 2(镗孔 5)		CYCLE90 螺纹铣削

1. CYCLE81 钻中心孔

CYCLE81(RTP,RFP,SDIS,DP,DPR)

通常,参考平面(RFP)和返回平面(RTP)具有不同的值。在循环中,返回平面定义在参考平面之前。这说明从返回平面到最后钻孔深度的距离大于参考平面到最后钻孔深度间的距离。

　　SDIS(安全间隙)安全间隙作用于参考平面。参考平面由安全间隙产生,安全间隙作用的方向由循环起点自动决定。

　　DP 和 DPR 最后钻孔深度可以定义成参考平面的绝对值或相对值。如果是相对值定义,循环会采用参考平面和返回平面的位置自动计算相应的深度(图 3-27)。

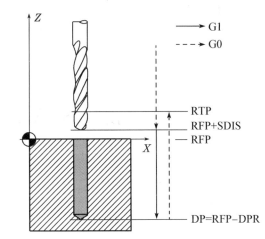

STP	返回平面(绝对)
RFP	参考平面(绝对)
SDIS	安全间隙(无符号输入)
DP	最后钻孔深度(绝对)
DPR	相当于参考平面的最后钻孔深度(无符号输入)

图 3-27　CYCLE81 钻中心孔

CYCLE81 循环形成以下的运动顺序:

(1) 使用 G0 回到安全间隙之前的参考平面;

(2) 按循环调用前所编程的进给率(G1)移动到最后的钻孔深度;

(3) 使用 G0 返回到退回平面。

例如:使用钻孔循环钻图 3-28 中的 3 个中心孔,程序如下:

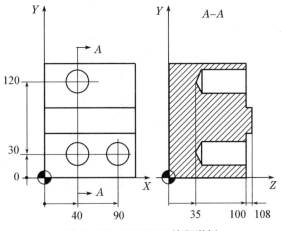

图 3-28　CYCLE81 编程举例

```
N10   G0   G17   G90   F200   S300   M03;      初始值定义
N20   D3   T3   Z110;                          接近返回平面
```

N30	X40 Y120;	接近初始钻孔位置
N40	CYCLE81(110,100,2,35);	使用绝对最后钻孔深度,安全间隙以及不完整的参数表调用循环
N50	Y30;	移到下一个钻孔位置
N60	CYCLE81(110,102,35);	无安全间隙调用循环
N70	G0 G90 F180 S300 M03;	技术值定义
N80	X90;	移到下一个位置
N90	CYCLE81(110,100,2,65);	使用相对最后钻孔深度,安全间隙调用循环
N100	M30;	程序结束

2. CYCLE83 深孔钻孔

CYCLE83(RTP,RFP,SDIS,DP,DPR,FDEP,FDPR,DAM,DTB,DTS,FRF,VARI)

动作顺序(图 3-29):

(1) 使用 G00 回到由安全间隙之前的参考平面;

(2) 使用 G01 移动到起始钻孔深度,进给率来自程序调用中的进给率,它取决于参数 FRF(进给率系数);

(3) 在最后钻孔深度处的停顿时间(参数 DTB);

(4) 使用 G00 返回到由安全间隙之间的参考平面,用于排削;

(5) 起始点的停顿时间(参数 DTS);

(6) 使用 G00 回到上次到达的深度,并保持预留量距离;

(7) 使用 G01 钻削到下一个钻孔深度(持续动作顺序直至到达最后钻孔深度);

(8) 使用 G00 返回到退回平面。

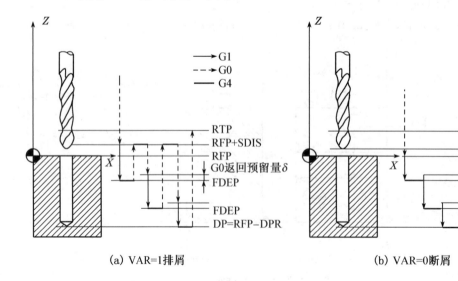

(a) VAR=1排屑　　　　　　　　　　(b) VAR=0断屑

RTP	返回平面(绝对)
RFP	参考平面(绝对)
SDIS	安全间隙(无符号输入)
DP	最后钻孔深度(绝对)
DPR	相当于参考平面的最后钻孔深度(无符号输入)
FDEP	起始钻孔深度(绝对值)
FDPR	相当于参考平面的起始钻孔深度(无符号输入)
DAM	递减量(无符号输入)
DTB	最后钻孔深度时的停顿时间(断削)
DTS	起始点处和用于排削的停顿时间
FRF	起始点钻孔深度的进给率系统(无符号输入)
VAR	加工类型 断屑＝0,排屑＝1

图 3-29 深孔钻削断削

3. CYCLE85 铰孔/镗孔

刀具按编程的主轴速度和进给率钻孔直至到达定义的最后钻孔深度。向内向外移动的进给率分别是参数 FFR 和 RFF 的值(图 3-30)。

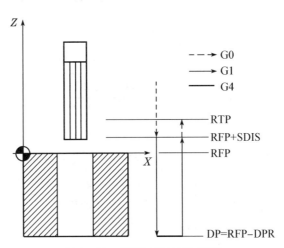

图 3-30 CYCLE85 铰孔/镗孔

CYCLE85(RTP,RFP,SDIS,DP,DPR,DTB,FFR,RFF),参数 RTP,RFP,SDIS,DP,DPR 同 CYCLE81。DTB(停顿时间)是以秒为单位设定最后钻孔深度时的停顿时间。FFR(进给率)在钻孔时,FFR 在编程的进给率值有效。RFF(退回进给率)从孔底退回到参考平面＋安全间隙时,RFF 下编程的进给率值有效。

例3.4 如图 3-31 所示,用 CYCLE85 功能在 ZX 平面上的($Z70,X50$)处铰孔。循环调用中最后钻孔深度的值是作为相对值来编程的,停顿时间未编程。工件的参考平面在 $Y102$ 处。程序如下:

N10　T11　D1;
N20　G18　Z70　X50　Y105;

N30   CYCLE859(105,102,2,25,300,450);

N40   M30;

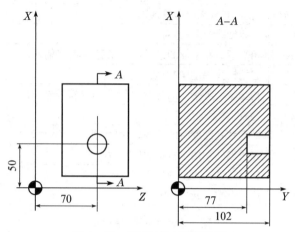

图 3 - 31   CYCLE85 编程举例

4. HOLESI 线性阵列钻孔循环

HOLESI(SPCA,SPC0,STA1,FDIS,DBH,NUM)此功能可以用来钻削一排孔,即沿直线分布的孔(图 3 - 32)。

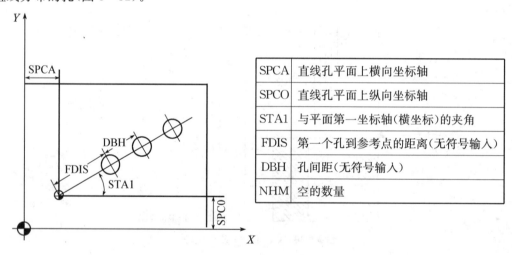

SPCA	直线孔平面上横向坐标轴
SPCO	直线孔平面上纵向坐标轴
STA1	与平面第一坐标轴(横坐标)的夹角
FDIS	第一个孔到参考点的距离(无符号输入)
DBH	孔间距(无符号输入)
NHM	空的数量

图 3 - 32   钻排孔循环

例 3.5   加工如图 3 - 33 所示零件的孔系,5 个螺纹孔间距是 20 mm 的线性阵列孔。阵列孔的参考点为 X20,Y30 处,第一孔距离此点 10 mm。使用 CYCLE82 进行线性阵列孔钻削。程序如下:

N10   G90   F30   S500   M03   T10   D01;

N20   G17   G90   X20   Y30   Z105;

N30   MCALLCYCLE82(105,102,2,22,0,1);

N40   HOLES1(20,30,90,10,20,5);

N50   MCALL;

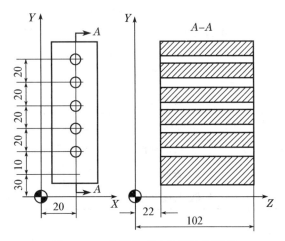

图 3-33 线性阵列孔钻削编程举例

5. 固定循环编程示例

例3.6 编制如图 3-34 所示零件的加工程序,零件上要加工 13 个孔,孔的尺寸和编程坐标系如图 3-34 所示。

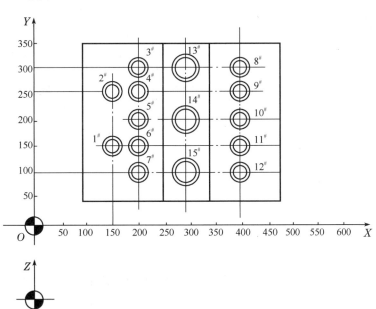

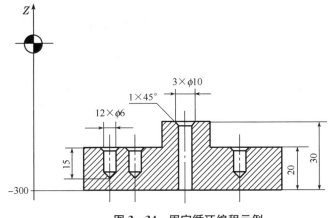

图 3-34 固定循环编程示例

（1）零件图分析

如图 3-34 所示，对 $12\times\phi6$ 盲孔及 $3\times\phi10$ 通孔进行加工，并倒角。

（2）工艺分析

刀具工艺卡如表 3-3 所示。

表 3-3　刀具卡

刀具号	工序内容	补偿量	刀具号	工序内容	补偿量
T01	钻 $\phi10$、$\phi6$ 中心孔	D1 长度补偿	T04	倒 $\phi6$ 角	D4 长度补偿
T02	钻 $12\times\phi6$ 孔	D2 长度补偿	T05	倒 $\phi10$ 角	D5 长度补偿
T03	钻 $3\times\phi10$ 孔	D3 长度补偿			

（3）确定加工坐标原点

如图 3-34 所示，工件坐标原点为 ⊕ 处。

（4）编写加工程序

O1015；

N10　G92　X0　Y0　Z0；

N20　G00　G90　G80　G40　G17；

N30　S1500　F120；

N40　X150　Y150；

N50　Z-278　M03；

N60　R2=-278　R3=-286　R4=-278　G81　P1；　　　打 1# ～7# 中心孔

N70　Y250；

N80　X200　Y300；

N90　Y250；

N100　Y200；

N110　Y150；

N120　Y100；

N130　G80　G00　Z-268；

N140　X300；

N150　R2=-268　R3=-276　R4=-268　G81　P1；　　　打 13# ～15# 中心孔

N160　Y200；

N170　Y300；

N180　G80　G00　X400　Y300；

N190　R2=-278　R3=-286　R7=-278　G81　P1；　　　打 8# ～12# 中心孔

N200　Y250；

N210　Y200；

N220　Y150；

N230　Y100；

N240　G80　G00　D0　Z0　M19；

N250   M00；

N260   S1200   F120   D02；

N270   Z－278   M3；

N280   R2＝－278   R3＝－295   R10＝－278   G80   P1；   钻 8#～12#孔

N290   Y150；

N300   Y200；

N310   Y250；

N320   Y300；

N330   G80   G0   Z－268；

N340   X200   Y300；

N350   R2＝－278   R3＝－295   R10＝－278   G81   P1；   钻 1#～7#孔

N360   Y250；

N370   Y200；

N380   Y150；

N390   Y100；

N400   X150   Y150；

N410   Y250；

N420   G00   G80   D0   Z0   M19；

N430   M00；

N440   S800   F120   D03；

N450   X300   Y300；

N460   Z－268   M03；

N470   R2＝－268   R3＝－306   R10＝－268   G81   P1；   钻 13#～15#孔

N480   Y200；

N490   Y100；

N500   G00   G80   D0   Z0   M19；

N510   M00；

N520   S800   F200   D04；

N530   G00   X200   Y100；

N540   Z－278   M03；

N550   R2＝－278   R3＝－281   R10＝－278   G81   P1；   倒 1#～7#孔

N560   Y150；

N570   Y200；

N580   Y250；

N590   Y300；

N600   X150   Y250；

N610   Y150；

N620   G00   G80   Z－268；

N630   X400   Y100；

N640　R2＝－278　R3＝－281　R10＝－278　G81　P1;　　倒 8#~12#孔

N650　Y150;

N660　Y200;

N670　Y250;

N680　Y300;

N690　G00　G80　D0　Z0　M19;

N700　M00;

N710　S800　F150　D04;

N720　X300　Y300;

N730　Z－268;

N740　R2＝－268　R3＝－271　R10＝－268　G81　P1;　　倒 13#~15#孔

N750　Y200;

N760　Y100;

N770　G00　G80　D0　M19;

N780　M02;

3.5　镜像编程

镜像编程也称为对称加工编程,是将数控加工刀具轨迹关于某坐标轴做镜像变换而形成加工轴对称零件的刀具轨迹。对称轴(或镜像轴)可以是 X 轴或 Y 轴或原点。

镜像功能可改变刀具轨迹沿任一坐标轴的运动方向,它能给出对应工件坐标零点的镜像运动。如果只有 X 或 Y 的镜像,将使刀具沿相反方向运动。此外,如果在圆弧加工中只指定了一轴镜像,则 G02 与 G03 的作用会反过来,左右刀具半径补偿 G41 与 G42 也会反过来。

镜像功能的指令为 G50、G51。用 G50 建立镜像,镜像一旦确定,只有使用 G50 指令来取消镜像。

指令格式:G50　X_Y_Z_I_J_K_;

其中:X、Y、Z——为比例中心坐标;I,J,K——对应 x、y、z 轴的比例系数,在 $\pm0.001\sim\pm999.999$ 范围内。

对于 FANUC-0i 系统设定 I、J、K 不能带小数点,比例为 1 时应输入 1000,并在程序中都应输入,不能省略。

当工件相对于某一轴具有对称形状时,可以利用镜像功能和子程序,只对工件的一部分进行编程,而能加工出工件的对称部分,这就是镜像功能。当某一轴的镜像有效时,该轴执行于编程方向相反的运动。

例 3.7　使用镜像功能编制如图 3－35 所示图形轮廓的加工程序,其中比例系数取为 ＋1000 或－1000。设刀具起始点在 O 点,程序如下:

子程序:O100

N10　G00　X60.0　Y60.0;

N20　G01　X100.0　F100；

N30　Y100.0；

N40　X60.0　Y60.0；

N50　M99；

主程序：O0001

N10　G92　X0　Y0；

N20　G90；

N30　M98　P100；　　　　　　　轮廓1

N40　G51　X50.0　Y50.0　I—1000.0

J1000.0；

N50　M98　P100；

N60　G51　X50.0　Y50.0　I—1000.0

J—1000.0；

N70　M98　P100；　　　　　　　轮廓3

N80　G51　X50.0　Y50.0　I1000.0　J—1000.0；

N90　M98　P100；　　　　　　　轮廓4

N100　G50；　　　　　　　　　取消比例编程

N110　M30；

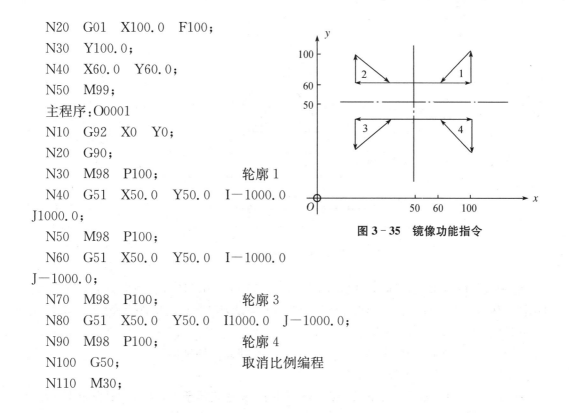

图3-35　镜像功能指令

3.6　缩放功能

该功能可使原编程尺寸按指定比例缩小或放大,简化编程。缩放功能指令为G50、G51,编程格式为G51　X__Y__Z__P__；

其中：X、Y、Z——缩放中心坐标值；P——缩放比例。

G51以给定点(X,Y,Z)为缩放中心,将图形放大到原始图形的 P 倍；如果省略(X,Y,Z),则以程序原点为缩放中心。G51既可指定平面缩放也可指定空间缩放。在G51后运动指令的坐标值以 X、Y、Z 为缩放中心,按 P 规定的缩放比例进行计算。在有刀具补偿的情况下,先进行缩放,然后才进行刀具半径补偿和刀具长度补偿。

G50指令用于关闭缩放功能G51。

例3.8　用缩放功能编制如图3-36所示轮廓的加工程序。

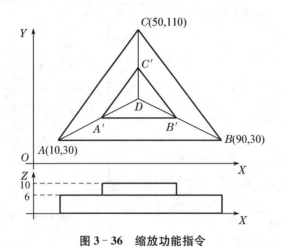

图 3 - 36　缩放功能指令

已知三角形 ABC 的顶点为 $A(10,30)$，$B(90,30)$，$C(50,110)$，三角形 $A'B'C'$ 是缩放后的图形，其缩放中心为 $D(50,50)$，缩放系数为 0.5。设刀具起点距工件上表面 50 mm。

主程序：O0002

N10	G92	X0	Y0	Z50;	建立工件坐标系

N10　G92　X0　Y0　Z50;　　　　　　　建立工件坐标系

N20　G91　G17　M03　S600;

N30　G43　G00　X50　Y50　Z−46　H01　快速定位至工件中心，距表面 4 mm，
　　　F300;　　　　　　　　　　　　建立长度补偿

N40　♯51＝14;　　　　　　　　　　　给局部变量♯51 赋予 14 的值

N50　M98　P100;　　　　　　　　　　调用子程序，加工三角形 ABC

N60　♯51＝8;　　　　　　　　　　　　重新给局部变量♯51 赋予 8 的值

N70　G51　X50　Y50　P0.5;　　　　　缩放中心(50,50)，缩放系数 0.5

N80　M98　P100;　　　　　　　　　　调用子程序，加工三角形 $A'B'C'$

N90　G50;　　　　　　　　　　　　　取消缩放

N100　G49　Z46;　　　　　　　　　　取消长度补偿

N110　M05;

N120　M30;

子程序：O100　　　　　　　　　　　　子程序(三角形 ABC 的加工程序)

N10　G42　G00　X−44　Y−20　D01;　快速移动到 XOY 平面的加工起点，
　　　　　　　　　　　　　　　　　　建立半径补偿

N20　Z[−♯51];　　　　　　　　　　Z 轴快速向下移动局部变量♯51 的值

N30　G01　X84;　　　　　　　　　　加工 $A\rightarrow B$ 或 $A'\rightarrow B'$

N40　X−40　Y80;　　　　　　　　　加工 $B\rightarrow C$ 或 $B'\rightarrow C'$

N50　X44　Y−88;　　　　　　　　　加工 $C\rightarrow$ 加工始点或 $C'\rightarrow$ 加工始点

N60　Z[♯51];　　　　　　　　　　　提刀

N70　G40　G00　X44　Y0;　　　　　返回工件中心，取消半径补偿

N80　M99;　　　　　　　　　　　　　返回主程序

3.7 旋转变换

用该功能可使编程图形按指定旋转中心及旋转方向旋转一定的角度。另外,如果工件的形状由许多相同的图形组成,则可将图形单元编程子程序,然后用主程序的旋转指令调用,这样可简化编程,节省时间和存储空间。G68 表示开始坐标旋转,G69 用于撤销旋转功能。

编程格式:

G17　G68　X＿ Y＿ R＿ ;

G18　G68　X＿ Z＿ R＿ ;

G19　G68　Y＿ Z＿ R＿ ;

其中 X、Y、Z——旋转中心的坐标值(可以是 X、Y、Z 中的任意两个,由 G17、G18、G19指令确定),当 X、Y、Z 省略时,G68 指令认为当前的位置即为旋转中心;R——旋转角度,逆时针旋转定义为正向,一般为绝对值。旋转角度范围为 $0° \leqslant R \leqslant 360°$。当 R 省略时,按系统参数确定旋转角度。

当程序在绝对方式下时,G68 程序后的第一个程序段必须使用绝对方式移动指令,才能确定旋转中心。如果这一程序段为增量方式移动指令,那么系统将以当前位置为旋转中心,按 G68 给定的角度旋转坐标。

在有刀具补偿的情况下,先旋转后刀补(刀具半径补偿、刀具长度补偿),在有缩放功能的情况下,先缩放后旋转。

例 3.9　以图 3 - 37 为例,应用旋转指令的程序:

N10　G92　X－5.0　Y－5.0;

N20　G68　G90　X7.0　Y3　R60.0;

N30　G90　G01　X0　Y0　F100;

N40　G91　X10.0;

N50　G02　Y10.0　R10.0;

N60　G03　X－10.0　I－5.0　J－5.0;

N70　G01　Y－10.0;

N80　G69　G90　X－5.0　Y－5.0;

N90　M30;

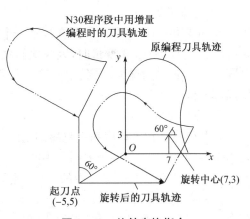

图 3 - 37　旋转变换指令

3.8 变量与宏程序

在一般的程序编制中程序字为一常量,一个程序只能描述一个几何形状,所以缺乏灵活性和适用性。有些情况下机床需要按一定规律动作,如在钻孔循环中,用户应能根据工况随时改变切削参数,在进行自动测量时人或机床要对测量数据进行处理,这些数据存储在变量中,一般程序是不能处理的。针对这种情况,CNC 系统为用户配备了类似于高级语言的宏程序功能,用户可以使用变量进行算术运算、逻辑运算和函数的混合运算,此外,宏程序还提供了循环语句、分支语句和子程序调用语句,以利于编制各种复杂的零件加工程序。

宏程序可以把实际值设定为变量,使程序更具通用性。在编程工作中,经常把能完成某一功能的一系列指令像子程序那样存入存储器,用一个总指令来代表它们,使用时只需给出这个总指令就能执行其功能。所存入的这一系列指令称作用户宏功能主体,这个总指令称作用户宏功能指令。

1. FANUC-0i 宏程序

1) 变量概述

(1) 变量的表示

一个变量由符号♯和变量号组成,如♯i(i=1,2,3……),也可用表达式来表示变量,表达式需加方括号,即♯[<表达式>],如:♯[♯50],♯[2001-1]。

(2) 变量的引用

在地址号后可使用变量,将跟随在一个地址后的数值用一个变量来代替,如:

对于 F♯103,若♯103=100.0 时,则为 F100;

对于 Z-♯110,若♯110=10.0 时,则为 Z-10.0;

对于 G♯130,若♯130=3 时,则表示为 G03。

在程序中定义变量时,可以忽略小数点,如:当♯1=123 被定义时,变量♯1 的实际值为123.000。

引用的变量值根据地址的最小输入增量自动进行四舍五入,如 G00X♯1;其中♯1 值为12.3456,CNC 最小分辨率 1/1000 mm,则实际命令为 G00×12.346。

(3) 变量的类型

FANUC-0i 系统的变量有局部变量、公共变量(全局变量)和系统变量三种。

① 局部变量

局部变量♯1~♯33。局部变量是一个在宏程序中局部使用的变量。当宏程序 A 调用宏程序 B 而且都有♯1 变量时,因为他们服务于不同局部,所以 A 中的♯1 与 B 中的♯1 不是同一个变量,互不影响。关闭电源时,局部变量被初始化成"空"。宏调用时,自变量分配给局部变量。

② 公共变量

公共变量是在主程序和主程序调用的各用户宏程序内公用的变量。也就是说,在一个宏指令中的♯i 与在另一个宏指令中的♯i 是相同的。上例中若 A 与 B 同时调用全局变量♯100,则 A 中的♯100 与 B 中的♯100 是同一个变量。

公共变量的序号为♯100~♯199;♯500~♯999。其中♯100~♯199 公共变量在电源断电后即清零,重新开机时被设置为"0";♯500~♯999 公共变量即使断电后,它们的值也保持不变。因此也称为保持型变量。

③ 系统变量

系统变量♯1000 以上,系统变量定义:有固定用途的变量。它的值决定系统的状态。系统变量包括刀具偏置变量,接口的输入/输出信号变量,位置信息变量等。系统变量的序号与系统的某种状态有严格的对应关系。

注意:程序号、顺序号、任选段跳跃号不能使用变量。如:O♯1;/♯2G00 X100.0;

N#3　Y200.0;均是错误的。

2) 运算指令

编程中变量的用途有 4 个:运算,递增量或递减量(计数器),进行比较操作后决定是否实现程序的跳转,在程序之间传递参数。

运算指令包括:

算数运算(赋值、加、减、乘、除、绝对值、四舍五入整数化和舍去小数点以下部分),如:#i=#j,#i=#j+#k,#i=#j/#k。

函数运算(正弦、余弦、正切、反正切和平方根),如:#i=SIN[#j],:#i=SQRT[#j],#i=ABS[#j],角度以度为单位,如:90°30′表示成 90.5°。

逻辑操作(与、或、异或),如:#i=#jOR#k,#i=#jXOR#k。

比较操作(等于、大于、小于、小于等于、不等于)见表 3-4。

表 3-4　比较操作符与意义

操作符	意义	操作符	意义
EQ	=	GE	≥
NE	≠	LT	<
GT	>	LE	≤

3) 程序控制语句

程序控制语句起控制程序流向的作用,有分支语句和循环语句两种。

(1) 分支语句

① 无条件分支语句(GOTO),其功能是转向程序的第 n 句。当指定的顺序号大于 9 999 时,出现 128 号报警。顺序号可以用表达式。

格式:GOTO n;

n 是顺序号(1~9 999)。

② 条件分支(IF 语句),其功能是在 IF 后面指定一个条件表达式,如果条件满足。转向第 n 句,否则执行下一段。

格式:IF[条件表达式] GOTO n;

一个条件表达式一定要有一个操作符(表 3-4),这个操作符插在两个变量或一个变量和一个常数之间,并且要用方括弧括起来,如[#24GT#25]。

(2) 循环语句

WHILE[<条件式>]Dom　(m=1,2,3,4……);

……

ENDm

当条件式满足时,就循环执行 WHILE 与 END 之间的程序段,若条件不满足就执行 ENDm 的下一个程序段。

注意:若指定了 DOm 而没有 WHILE 语句,循环将在 Dom 和 ENDm 之间无限执行下去。程序执行 GOTO 分支语句时,要进行顺序号的搜索,所以反向执行的时间比正向执行的时间长。可以用 WHILE 语句减少处理时间。在使用 EQ 或 NE 的条件表达式中,空值和零的使用结果不同,而含其他操作符的条件表达式将空值看作零。

4）宏程序的调用

FANUC 系统经常使用 G65（非模态调用）和 G66/G67（模态调用）两种方式调用宏程序，另外，还可以在参数中设置调用宏程序的 G、M 代码来调用宏程序。

（1）非模态调用（G65）

非模态调用（单纯调用）指一次性调用宏主体，即宏程序只在一个程序段内有效。G65 被指定时，地址 P 所指定的用户宏被调用，自变量中的变量值能传递到用户宏程序中。

格式：G65　P（宏程序号）L（程序执行次数）＜自变量表＞；

其中：程序执行次数的默认值为 1，可取值范围为 1～9999。通过使用自变量表，值被分配给宏程序中对应得局部变量。如图 3-38 中的 $\#1=1.0(A\rightarrow\#1)$，$\#2=2.0(B\rightarrow\#2)$ 自变量分为两类。第一类可以使用除 G、L、O、N、P 之外的字母并且只能使用一次，地址 G、L、N、O、P 不能当作自变量使用。第二类可以使用 A、B、C（一次），也可以使用 I、J、K（最多 10 次）。自变量使用的字母与局部变量对应关系请参考数控系统用户使用手册。

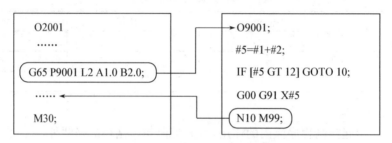

图 3-38　G65 非模态调用宏程序

注意：为了程序的兼容性，建议使用带小数点的自变量。最多可以嵌套 4 级含有 G65 和 G66 的程序。不包括子程序调用（M98）。

（2）模态调用（G66/G67）

一旦指定了 G66，那么在以后的含有轴移动命令的程序段执行之后，地址 P 所指定的宏被调用，直到发出 G67 命令，该方式被取消。

格式：G66　P（宏程序号）L（程序执行次数）＜自变量表＞；

其中：程序执行次数的默认值为 1，可取值范围为 1～9999。与 G65 调用一样，通过使用自变量表，分配给相应的宏程序中的局部变量，如图 3-39 所示。

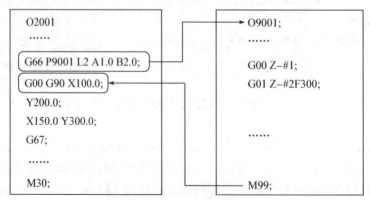

图 3-39　G66/G67 模态调用宏程序

注意: 在含有像 M 代码这样与轴移动无关的段中不能调用宏。局部变量（自变量）只能在 G66 段设定,每次模态调用执行时不能设定。

宏调用和子程序调用之间的区别:

① 用 G65,可以指定一个自变量（传递给宏的数据）,而 M98 没有这个功能。

② 当 M98 段含有一个 NC 语句时（如:G01　X100.0　M98　P9001）,则执行该语句之后再调用子程序,而 G65 无条件调用一个宏。

5) 附加说明

(1) 用户宏程序与子程序相似,也能寄存和编辑。

(2) 可以在自动操作方式下指定宏调用,但在自动操作期间不能转换到 MDI 方式。也不能在 MDI 操作方式下应用宏调用。

(3) 不能用顺序号搜索用户宏程序。

(4) 如果"/"出现在算术表达式的中间,则被认为是除号。

(5) 在表达式中使用的常数取值范围是:$+0.000\ 0001 \sim +99\ 999\ 999, -99\ 999\ 999 \sim -0.000\ 0001$. 有效数值是 8 位（十进制）,如果超出这个范围,出现 P/S 报警 NO003。

6) 用户宏程序编程举例

例 3.10 切圆台与斜方台,各自加工 3 个循环,要求倾斜 $10°$ 的斜方台与圆方台相切,圆台在方台之上,如图 3-40 所示。用户宏程序如下:

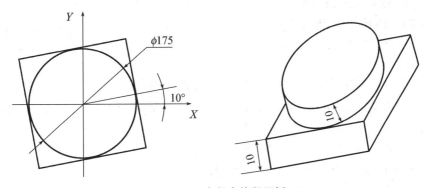

图 3-40　宏程序编程示例

O0003;

♯10=10;	圆台阶高度
♯11=10.0;	方台阶高度
♯12=124.0;	圆外定点的 X 坐标值
♯13=124.0;	圆外定点的 Y 坐标值
♯701=13.0;	刀具半径（粗加工）
♯702=10.2;	刀具半径（半精加工）
♯703=10.0;	刀具半径（实际半径,精加工）
N01　G92　X0.0　Y0.0　Z0.0;	
N02　G28　Z10　T02　M06;	自动回参考点,换刀
N03　G29　Z0　S10　M03;	单段走完此段,手动移刀到圆台面中心上

```
N04    G92    X0.0    Y0.0    Z0.0;
N05    G00    Z10;
#0=0;                                   #0作为循环计数变量
N06    G00    X[－#12]Y[－#13];          快速定位到圆外(－#12,－#13)
N07    G01    Z[－#10]    F300;          Z向进刀－#10 mm
WHILE[#0LT3]DO1;                        加工圆台
N[08+#0×6]G01    G42    X[－#12/2]    Y[－175/2]    F280.0    D[#0+1];
N[09+#0×6]    X[0]    Y[－175/2];
N[10+#0×6]    G03    J[175/2];
N[11+#0×6]    G01    X[#12/2]    Y[－175/2];
N[12+#0×6]    G40    X[#12]    Y[－#13];
N[13+#0×6]    G00    X[－#12];
Y[－#13];
#0=#0+1;
END1;
N100    G01    Z[－#10－#11]    F300;
#2=175/COS[55×PI/180];
#3=175/SIN[55×PI/180];
#4=175×COS[10×PI/180];
#5=175×SIN[10×PI/180];
#0=#0;
WHILE[#0LT3]DO2;                        加工斜方台
N[101+#0×6]    G01    G90    G42    X[－#2]    Y[－#3]    F280.0    D[#0+1];
N[102+#0×6]    G91X[+#4]    Y[+#5];
N[103+#0×6]    X[－#5]    Y[+#4];
N[104+#0×6]    X[－#4]    Y[－#5];
N[105+#0×6]    X[+#5]    Y[－#4];
N[106+#0×6]    G00    G90    G40    X[－#12]    Y[－#13];
#0=#0+1;
END2;
N200    G28    Z10    T00    M05;
N201    G00    X0    Y0    M06;
M02;
```

2. Sinumerik 参数编程与跳转语句

（1）计算参数 R

要使一个 NC 程易于修改并适合多次加工,可以考虑使用计算参数 R 编程。用户可以在程序运行时由控制器计算或设定所需要的数值,也可以通过机床操作面板来设定 R 参数数值。参数一经赋值,则它们可以在程序中对变量地址进行赋值。

R 变量范围:R0～R299

R 赋值范围:可以在数值范围内给计算参数 R 赋值,最多 8 位(包括符号和小数点)

在取整数值是可以去除小数点。正号可以省略。例:

R0＝3.567　R1＝−37.345　R2＝2　R3＝−7　R4＝−4567.1234

用指数表示可以赋值更大的范围:±(10−300～10＋300). 指数值写在 EX(EX 范围为−300～＋300)符号之后,最大位数 10(包括符号和小数点),例如:

R0＝−0.1EX−5;相当于 R0＝−0.000 000 1。

R1＝1.874EX8;相当于 R1＝187 400 000。

一个程序段中可以有多个赋值语句,也可以用计算表达式赋值。

通过给其他的 NC 地址分配计算参数或参数表达式,可以增加 NC 程序的通用性。可以用数值、算术表达式或 R 参数对任意 NC 地址赋值,但对地址 N、G 和 L 例外。赋值是在地址符之后写入符号"＝"。赋值语句也可以赋值一个负号。给坐标轴地址赋值是,要求有一独立的程序段,例如:

N10　G0＝R2;　　给 X 轴赋值

西门子的算术逻辑运算采用直接输入运算公式的方式实现,计算参数遵循通常的数学运算规则:圆括号内的运算优先进行,乘法和除法运算优先于加法和减法运算。角度计算单位为度,见表 3−5 中的 R 参数编程举例。

表 3−5　R 参数编程

程　序	说　明
N10　R1　＝R1＋1	由原来的 R1 加上 1 后得到新的 R1
N20　R1　＝R2＋R3　R4＝R5−R6　R7＝R8×R9　R10＝R11/R12	允许的算术运算式
N30　R13＝SIN(25.3)	R13 等于 25.3°正弦
N40　R14＝(R1×R2)＋R3	乘法和除法运算优先于加法和减法运算
N50　R14＝R3＋R2×R1	与 N40 一样
N60　R15＝SQRT(R1×R1＋R2×R2)	$R15＝\sqrt{R1^2＋R2^2}$

(2) 局部用户变量 LUD

用户或编程人员可以在程序中定义自己的不同数据类型的变量(LUD)。对于 Sinumerik802D,最多可定义 200 个 LUD。

这些变量只出现在定义它们的程序中。这些变量在程序的开头定义且可以为它们赋值。用户可以定义变量名称,命名时应遵守以下规则:最大长度 32 个字符;起始的两个字符必须是字母,其他的字符可以是字母、下划线或数字;系统中已经使用的名字(NC 地址、关键字、程序名、子程序名)不能再使用。

定义 LUD 变量的数据类型包括布尔(BOOL)、字符串(CHAR)、整型(INT)和实型(REAL),每段程序只能定义一种变量类型,但是,在同一程序段中可以定义具有相同类型的几个变量,例如:

DEF INT PVAR1,PVAR2,PVAR3＝12,PVAR4;定义了 4 个 INP 类型的变量,分别是 PVAR1、PVAR2、PVAR3、PVAR4

除了单个变量,还可以定义这些数据类型变量的一维或二维数组变量,例如:

DEF　INT PVAR5[n]；　　　　定义 INT 类型的一维数组变量 PVAR5,n 为整数

DER　INT　PVAR6[n,m]；　　定义 INT 类型的二维数组变量 PVAR6,n、m 为整数

西门子系统的这一功能使其编程方式更加接近于高级语言的编程,使程序的灵活性大大增加。

(3) 程序跳转语句

① 标记符—程序跳转目标

标记符用于标记程序中所跳转的目标程序段,用跳转功能可以实现程序运行的分支。标记符可以自由选取,但必须为冒号。标记符位于程序段首。如果程序段有段号,则标记符跟着段号。在一个程序中,标记符不能有其他意义。例如:

N10　MARKE1:G1　X20；　　　　MARKE1 为标记符,跳转目标程序段

……

TR789:G0X10　Z20；　　　　TR789 为标记符,跳转目标段没有程序段号

② 绝对跳转

NC 程序在运行时以写入时的顺序执行程序段。在运行时可以通过插入程序跳转指令改变执行顺序,跳转目标只能是有标记符的程序段,且此程序段必须位于该程序之内。绝对跳转指令必须占用一个独立的程序段。

格式:

GOTOF Label；　　　向程序结束方向跳转,Label 为所选的标记符

GOTOB Label；　　　向程序开始方向跳转,Label 为所选的标记符

编程举例:

N10　G0　X……Z……

……

N20　GOTOF MARKEO；　　　　跳转到标记符 MARKEO

……

N50　MARKEO:R1＝R2＋R3；　　　跳转目标程序段

……

③ 有条件跳转

IF 条件语句表示有条件跳转,如果满足跳转条件(也就是值不等于零)则进行跳转。跳转目标只能是有标记符的程序段,且此程序段必须位于该程序之内。有条件跳转指令要求占用一个独立的程序段。

格式:

IF〈条件〉GOTOF Label；　　　向程序结束方向跳转,Label 为所选的标记符

IF〈条件〉GOTOB Label；　　　向程序开始方向跳转,Label 为所选的标记符

条件:作为条件的计算参数或计算表达式

比较运算结果有两种,一种为"满足",一种为"不满足"。"不满足"时运算结果为零。编程举例:

N10　IF R1　GOTOF MARKE1；　　　R1 不等于零时,跳转到 MARKE1 程序段

……

N100 IF R1＞1 GOTOF MARKE2； R1 大于 1 时,跳转到 MARKE2 程序段

N1000 IF R45＝＝R7＋1 GOTOB MARKE3；R45 等于 R7 加 1 时,跳转到
              MARKE3 程序段

例 3.11 要求使用程序跳转功能,在如图 3-41 所示的圆弧上从 Pt.1 移动到 Pt.11 编制的程序如下:

N10 R1＝30 R2＝32 R3＝10 R4＝11 R5＝50 R6＝20;在程序段 N10 中给相
                  应的计算参数赋值

N20 MARKE1;G0 Z＝R2 * COS(R1)＋R5 在 N20 中进行坐标轴 X 和 Z 的数
    X＝R2 * SIN(R1)＋R6; 值计算并进行赋值

N30 R1＝R1＋R3 R4＝R4－1; 在程序段 N30 中 R1 增加 R3 角度,R4 减小数值 1

N40 IF R4＞0 GOTOB MARKE1;如果 R4＞0,重新执行 N20,否则运行 N50

N50 M02;

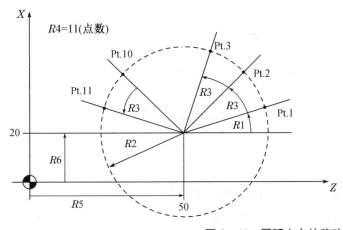

起始角 R1＝30°
圆弧半径 R2＝32 mm
位置间隔 R3＝10°
点数 R4＝11
圆心位置 R5＝50 mm(Z 轴方向)
圆心位置 R6＝20 mm(X 轴方向)

图 3-41 圆弧上点的移动

3.9 轮廓加工

3.9.1 盖板外轮廓加工

加工如 3-42 所示的盖板零件,材料为 45♯钢,厚度为 15 mm。图 3-42 为一盖板零件,材料为 45♯钢,厚度为 15 mm,$\phi 50^{+0.04}_{0}$ 孔、2×ϕ20 孔及两端面已加工,要求加工 4×ϕ6.5 孔及精加工零件外部轮廓。

1. 图样分析

材料为 45♯钢,加工性能良好,从经济和效率角度出发,此零件用三坐标数控铣床或加工中心加工较为合适。

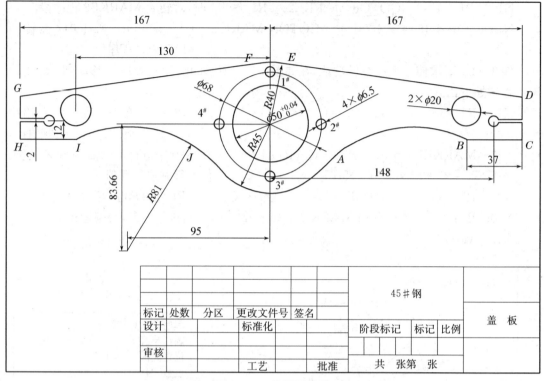

图 3-42 盖板零件图

2. 工艺分析

根据图样分析,材料的加工性能较好,铣削外轮廓刀具选择 $\phi 20$ 立铣刀,刀具材料采用普通的高速钢(HSS),沿轮廓铣削一周就可去处余量。可采用一次切削,切削深度为 15 mm。因为只需一次装夹即可完成所有加工内容,故确定一道工序、两个工步完成零件的加工。

工步一:精铣外轮廓到图样要求尺寸。

工步二:采用 $\phi 6.5$ 的麻花钻钻孔。

3. 确定走刀路线

① 加工顺序的确定。先铣外轮廓,加工路线为 A→B→C→D→E→F→G→H→I→J→A;再钻 $4 \times \phi 6.5$ 孔,加工顺序为 1#→2#→3#→4#。

② 数值计算。使用 AutoCAD 等软件将图形绘制出来,查出基点坐标如下。

A(33.929,−29.79),B(133.987,−12),C(167,−12),D(167,20),E(4.756,39.43),F(−4.756,39.43),G(−167,20),H(−167,−12),I(−133.987,−12),J(−33.929,−29.79)。

$4 \times \phi 6.5$ 孔中心坐标为:1#(0,34),2#(34,0),3#(0,−34),4#(−34,0)。

4. 确定工件装夹方案

工件的定位要遵守六点定位原则。在选择定位基准时,要全面考虑工件的加工情况,保证工件定位准确,装卸方便,能迅速完成工件的定位和夹紧,保证各项加工精度,应尽量选择工件上的设计基准为定位基准。此零件宜采用底面及轮廓下边缘两直线作为定位基准。采用定位板将零件垫起,同时,用 3 个螺钉、压板装卡,压紧点在两个工艺孔及 $\phi 50$ 孔处,提高压紧力,防止螺母松动。

5. 确定加工所用各种工艺参数

切削条件的好坏直接影响加工的效率和经济性,这主要取决于编程人员的经验,工件的材料及形状,机床、刀具、工件的刚性,加工精度、表面质量要求和冷却系统等。具体参数见表 3-6,3-7。

表 3-6 数控加工工艺卡片

工序号	程序编号	夹具名称	夹具编号	材料	使用设备	
1	O2000	压板		45#钢		
工步号	工步内容	刀具号	刀具规格/mm	主轴转速 /r·min^{-1}	进给速度 /mm·min^{-1}	切深/mm	备注
1	加工轮廓	T01	$\phi 20$ 立铣刀	500	200	15 mm	
2	钻孔	T02		500	20	15 mm	

表 3-7 数控加工刀具及其补偿

编号	刀具名称	刀具规格	数量	用途	刀具材料	加工性质	刀具补偿	
							H/mm	D/mm
1	T01	$\phi 20$ 立铣刀	1	铣外轮廓	高速钢	精铣外轮廓	H01	D01=10 mm
2	T02	$\phi 6.5$ 麻花钻	1	钻孔	高速钢	钻孔	H02	0

6. 编写加工程序

为方便计算与编程,选用 $\phi 50^{+0.04}_{0}$ 孔中心为坐标系原点,上表面为 Z 向零点。用 FANUC-0i 数控系统指令及规则编写程序如表 3-8 所示。

表 3-8 数控加工程序

程序内容	程序说明
O0005;	程序号
N10 G90 G17 G40 G49 G80 G21 G69 G15;	注销
N15 S500 M03;	主轴正转 500 r/mm
N20 G54 G00 X0 Y0 Z80.0	快速进给到原点
N25 G01 X30. Y−50.0 M08 F200;	直线插补到(30,−50),进给速度 200 mm/min,冷却开
N30 G43 H01 Z−20.0;	刀具长度正补偿,地址 H01,刀具下到 Z−20
N40 G42 D01 X33.929 Y−29.79;	刀具半径右补偿,地址 D01,直线插补到 A 点
N50 G02 X133.987 Y−12.0 I61.071 J−53.21;	顺圆弧插补 A→B
N60 G01 X167.0;	直线插补 B→C
N70 Y20.0;	C→D
N80 X4.756 Y39.43;	D→E
N90 G03 X−4.756 Y39.43 I−4.756 J−39.716;	逆圆弧插补 E→F

（续表）

程序内容	程序说明
N100　G01　X－167.0　Y20.0；	直线插补 F→G
N110　Y－12.0；	G→H
N120　X－133.987；	H→I
N130　G02　X－33.929　Y－29.79.I38.987	顺圆弧插补 I→J
J－71；	
N140　G03　X33.929　I33.929　J29.561；	逆圆弧插补 J→A
N150　G00　Z80.0；	快速抬刀到 Z80
N160　G40　X0　Y0　M09；	取消刀具补偿，冷却关
N170　G49　M00；	手动换 φ6.5 麻花钻
N180　G90　S530　M03；	绝对坐标，主轴正转 530 r/mm
N190　G00　G43　H02　Z30.0　M08；	快速定位到 Z30 mm 高，刀具长度正补偿，地址 H02
N200　G99　G81　X0　Y34.0　Z－20.0　R5.0　F20.0；	钻 1♯孔
N210　X34.0Y0；	钻 2♯孔
N220　X0　Y－34.0；	钻 3♯孔
N230　X34.0　Y0；	钻 4♯孔
N240　G80；	取消钻孔循环
N250　G00　Z80.0　M09；	快速抬刀到 Z80 处，冷却关
N260　M30；	程序结束

7. 进行零件加工

(1) 装刀

本任务共使用 2 把刀具，安装时要严格按照步骤来执行，并要检查刀具安装的牢固程度。

(2) 试切对刀，建立工件坐标系

X、Y 向对刀：

① 选择一把刀具作为标准刀具，通过换刀指令安装至主轴上；

② 用 MDI 方式使主轴旋转（转速不宜过高，在 600 r/min 之内），在工件上方将刀具快速移至工件左方，Z 轴下刀到一定深度，在手轮方式下试切工件侧面，当稍微出现铁屑时，停止进刀，记下此时机床 X 坐标值 A。

③ 手动提刀，Z 轴移动至工件上方，在相对坐标里将 X 坐标清零，此时 X 坐标值为 0。

④ 用 MDI 方式再次使主轴旋转，在工件上方将刀具快速移至工件的右方，Z 轴下刀至一定深度，在手轮方式下将刀具试切侧面，当稍微出现铁屑时，停止进刀，记下此时机床 X 坐标值 B。

⑤ 手动提刀，在工件坐标系 G54～G59 中对应的 X 位置输入 XB/2，在操作软件点测量。

⑥ 同样，完成 Y 向对刀。

Z 轴对刀：

Z 轴对刀需要加工所用的刀具找正。可用已知厚度的塞尺作为刀具与工件的中间衬垫，以保护工件表面，将所用的 2 把刀具依次分别移动至塞尺上面，空隙合适，记下每一把刀具的机械坐标中的 Z 坐标值,将其输入到对应的刀具长度补偿单元 H01、H0 等参数代号中,同时将 G54～G59 中对应的 Z 位置置零。

（3）程序输入与调试

当所有的准备工作完成时,先不要急于加工工件,程序的模拟仿真是个不能省略的过程,为了使得程序的质量得到保证,在加工之前先要对程序进行模拟验证,检查程序。

有些铣床/加工中心有自己的模拟功能,那样最好在机床上直接模拟,查看刀具的运动路线是否和我们想要的路线一致,如果一致,则可以加工;如果不一致,说明可能存在错误,应当检查程序,直到模拟的结果正确为止。

对于没有模拟功能的铣床/加工中心,我们可以采用在计算机上利用仿真软件进行模拟,直到程序无误,方可进行加工。

（4）首件试切

当一切准备就绪后,现在可以加工工件了。

先将"快速进给"和"进给速率调整"开关的倍率打到"零"上,启动程序,慢慢地调整"快速进给"和"进给速率调整"旋钮,直到刀具切削到工件。这一步的目的是检验机床的各种设置是否正确,如果不正确有可能发生碰撞现象,我们可以迅速停止机床的运动。

当切到工件后,通过调整"进给速率调整"和"主轴转速"调整旋钮,使得切削三要素进行合理的配合,就可以持续地进行加工了,直到程序运行完毕。

在加工中,要适时的检查刀具的磨损情况以及工件的表面加工质量,保证加工过程的正确,避免事故的发生。每运行完一个程序后,应检查程序的运行效果,对有明显过切或表面光洁度达不到要求的,应立即进行必要地处理,并在机床交接记录本上详细记录。

8.　零件检测

加工完成后工件实体如图 3 - 42 所示,按照图纸地要求和考核评价表进行检测,检查工件是否达到要求尺寸,否则不能拆件,可以在机床上继续修整加工,直到尺寸合格,方可拆件。

3.9.2　凸台外轮廓加工

加工如图 3 - 43 所示零件,零件材料为硬铝,加工部分有凸台和其他轮廓构成,高度 3 mm,零件毛坯为 120 mm×100 mm×10 mm 的方料,已完成上下平面及周边的加工。

1.　图样分析

零件材料为硬铝,切削性能较好,图中主要尺寸注明公差,故要考虑精度问题。从经济和效率角度出发,此零件用三坐标数控铣床或加工中心加工较为合适。

2.　工艺分析

根据图样分析,轮廓加工时材料的切削余量不大,并且材料的切削性能较好,有 R20 的内圆弧面,故选择 φ16 立铣刀,刀具材料不宜采用硬质合金,应采用普通的高速钢（HSS）,沿轮廓铣削一周就可出去全部余量。由于凸台高度只有 3 mm,可采用一次性切削,切削深度为 3 mm。因为只需一次装夹即可完成所有加工内容,故确定一道工序、两个工步完成零件的加工。

工步一为粗铣二维凸台轮廓,留 0.25 mm 的单边余量。

工步二为精铣凸台轮廓到图样要求。

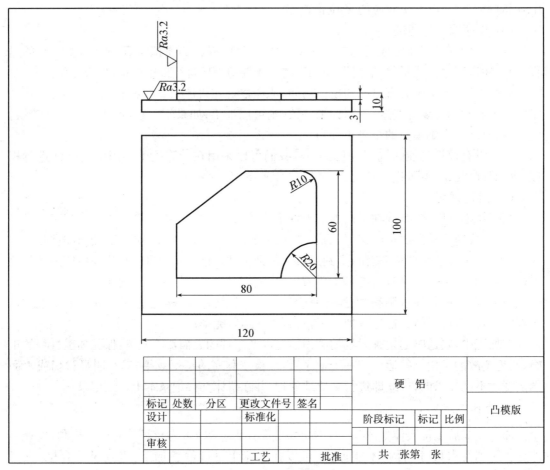

图 3-43 凸模版零件图

3. 确定走刀路线

工步一、工步二均采用顺铣的方式铣削。路线相同。

4. 确定工件装夹方案

以已加工的底面和侧面作为定位基准,在机用虎钳上夹紧工件,钳口高度为 50 mm,工件顶面高于钳口 10～15 mm,工件底面用垫块托起,在虎钳上夹紧前后两侧面。虎钳用 T 形槽用螺栓固定在铣床工作台上。

5. 确定加工所用各种工艺参数

切削条件的好坏直接影响加工的效率和经济性,这主要取决于编程人员的经验,工件的材料及形状,机床、刀具、工件的刚性,加工精度、表面质量要求和冷却系统等。具体参数见表 3-9,3-10(立铣刀的刃数为 3)。

表 3-9　数控加工工艺卡片

工序号	程序编号	夹具名称	夹具编号	材料	使用设备	
1	O1000	机用虎钳		铝合金	加工中心	
工步号	工步内容	刀具号	刀具规格/mm	主轴转速/r·min⁻¹	进给速度/mm·min⁻¹	切深/mm · 备注
1	粗铣凸台	T01	φ16 键槽铣刀	1 300	390	3
2	精铣凸台	T02	φ16 键槽铣刀	1 900	450	3

表 3-10　数控加工刀具及其补偿

编号	刀具名称	刀具规格	数量	用途	刀具材料	加工性质	刀具补偿 H/mm	刀具补偿 D/mm
1	立铣刀	φ16	1	铣凸台	高速钢	粗铣凸台	H01	D01=8.25
2	立铣刀	φ16	1	铣凸台	高速钢	精铣凸台	H02	D01=8

注:H01、H02 数值根据具体对刀情况而定。

6. 编写加工程序

为方便计算,工件坐标系零点设在毛坯的上表面中心处。用 FANUC-0i 数控系统指令及规则编写程序如表 3-11 所示。

表 3-11　数控加工程序

程序内容	程序说明
O1000;	程序号
N10　G90　G54　G00　X0　Y0;	设置工件零点于工件中心位置
N20　G43　H01　Z10;	选择刀具并建立刀具长度补偿
N30　S1300　M03;	启动主轴正转,转速为 1 300 r/min
N40　G00　X-70　Y-70　Z2;	快速移动到工件左下角下刀点上方
N50G01　Z-3　F100;	切入工件
N60G41　G01　X-40　Y-40　D01;	建立刀具半径左补偿
N70　Y0　X0;	直线插补
N80　Y30;	直线插补
N90　X30;	直线插补
N100　G02　X40　Y20　R10;	圆弧插补
N110G01　Y-10;	直线插补
N120G03　X10　Y-30　R20;	圆弧插补
N130G01　X-45;	直线插补
N140　G40　G00　X-60　Y-50;	取消刀具半径补偿
N150　G00　Z200　G49;	抬刀到起始平面,取消刀具长度补偿
N160　X0　Y0;	刀具回到零点
N170　M05;	主轴停转
N180　M02;	程序结束

7. 进行零件加工

按照程序输入、程序校验及加工轨迹仿真、装夹工件、对刀操作、首件试切、检验等操作步骤,根据制定的工艺方案和编制的程序,完成零件的加工。

3.9.3　内轮廓加工

如图 3-44 所示,零件材料为硬铝,加工部分由内轮廓构成,厚度为 20 mm。零件毛坯为 100 mm×100m×20 mm 的方料,已完成上下平面及周边的加工。

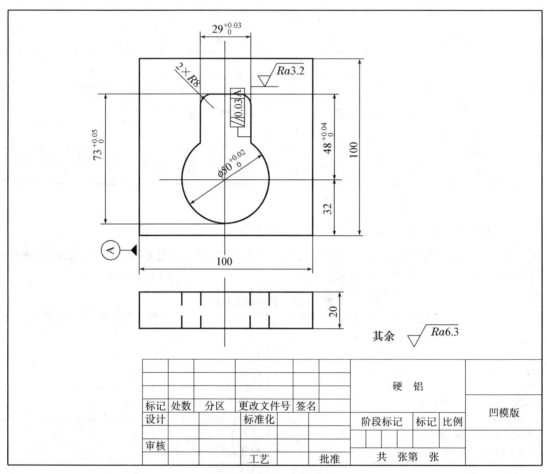

图 3-44　凹模版零件图

1. 图样分析

零件材料为硬铝,切削性能较好,图中主要尺寸注明公差,故要考虑精度问题。从经济和效率角度出发,此零件用三坐标数控铣床或加工中心加工较为合适。

2. 工艺分析

根据图样分析,材料的切削性能较好,铣削内轮廓刀具选择 2 刃 ϕ12 键槽铣刀,刀具材料采用普通的高速钢(HSS),沿轮廓铣削一周就可去处余量。由于内轮廓深度有 20 mm,可采用两次切削,第一次切削深度为 10 mm,第二次切削深度为 10.5 mm。因为只需一次装夹即可完成所有加工内容,故确定一道工序、四个工步完成零件的加工。

工步一在距毛坯左边 50 mm、底边 32 mm 处,采用直径 ϕ4 的中心钻钻一个深为 4 mm

的中心孔。

工步二采用 $\phi 12$ 的麻花钻在中心孔处加工一个深为 25 mm 的预制工艺孔。

工步三为粗铣内轮廓,单边留 0.5 mm 加工余量。

工步四为精铣内轮廓到图样要求尺寸。

3. 确定走刀路线

工步一:中心钻移到中心孔上面 2 mm 处 Z 向进刀到工件上表面下方 4 mm 处。

工步二:麻花钻移到中心孔上面 2 mm 处 Z 向进刀到工件下表面下方 25 mm 处。

工步三:键槽铣刀从预制孔处软切入,对内轮廓顺时针逆铣粗加工。走刀路线如图 3-46 所示,从工件毛坯上方 20 mm 处的 $S(0,0,20)$ 点起刀,垂直进刀到切削深度,在 $P(-14.5,0)$ 建立刀具半径右补偿,A 点作为切入点,随后按图 3-45 所示 $A \rightarrow B \rightarrow C \rightarrow D \rightarrow E \rightarrow F \rightarrow A \rightarrow Q$ 的路线进给,最后进给到坐标原点并撤销刀具半径补偿,刀具 Z 向返回起刀点。

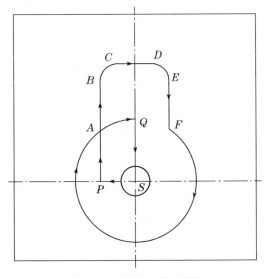

图 3-45 粗加工走刀路线

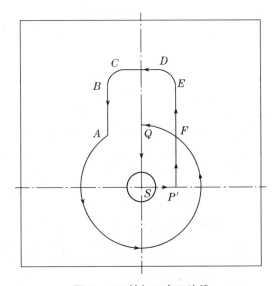

图 3-46 精加工走刀路线

工步四:键槽铣刀从预制孔处软切入,对内轮廓逆时针顺铣精加工。走刀路线如图 3-46 所示,从工件毛坯上方 20 mm 处的 $S(0,0,20)$ 点起刀,垂直进刀到切削深度,在点 $P'(14.5,0)$ 建立刀具半径左补偿,F 点作为切入点,随后按图 3-46 所示 $F \rightarrow E \rightarrow D \rightarrow C \rightarrow B \rightarrow A \rightarrow F \rightarrow Q$ 的路线进给,最后进给到坐标原点并撤销刀具半径补偿,刀具 Z 向返回起到点。

4. 确定工件装夹方案

加工内轮廓时,用两块标准垫块垫在工件下面,使用机用虎钳夹持工件侧面。注意垫起位置在零件轮廓的外侧,要防止在加工过程中妨碍刀具切削。

5. 确定加工所用各种工艺参数

切削条件的好坏直接影响加工的效率和经济性,这主要取决于编程人员的经验,工件的材料及形状,机床、刀具、工件的刚性,加工精度、表面质量要求和冷却系统等。具体参数见

表 3-12,3-13(立铣刀的刃数为 3)。

表 3-12　数控加工工艺卡片

工序号	程序编号	夹具名称	夹具编号	材料	使用设备	
1	O2000	机用虎钳		铝合金	加工中心	
工步号	工步内容	刀具号	刀具规格/mm	主轴转速 /r·min⁻¹	进给速度 /mm·min⁻¹	切深/mm	备注
1	钻中心孔	T02	A2	1 000	50	4	
2	钻工艺孔	T03	φ12 麻花钻	1 000	50	20	
3	粗铣内轮廓	T04	φ12 键槽铣刀	2 300	100	10	
4	精铣内轮廓	T04	φ12 键槽铣刀	3 200	320	0.5	

表 3-13　数控加工刀具及其补偿

编号	刀具名称	刀具规格	数量	用途	刀具材料	加工性质	刀具补偿	
							H/mm	D/mm
2	中心钻	A2	1	钻孔	高速钢	钻中心孔	H02	0
3	麻花钻	φ12	1	钻孔	高速钢	钻工艺孔	H03	0
4	键槽铣刀	φ12	1	铣内轮廓	高速钢	粗铣内轮廓	H04	D04=6.5
						精铣内轮廓		D04=6.5

注:H01、H02 数值根据具体对刀情况而定。

6. 编写加工程序

工件坐标系零点设在距毛坯左边 50 mm、底边 32 mm 的上表面中心处。用 FANUC-0i 数控系统指令及规则编写程序,如下表 3-14 所示。

表 3-14　数控加工程序

程序内容	程序说明
O2000;	程序号
N10　G90　G17　G40　G49　G80　G21　G69　G15;	注销
N20　T02　M06;	换中心钻
N30　M03　S1000;	主轴正转,转速为 1 000 r/min
N40　G54　G00　X0　Y0;	建立工件坐标系,刀具快速移动到编程原点位置
N50　G43　Z20　H02;	建立刀具长度补偿 H01,Z 向下刀,至工件上方 20 mm 的安全高度
N55　G98　G81　X0　Y0　Z-4　R5　F50;	
N60　G80;	钻中心孔,进给速度为 50 mm/min
N65　G00　Z100;	取消长度补偿 Z 向提刀
N70　G49;	
N75　T03　M06;	换 φ12 麻花钻
N80　M03　S1000;	主轴正转,转速为 1 000 r/min
N90　G43　Z20　H03;	建立刀具长度补偿 H03

（续表）

程序内容	程序说明
N100 G98 G83 X0 Y0 Z-25 R5 Q4000 　　　F50；	钻工艺孔
N110 G80；	取消长度补偿 Z 向提刀
N115 G00 G49 Z100；	
N120 T04 M06；	换 ϕ12 键槽铣刀
N125 M03 S2300；	主轴正转,转速为 1 000 r/min
N130 G43 Z20 H04；	
N135 G00 X0 Y0；	
N140 G01 Z-10 F100；	
N150 G42 X-14.5 D04；	直线插补到 P 点并建立刀具补偿,D04＝6.5 mm
N160 Y40；	直线插补到 B
N170 G02 X-6.5 Y48 R8；	直线插补到 C
N175 G01 X6.5；	直线插补到 D
N180 G02 X14.5 Y40 R8；	直线插补到 E
N185 G01 Y20.37；	直线插补到 F
N190 G02 X0 Y25 R-25；	直线插补到 Q
N200 G01 G40 Y0；	
N210 Z-20.5；	Z 向进刀刀工件上表面下方 20.5 mm 处
N220 G42 X-14.5 D04；	
N230 Y40；	
N240 G02 X-6.5 Y48 R8；	
N250 G01 X6.5；	
N260 G02 X14.5 Y40 R8；	
N270 G01 Y20.37；	
N280 G02 X0 Y25 R-25；	
N290 G01 G40 Y0；	
N300 M03 S3200；	
N310 G01 G41 Y14.5 D05 F320；	直线插补到 P' 点并建立补偿 D05＝6 mm
N320 Y40；	
N330 G03 X6.5 Y48 R8；	
N340 G01 X-6.5；	
N350 G03 X-14.5 Y40 R8；	
N360 G01 Y20.37；	
N370 G03 X0 Y25 R-25；	
N380 G01 G40 Y0；	直线插补到原点,并取消刀具半径补偿
N390 G00 G49 Z100；	取消长度补偿 Z 向提刀
N400 M05；	主轴停止
N410 M30；	程序结束

7. 进行零件加工

按照程序输入、程序校验及加工轨迹仿真、装夹工件、对刀操作、首件试切、检验等操作步骤,根据制定的工艺方案和编制的程序,完成零件的加工。

3.10 孔系加工

训练目的

1. 能根据工艺要求确定孔的加工方案;
2. 能选择加工孔的刀具及选择合理的切削用量;
3. 能确定钻孔走刀路线,能正确确定刀具补偿参数。

3.10.1 孔的加工

零件如图 3-47 所示,材料为硬铝,加工部分由通孔构成,零件毛坯为 75 mm×50 mm×20 mm 的方料,已完成上下平面及周边的加工。

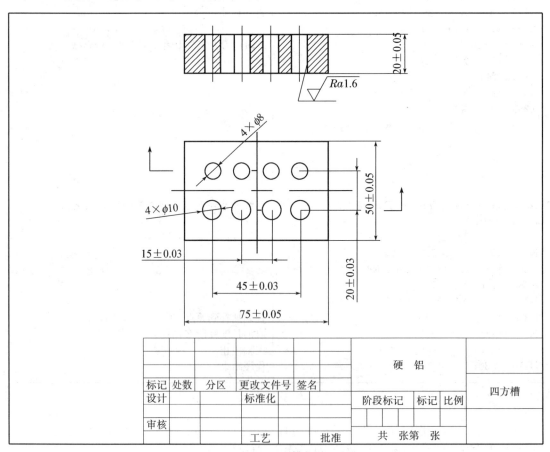

图 3-47 四方槽零件图

1. 图样分析

零件材料为硬铝,切削性能较好,图中主要尺寸注明公差,故要考虑精度问题。从经济和效率角度出发,此零件用三坐标数控铣床或加工中心加工较为合适。

2. 工艺分析

根据图样分析,材料的切削性能较好。选 φ2.5 中心钻,刀具材料不宜采用硬质合金,应采用普通的高速钢,钻 8 个 φ2.5 的中心孔,再选择 φ8 的钻头,材料为高速钢钻 8 个孔;接着选择 φ9.8 的钻头,材料为高速钢,钻 4 个孔;最后选择 φ10H7 的机用铰刀,铰孔。

因只需一次装夹即可完成所有的加工内容,故确定一道工序、四个工步完成零件的加工。

工步一:钻 8×φ2.5 中心孔。

工步二:钻削 8×φ8 的孔,因 φ10 的孔较大,可先用 φ8 或更小的钻头预钻小孔。

工步三:钻削 4×φ9.8 的孔。

工步四:铰削 4×φ10H7 的孔。

3. 确定走刀路线

工步一:钻 8×φ2.5 中心孔。见图 3-48,走刀路线为 $A→B→C→D→E→F→G→H$。

工步二:依次钻削 8×φ8 的孔,见图 3-48,走刀路线为 $A→B→C→D→E→F→G→H$。

工步三:钻削 4×φ9.8 的孔,见图 3-48,走刀路线为 $E→F→G→H$。

工步四:铰削 4×φ10H7 的孔,见图 3-48,走刀路线为 $E→F→G→H$。

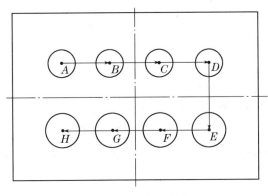

图 3-48 走刀路线

4. 确定工件装夹方案

以已加工的底面和侧面作为定位基准,在机用虎钳上装夹工件,钳口高度为 50 mm,工件顶面高于钳口 10~14 mm,工件底面用垫块托起,在虎钳上夹紧前后两侧面。虎钳用 T 形槽用螺栓固定在铣床工作台。垫块注意让位孔的位置。

5. 确定加工所用各种工艺参数

切削条件的好坏直接影响加工的效率和经济性,这主要取决于编程人员的经验,工件的材料及形状,机床、刀具、工件的刚性,加工精度、表面质量要求和冷却系统等。具体参数见表 3-15,3-16。

表 3-15　数控加工工艺卡片

工序号	程序编号	夹具名称	夹具编号	材料	使用设备	
1	O0010	机用虎钳		铝合金	加工中心	
工步号	工步内容	刀具号	刀具规格/mm	主轴转速/r·min⁻¹	进给速度/mm·min⁻¹	切深/mm　备注
1	钻中心孔	T01	φ2.5 中心钻	1 500	80	3
2	钻φ8的孔	T01	φ8 钻头	1 000	100	38
3	钻φ9.8的孔	T02	φ9.8 钻头	800	120	38
4	铰削φ10H7的孔	T03	φ10H7 铰刀	300	30	32

表 3-16　数控加工刀具及其补偿

编号	刀具名称	刀具规格	数量	用途	刀具材料	加工性质	刀具补偿	
							H/mm	D/mm
1	中心钻	φ2.5	1	钻中心孔	高速钢	点钻	H01	D01＝0
2	钻头	φ8	1	钻孔	高速钢	钻孔	H02	D02＝0
3	钻头	φ9.8	1	钻孔	高速钢	钻孔	H03	D03＝0
4	铰刀	φ10H7	1	铰孔	高速钢	铰孔	H04	D04＝0

6. 编写加工程序

为方便计算,工件坐标系零点设在毛坯的上表面中心处。采用寻边器对刀或试切对刀方法。用 FANUC-0i 数控系统指令及规则编写程序,如下表 3-17 所示。

表 3-17　数控加工程序

程序内容	程序说明
O0010;	程序号
N10　G90　G17　G40　G49　G80　G69　G15;	注销
N20　T1　M06;	φ2.5 中心钻
N30　S1500　M03;	
N40　G54　G00　X50　Y50;	
N50　G43　H1　Z10;	
N60　M08;	
N70　G99　G81　X－22.5　Y10　Z－3　R5　F80;	钻中心孔
N80　X－7.5 ;	
N90　X7.5 ;	
N100　X22.5 ;	
N110　X22.5　Y－10;	
N120　X7.5;	
N130　X－7.5;	
N140　X－22.5;	
N145　G80;	
N150　M09;	

（续表）

程序内容	程序说明
N160　G49　G00　Z100；	$\phi8$ 钻头
N170　T2　M06；	
N180　S1000　M03；	
N190　G54　G0　X50　Y50；	
N200　G43　H2　Z10；	
N210　M08；	钻 $\phi8$ 孔
N220　G99　G83　X－22.5　Y10　Z－38　R5　Q6 F100；	
N230　X－7.5；	
N240　X7.5；	
N250　X22.5；	
N260　X22.5　Y－10；	
N270　X7.5；	
N280　X－7.5；	
N290　X－22.5；	
N295　G80；	
N300　M09；	$\phi9.8$ 钻头
N310　G49　G00　Z100；	
N320　T3　M06；	
N330　S800　M03；	
N340　G54　G00　X50　Y50；	
N350　G43　H3　Z10；	$\phi9.8$ 孔
N360　M08；	
N370　G99　G83　X22.5　Y－10　Z－38　R5　Q6 F120；	
N380　X7.5；	
N390　X－7.5；	
N400　X－22.5；	
N405　G80；	$\phi10H7$ 铰刀
N410　M09；	
N420　G49　G00　Z100；	
N430　T4　M06；	
N440　S300　M03；	
N450　G54　G00　X50　Y50；	铰 $\phi10H7$ 孔
N460　G43　H4　Z10；	
N470　M08；	
N480　G99　G86　X22.5　Y－10　Z－32　R5　F30；	
N490　X7.5；	
N500　X－7.5；	
N510　X－22.5；	
N520　M05；	
N530　G91　G28　Z0　M09；	
N540　G00　X0　Y0；	
N550　M30；	

7. 进行零件加工

按照程序输入、程序校验及加工轨迹仿真、装夹工件、对刀操作、首件试切、检验等操作步骤，根据制定的工艺方案和编制的程序，完成零件的加工。

3.10.2 密封盖孔的加工

图 3-50 是一个用于高压电器上的密封盖，零件如图 3-49 所示，材料为硬铝，切削性能较好，需加工两个宽度为 97 的侧边并钻 3×φ7 的孔，其他部分已加工完毕。

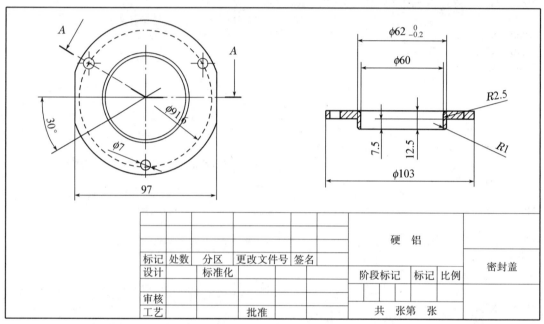

标记	处数	分区	更改文件号	签名	硬　铝		密封盖
设计		标准化			阶段标记	标记　比例	
审核							
工艺			批准		共　张第　张		

图 3-49　密封盖零件图

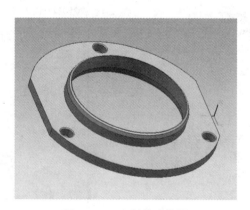

图 3-50　密封盖实体图

1. 图样分析

零件材料为硬铝，切削性能较好。从经济和效率角度出发，此零件用加工中心加工较为合适。为了简化程序方便编程，考虑使用极坐标编程，G16 即极坐标调取指令。

2. 工艺分析

根据图纸分析,孔加工一般需要用中心钻定位,但是该工件材料为切削性能较好的硬铝,况且孔的直径较小,对精度及光洁度也没有做较为严格的要求,可直接使用高速钢钻头一次加工完成。

工步一为麻花钻进行钻孔。

工步二选择硬质合金铣刀铣宽度为97的两个侧边。

3. 确定工件装夹方案

以加工的底面做定位基准,采用三爪自定心卡盘的正爪由内支撑装夹,注意用力不用过大,以防止工件变形。

4. 确定加工所用各种工艺参数

切削条件的好坏直接影响加工的效率和经济性,这主要取决于编程人员的经验,工件的材料及形状,机床、刀具、工件的刚性,加工精度、表面质量要求和冷却系统等。具体参数见表 3-18,3-19。

表 3-18 数控加工工艺卡片

工厂名		数控加工工序卡		产品名称	零件名称	零件图号	材料
平职学院					密封盖		硬铝
工序号	程序编号	夹具名称		夹具编号	使用设备	加工中心	
3	O0415	刀具			加工中心	数控加工实训基地	
工步号	工步内容	T码	规格	辅具	切削用量		
					主轴转速 /r·min^{-1}	进给速度 /mm·min^{-1}	切削速度
1	钻 3×ϕ7 孔	T01	麻花钻ϕ7	JT50-M2-50	2 500	500	
2	铣宽为 97 的侧边	T02	硬质合金铣刀ϕ12	JT50-M2-50	3 500	500	

表 3-19 数控加工刀具及其补偿

编号	刀具名称	刀具规格	数量	用途	刀具材料	加工性质	刀具补偿	
							H/mm	D/mm
1	麻花钻	ϕ7	1	钻孔	高速钢	钻通孔	H01	
2	硬质合金铣刀	ϕ12	1	铣侧边	硬质合金	铣侧边	H02	

5. 编写加工程序

为了计算方便,工件坐标系的零点设在毛坯上表面的中心处。利用百分表,量块确定工件坐标系的零点 O。用 FANUC-0i 数控系统指令及规则编写程序,如表 3-20 所示。

表 3-20 数控加工程序

程序内容	程序说明
O0415； N1； G00　G80　G49　G54　G90；	程序初始化
G91　G28　Z0； M6　T1；	Z 向返回参考点，为换刀做准备调取一号刀
M03　S2000；	主轴正传，转速 2 000 r/min
G43　X0　Y0　Z100　H1； Z20　M08；	调取一号刀长度补偿，快速移动到工件中心上方，打开冷却液
G16　G98；	指定极坐标编程，钻孔结束后返回 R 平面
G83　X45.5　Y30　Z−7　R2　Q9　F500； G91　Y120　K2；	指定 G83 固定循环相关加工参数，指定极坐标半径为 45.5，初始角度 30°在 360°的范围内均布（2＋1）个孔，间隔 120°
G15；	取消极坐标编程
M09　G80； G91　G28　Z0； M1；	关闭冷却液并取消钻孔固定循环 Z 向返回参考点
N2（铣侧边）； M6　T2；	调取 2 号刀
M03　S3500；	启动主轴转速 3 500 r/min
G43　X54.5　Y25　Z100　H2； Z20　M08；	加上刀具半径，快速移动到工件侧边上方，打开切削液
Z−5；	下刀
G01　Y−25　F500；	铣一侧边
G00　Z50； X−54.5； Z−5；	抬刀，并移动刀具到另一侧边上方，下刀
G01　Y25　F500；	铣另一侧边
G91　G28　Z0； G91　G28　Y0； M05； M30；	程序结束，Y、Z 轴返回参考点

6. 进行零件加工

按照程序输入、程序校验及加工轨迹仿真、装夹工件、对刀操作、首件试切、检验等操作步骤，根据制定的工艺方案和编制的程序，完成零件的加工。

3.10.3 密封法兰盘孔的加工

如图 3-52 所示密封法兰盘,材料为 Q235,试加工其零件的各孔,零件如图 3-51 所示。

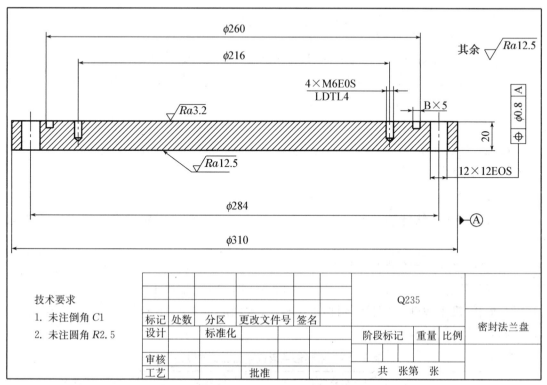

图 3-51 密封盖法兰盘零件图

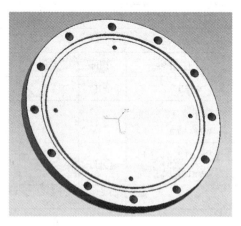

图 3-52 密封法兰盘实体图

1. 图样分析

根据零件特点,用三坐标数控铣床或加工中心加工孔较为合适。

2. 工艺分析

根据图纸分析,该零件孔群加工需要用中心钻定位,钻头钻孔,大钻头倒角,丝锥攻丝等工步,该零件上 12×φ12 的通孔只需要前三步就可完成加工,但是 4×M6 的螺纹孔需要四步才能完成加工。

工步一为选择中心钻分别对 12×φ12 和 4×M6 的孔点钻定位。

工步二选择高速钢钻头钻 φ5.1 的底孔。

工步三为选择高速钢钻头与加工 φ12 的通孔。

工步四为选择 φ18 的高速钢钻头分别对 12×φ12 和 4×M6 的孔倒角去毛刺。

工步五为选择丝锥加工 M6 的螺纹孔。

3. 确定工件装夹方案

以加工的底面做定位基准,采用三爪自定心卡盘的软爪固定装夹,注意清除卡盘爪面上的铁屑,以防止工件装夹不平。

4. 确定加工路线

中心孔定位—钻螺纹底孔 4×φ5.1—钻 12×φ12 的孔—螺纹孔口倒角—攻螺纹 4×M6。

5. 确定加工所用各种工艺参数

切削条件的好坏直接影响加工的效率和经济性,这主要取决于编程人员的经验,工件的材料及形状,机床、刀具、工件的刚性,加工精度、表面质量要求和冷却系统等。具体工艺文件见表 3-21～3-26。

表 3-21 密封法兰盘机械加工工艺过程卡

单位名称		产品名称或代号		零件名称		零件图号	
				密封法兰盘			
材料牌号	毛坯种类	毛坯外形尺寸		每毛坯可制件数		每台件数	
Q235	钢板气割	φ320×23					
工序号	工序名称	工序内容	车间	工段	设备	工艺装备	工时
1	下料	φ320×23	金工		气割机		
2	车	粗精车 φ310 外圆、端面、槽至尺寸	金工		CK6140	三爪卡盘（软爪）	
3	孔加工	12×φ12,4×M6 各孔至尺寸	金工		加工中心	三爪卡盘（软爪）	
4	检验						
编制	审核		批准		年 月 日	共 页	第 页

表 3-22　工序一　数控加工工序卡

单　位	数控加工工序卡片	产品名称或代号		零件名称
				密封法兰盘
工序简图		车　间		使用设备
		金工		气割机
		工艺序号		工序名称
		1		下料
		夹具名称		程序号

$\phi320$　23

工步号	工步作业内容	刀具号	规格	主轴转速	进给速度 /mm·min⁻¹	背吃刀量	备　注
1	下料				0.15		
2	检验				0.1		

表 3-23　工序二　数控加工工序卡

单　位	数控加工工序卡片	产品名称或代号		零件名称
				密封法兰盘
工序简图		车　间		使用设备
		金工		CK6140
		工艺序号		工序名称
		2		车
		夹具名称		程序号
		三爪卡盘		O3014

其余 $\sqrt{Ra12.5}$

$\phi310$　$\phi180$　$\sqrt{Ra3.2}$　7×4　20　$\sqrt{Ra12.5}$

技术要求
1.未注侧角C1
2.未注圆角R2.5

工步号	工步作业内容	刀具号	规格	主轴转速 /r·min⁻¹	进给速度 /mm·min⁻¹	背吃刀量	备　注
1	车端面(见平即可)、车一端 $\phi310$ (部分)至尺寸、倒角 C1	T01	20×20 ×160	1 000	0.15		
2	车另一端面,保证总厚 20 mm 车 $\phi310$(剩余部分)至尺寸、倒角 C1	T01	20×20 ×160	1 000	0.1		
3	车端面槽	T02	20×20 ×160	1 000	0.05		
4	检验						

表 3-24　工序二　数控加工刀具及其补偿卡

编号	刀具名称	刀具规格/mm	数量	用途	刀具材料	加工性质	刀具补偿
1	外圆车刀	20×20×160	1	切端面、外圆	硬质合金	车削	G001
2	端面槽刀	20×20×160	1	端面槽	硬质合金	车削	G002

表 3-25 工序三 数控加工工序卡片

单 位	数控加工工序卡片		产品名称或代号		零件名称
					密封法兰盘
工序简图			车 间		使用设备
			金工		加工中心
			工艺序号		工序名称
			3		孔
			夹具名称		程序号
			三爪卡盘		O3015

工步号	工步作业内容	刀具号	规格	主轴转速 /r·min⁻¹	进给速度 mm·min⁻¹	背吃刀量	备注
1	钻定位孔	T01	A2.5 中心钻	1 000	50		
2	钻螺纹底孔 4×φ5.1	T02	麻花钻 φ5.1	800	100		
3	钻 12×φ12 的孔	T03	麻花钻 φ12	600	100		
4	螺纹孔口倒角	T04	麻花钻 φ18	600	150		
5	攻螺纹 4×M6	T05	丝锥 M6	100	100		
6	检验						

表 3-26 工序三 数控加工刀具及其补偿卡

编号	刀具名称	刀具规格	数量	用途	刀具材料	加工性质	刀具补偿	
							H/mm	D/mm
1	中心钻	A2.5	1	钻定位孔	高速钢	钻定位孔	H01	
2	麻花钻	φ5.1	1	钻孔	高速钢	钻孔	H02	
3	麻花钻	φ12	1	钻孔	高速钢	钻通孔	H03	
4	麻花钻	φ18	1	钻孔	高速钢	倒角	H04	
5	丝锥	M6	1	攻丝	高速钢	攻螺纹	H05	

6. 编写加工程序

为了计算方便,工件坐标系的零点设在零件上表面的中心处。利用百分表,量块确定工件坐标系的零点 O。用 FANUC-0i 数控系统指令及规则编写程序,如表 3-27 所示。

表 3-27 数控加工程序

程序内容	程序说明
O3015； N1； G0 G80 G49 G54 G90；	程序初始化
M6 T1； M3 S1000； G43 X0 Y0 Z200 H1； M8 Z20； G16； G98 G81 X142 Y15 Z−3 R2 F50； G91 Y30 K11； M3 S1000 G90 X108 Y15 Z−3 R2 F00； G91 Y90 K3； G15； M9； G80； G91 G28 Z0；	调取 1 号刀 A2.5 中心钻，以极坐标循环分别对 12×ϕ12 和 4×ϕ5.1 的孔点钻定位
N2； G00 G80 G49 G54 G90； M6 T2； M3 S800； G43 X0 Y0 Z200 H2； M8 Z20； G16； G98 G83 X108 Y15 Z−16 R2 Q4 F100； G91 Y90 K3； G15； M9； G80； G91 G28 Z0；	调取 2 号刀 ϕ5.1 钻头加工 4×M6 螺纹孔的底孔
N3； G00 G80 G49 G54 G90； M6 T3； M3 S600； G43 X0 Y0 Z200 H3； M8 Z20； G16； G98 G83 X142 Y15 Z−25 R2 Q4 F100； G91 Y30 K11； G15； M9； G80； G91 G28 Z0；	调取 3 号刀 ϕ12 钻头加工的通孔 12×ϕ12

（续表）

程序内容	程序说明
N4； G0 G80 G49 G54 G90； M6 T4； M3 S600； G43 X0 Y0 Z200 H4； M8 Z20； G16； G98 G81 X142 Y15 Z−5 R2 F150； G91 Y30 K11； M3 S1200； G90 X108 Y15 Z−2 R2 F100； G91 Y90 K3； G15； M9； G80； G91 G28 Z0；	调取 4 号刀 φ18 麻花钻分别对 12×φ12 和 4×φ5.1 的孔口倒角
N5； G0 G80 G49 G54 G90； M6 T5； G43 X0 Y0 Z200 H5； M8 Z20；	程序初始化，调取 5 号刀，快速移动到工件中心点上方
G16 G94；	指定极坐标循环和分进给模式
M29 S100；	指定刚性攻丝模式，主轴正转 100 r/min
G98 G84 X108 Y15 Z−13 R2 P0 F100； G91 Y90 K3；	指定 G84 固定循环相关加工参数，极坐标半径为 108，初始角度 15°在 360°的范围内循环加工三次，加工四个螺纹孔各孔之间间隔 90°
G15 M9；	取消极坐标编程，关闭切削液
G80；	取消钻孔固定循环
G91 G28 Y0 Z0；	Z、Y 向返回参考点
M5； M30；	程序结束

7. 进行零件加工

按照程序输入、程序校验及加工轨迹仿真、装夹工件、对刀操作、首件试切、检验等操作步骤，根据制定的工艺方案和编制的程序，完成零件的加工。

3.11 凸台曲面加工

训练目的

1. 根据工艺要求掌握曲面的加工方案；

2. 能根据加工曲面选择合理的刀具及切削用量;

3. 能正确安排粗、精加工走刀路线,确定刀具补偿参数;

4. 能够运用相关宏参数指令进行程序的编制。

零件如图 3-53 所示,材料为硬铝,加工部分由凸台曲面构成,零件毛坯为 75 mm×50 mm×20 mm 的方料,已完成上下平面及周边的加工。

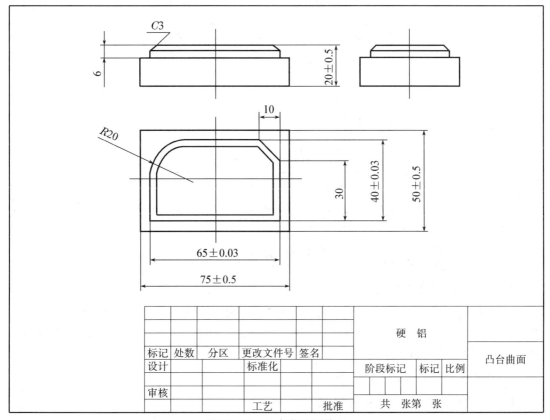

						硬　铝		
标记	处数	分区	更改文件号	签名				凸台曲面
设计			标准化			阶段标记	标记 比例	
审核								
			工艺	批准		共　张第　张		

图 3-53　凸台曲面零件图

1. **图样分析**

零件材料为硬铝,切削性能较好,图中主要尺寸注明公差,故要考虑精度问题。从经济和效率角度出发,此零件用三坐标数控铣床或加工中心加工较为合适。

2. **工艺分析**

根据图样分析,选择 ϕ20 的圆柱形立铣刀(4 刃),材料为高速钢(HSS),凸台沿外轮廓铣削一周就可去处全部余量,凸台高度只有 6 mm,可采用一次切削到位。接着选择 ϕ20 的圆柱形立铣床(4 刃)铣削倒角曲面。

因为只需一次装夹即可完成所有加工内容,故确定一道工序、三个工步完成零件的加工。

工步一为粗铣凸台轮廓,留 0.25 mm 的单边余量。

工步二为精铣凸台轮廓到图样要求。

工步三为精铣倒角曲面到图样要求。

3. 确定走刀路线

工步一:采用从起刀点 $P(-50,-50)$ 直接下刀进行凸台轮廓铣削,顺时针进行铣削,$P \rightarrow A$ 走刀时建立刀具半径左补偿。如图 3-54 所示,整个走刀路线为 $P \rightarrow A \rightarrow B \rightarrow C \rightarrow D \rightarrow E \rightarrow F \rightarrow A \rightarrow P$。

工步二:走刀路线同工步一。

工步三:采用顺时针铣削,路线为 $P \rightarrow A \rightarrow B \rightarrow C \rightarrow D \rightarrow E \rightarrow F \rightarrow A \rightarrow P$,属于等距环绕型铣削。

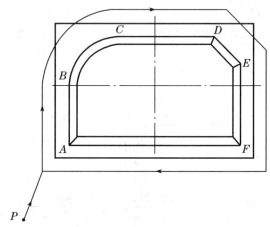

图 3-54 走刀路线

4. 确定工件装夹方案

以已加工的底面和侧面作为定位基准,在机用虎钳上装夹工件,钳口高度为 50 mm,工件顶面高于钳口 10~14 mm,工件底面用垫块托起,在虎钳上夹紧前后两侧面。虎钳用 T 形槽专用螺栓固定在铣床工作台。

5. 确定加工所用各种工艺参数

切削条件的好坏直接影响加工的效率和经济性,这主要取决于编程人员的经验,工件的材料及形状,机床、刀具、工件的刚性,加工精度、表面质量要求和冷却系统等。具体参数见表 3-28,3-29。

表 3-28 数控加工工艺卡片

工序号	程序编号	夹具名称	夹具编号	材料	使用设备		
1	O0001	机用虎钳		铝合金	加工中心		
工步号	工步内容	刀具号	刀具规格/mm	主轴转速 /r·min^{-1}	进给速度 /mm·min^{-1}	切深/mm	备注
1	粗铣凸台	T01	ϕ20 立铣刀	800	320	6	
2	精铣凸台	T01	ϕ20 立铣刀	1 100	300	6	
3	精铣倒角曲面	T02	ϕ20 立铣刀	1 100	300	变化	

表 3-29　刀具补偿参数设置(FANUC-0i)

刀号	加工性质	刀具补正/mm	
		H(长度补偿值)	D(半径补偿值)
T1	粗铣凸台	H1	D1=10.25
	精铣凸台	H1	D11=10
T2	精铣曲面	H2	D2=10,接着变化

6. 编写加工程序

为方便计算,工件坐标系零点设在毛坯的上表面中心处。采用寻边器对刀或试切对刀方法。用 FANUC-0i 数控系统指令及规则编写程序,如下表 3-30 所示。

表 3-30　数控加工程序(主程序)

程序内容	程序说明
O0001;	程序号(垂直面加工)
N10　G90　G17　G40　G49　G80　G21;	注销
G69　G15;	换φ20 立铣刀
N20　T1　M6;	主轴正转,转速为 800 r/mm
N30　M3　S800;	建立工件坐标系,刀具快速移动到起刀点位置
N40　G54　G0　X-50　Y-50;	建立刀具长度补偿 H1
N50　G43　H1　Z100　M8;	Z 向下刀,至工件上方 2 mm 的安全高度
N55　Z2;	Z 向下刀,到工件上表面下方 6 mm 处
N60　G1　Z-6　F60;	建刀具半径左补偿 D1=10.25 mm,粗加工(φ20 立铣刀)
N70　D1　F320;	调用凸台轮廓子程序
N80　M98　P10;	主轴正转,转速为 1 100 r/mm
N85　M3　S1100;	建刀具半径左补偿 D11=10 mm,精加工(φ20 立铣刀)
N90　D11　F300;	调用子程序
N100　M98　P10;	插补结束,抬刀高度 100 mm
N150　G0　Z100;	主轴停转
N160　M5;	回 Z 参考点,关切削液
N170　G91　G28　Z0　M9;	回 X、Y 参考点
N180　G28　X0　Y0;	程序结束
N190　M30;	
O0002;	主程序号(精加工倒角曲面)
N10　G90　G17　G40　G49　G80　G21;	注销
G69　G15;	
N20　T2　M6;	
N30　M3　S1100;	
N40　G54　G0　X-50　Y-50;	
N50　G43　H2　Z100　M8;	
N60　Z2;	
N70　#100=0;	倒角起始角度
N80　#101=90;	倒角终止角度
N90　#102=3;	倒角半径
N100　#110=10;	刀具实际半径值

(续表)

程序内容	程序说明
N110 ♯103＝♯102×COS［♯100］；	
N120 ♯104＝♯102×SIN［♯100］；	
N130 ♯105＝♯104－♯102；	下刀深度
N140 ♯106＝♯102－♯103；	
N150 ♯107＝♯110－♯106；	刀具半径补偿值，该值随曲面加工层数变化而变化
N160 G10 L12 P2 R♯107；	可用♯13001＝♯107替换，固定格式，具体可见机床手册
N170 G1 Z♯105 F800 D2；	曲面加工，很耗时间，可提高进给速度
N180 M98 P10；	调用凸台轮廓子程序
N190 ♯100＝♯100＋1；	角度递增1°
N200 IF［♯100LE♯101］GOTO110；	满足条件跳转，否则跳出循环
N205 G0 Z100；	
N210 M5；	
N220 G91 G28 Z0 M9；	
N230 G28 X0 Z0；	
N240 M30；	程序结束

表3-31　数控加工程序（子程序）

程序内容	程序说明
O0010；	程序号
N10 G1 G41 X－32.5 Y－20；	建立刀具半径左补偿
N20 G1 X－32.5 Y0；	开始铣削凸台轮廓
N30 G2 X－12.5 Y20 R20；	
N40 G1 X22.5 Y20；	
N50 G1 X32.5 Y10；	
N60 G1 X32.5 Y－20；	
N70 G1 X－32.5 Y－20；	
N80 G1 G40 X－50 Y－50；	取消半径补偿
N90 M99；	取消子程序

7. 进行零件加工

按照程序输入、程序校验及加工轨迹仿真、装夹工件、对刀操作、首件试切、检验等操作步骤，根据制定的工艺方案和编制的程序，完成零件的加工。

3.12　内型腔加工

训练目的

1. 能根据工艺要求制订零件的加工方案；

2. 能根据零件图选择刀具及合理的切削用量；

3. 能正确确定刀具补偿参数及粗、精铣走刀路线。

4. 能运用环切法切削内型腔。

零件如图 3-55 所示,材料为硬铝,加工部分由内型腔和岛内型腔构成,零件毛坯为 120 mm×120 mm×20 mm 的方料,已完成上下面及周边的加工。

1. 图样分析

零件材料为硬铝,切削性能较好,图中主要尺寸注明公差,故要考虑精度问题。从经济和效率角度出发,此零件用三坐标数控铣床或加工中心加工较为合适。

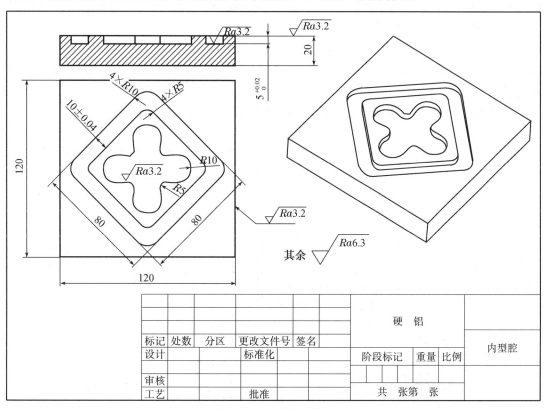

						硬 铝			
标记	处数	分区	更改文件号	签名					内型腔
设计			标准化			阶段标记	重量	比例	
审核									
工艺			批准			共 张第 张			

图 3-55 内型腔零件图

2. 工艺分析

本零件在加工中心上一次装夹即可完成所有加工内容,故确定一道工序、四个工步完成零件加工。

工步一:用 φ16 的高速钢键槽铣刀环切法粗铣十字形凹槽。侧面留单边余量 0.1 mm,深度留 0.1 mm 精加工余量。

工步二:用 φ16 的高速钢立铣刀环切法精加工十字形凹槽到图样要求尺寸。

工步三:用 φ8 的高速钢键槽铣刀粗铣方形凹槽,侧面留单边余量 0.1 mm,深度留 0.1 mm 精加工余量。

工步四:用 φ8 的高速钢立铣刀精铣方形凹槽到图样要求尺寸。

3. 确定走刀路线

工步一:环切法粗铣十字形凹槽。走刀路线如图 3-56 所示,从 $A(10,0)$ 点下刀至切削深度,按 $A→C→D→E→F→H→I→J→K→M→N→P→L→Q→R→S→T→Z→D→E→$

$F{\to}H{\to}B{\to}O$ 的路线进给,从 $O(0,0)$ 点抬刀。

工步二:环切法精铣十字形凹槽。走刀路线如图 3-54 所示,从 $A(10,0)$ 点下刀至切削深度,$A{\to}C$ 建立左刀补,$C{\to}E$ 直线切入,按 $E{\to}F{\to}H{\to}I{\to}J{\to}K{\to}M{\to}N{\to}P{\to}L{\to}Q{\to}R{\to}S{\to}T{\to}Z{\to}D{\to}E{\to}F{\to}H$ 的路线进给,$H{\to}B$ 直线切出,$B{\to}O$ 取消刀补,O 点抬刀。

工步三:粗铣封闭方形凹槽,方形凹槽内轮廓走刀路线(经 45°后得到)如图 3-55 所示,$O{\to}A$ 建立左刀补,A 点下刀至切削深度,按 $A{\to}B{\to}C{\to}D{\to}E{\to}F{\to}H{\to}I{\to}J{\to}A$ 的路线进给,A 点抬刀,$A{\to}O$ 点取消刀补。

方形凹槽外轮廓走刀路线(经 45°后得到)如图 3-57 所示,$O{\to}K$ 建立左刀补,K 点下刀至切削深度,按 $K{\to}M{\to}N{\to}U{\to}V{\to}W{\to}Q{\to}P{\to}S{\to}K$ 的路线进给,K 点抬刀,$K{\to}O$ 点取消刀补。

工步四:精铣封闭方形凹槽,走刀路线同工步三。

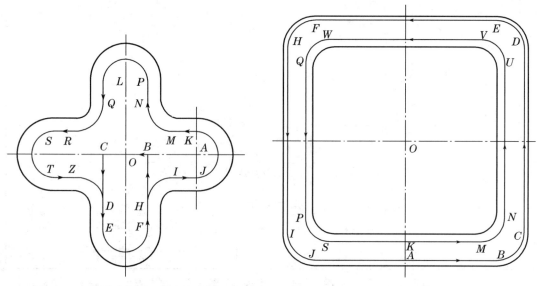

图 3-56　粗铣十字形凹槽走刀路线　　　　图 3-57　方形凹槽走刀路线

4. 确定工件装夹方案

以已加工的底面和侧面作为定位基准,在机用虎钳上装夹工件,虎口高度为 50 mm,工件顶面高于钳口 10～12 mm,工件底面用垫块托起,在虎钳上夹紧前后两侧面。虎钳用 T 形槽专用螺栓固定在铣床工作台。

5. 确定加工所用各种工艺参数

切削条件的好坏直接影响加工的效率和经济性,这主要取决于编程人员的经验,工件的材料及形状,机床、刀具、工件的刚性,加工精度、表面质量要求和冷却系统等。具体参数见表 3-32,3-33。

表 3－32　数控加工工艺卡

工序号	程序编号	夹具名称	夹具编号	材料	使用设备	
1	O0009	机用虎钳		铝合金	加工中心	
工步号	工步内容	刀具号	刀具规格/mm	主轴转速/r·min⁻¹	进给速度/mm·min⁻¹	切深/mm　备注
1	粗铣十字槽	T02	ϕ16 键槽铣刀	1 200	240	4.9
2	精铣方形型腔	T03	ϕ8 键槽铣刀	2 400	360	4.9
3	精铣十字槽	T04	ϕ16 立铣刀	1 600	350	0.1
4	精铣方形型腔	T05	ϕ8 立铣刀	3 100	550	0.1

表 3－33　数控加工刀具及其补偿

编号	刀具名称	刀具规格	数量	用途	刀具材料	加工性质	H/mm	D/mm
2	键槽铣刀	ϕ16	1	铣十字形槽	高速钢	铣十字粗形槽	H02＝0	D02＝7.9
3	键槽铣刀	ϕ8	1	铣方形型腔	高速钢	粗铣方形型腔	H03＝3.05	D03＝3.9
4	立铣刀	ϕ16	1	铣十字形槽	高速钢	精铣十字形槽	H04＝0.67	D04＝8
5	立铣刀	ϕ8	1	铣方形型腔	高速钢	精铣方形型腔	H05＝2.89	D03＝4

6. 编写加工程序

为方便计算，工件坐标系零点设在毛坯的上表面中心处。用 FANUC－0i 数控系统指令及规则编写程序，如表 3－34 所示。

表 3－34　数控加工程序（主程序）

程序内容	程序说明
O0009；	程序名
N10　G90　G17　G40　G49　G80　G69；	注销
N20　T02　M06；	换ϕ16 键槽铣刀
N30　M03　S1000；	
N40　G54　G00　X20　Y0；	建立工件坐标系，刀具快速移动到下刀点位置
N50　G43　Z50　H02；	建立刀具长度补偿
N60　G01　Z5　F300；	Z 向下刀至工件上表面上方 5 mm 安全高度
N70　Z－5　F100；	Z 向下刀到工件上表面下方 5 mm 处
N80　F300；	环切法粗加工十字形槽
N90　D02；	
N100　M98　P100；	
N110　G49　G00　Z50；	
N120　M00；	
N130　T04　M06；	换ϕ16 立铣刀
N140　M03　S1800；	环切法精加工十字形槽
N150　G43　H04　Z5；	
N160　G01　Z－5　F100；	
N170　F250；	
N180　D04；	
N190　M98　P100；	
N200　G49　G00　Z50；	

(续表)

程序内容	程序说明
N210　M00；	
N220　T03　M06；	换 $\phi8$ 键槽铣刀
N230　M03　S1800；	粗加工方形型腔
N240　G90　G54　G00　X0　Y0；	
N250　G43　G00　Z50　H03；	
N260　G68　X0　Y0　R45；	
N270　D03；	建立刀补,D03＝3.9 mm
N280　M98　P200；	调用内轮廓方形型腔槽子程序
N290　D03；	建立刀补,D03＝3.9 mm
N300　M98　P300；	调用外轮廓方形型腔槽子程序
N310　G49　G00　Z50；	
N320　G69　M05；	
N330　M00；	
N340　T05　M06；	换 $\phi8$ 立铣刀
N350　M03　S2000；	精加工方形型腔
N360　G43　G00　Z50　H05；	
N370　G68　X0　Y0　R45；	
N380　D05；	建立刀具半径补偿,D05＝4 mm
N390　M98　P200；	调用内轮廓方形型腔槽子程序
N400　D05；	
N410　M98　P300；	调用外轮廓方形型腔槽子程序
N420　G49　G00　Z50；	
N430　G69　M05；	
N440　M30；	

表 3-35　数控加工程序(子程序)

程序内容	程序说明
O100；	程序名(十字形槽子程序)
N10　G41　X－10　Y0；	
N20　G01　X－20　F300；	
N30　G03　X10　Y－20　R10；	
N40　G01　Y－15；	
N50　G02　X15　Y－10　R5；	
N60　G01　X20；	
N70　G03　X20　Y10　R10；	
N80　G01　X15；	
N90　G02　X10　Y15　R5；	
N100　Y20；	
N110　G03　X－10　Y20　R10；	
N120　G01　Y15；	
N130　G02　X－15　Y10　R5；	
N140　G01　X－20；	
N150　G03　X－20　Y－10　R10；	
N152　G01　X－15；	
N154　G02　X－10　Y－15　R5；	
N156　G01　Y－20；	
N158　G03　X10　Y20　R10；	
N160　G01　X0；	

（续表）

程序内容	程序说明
N170　Y0； N180　G00　Z20； N190　G40　X20； N200　M99；	
O200； N10　G41　G01　Y－40； N20　Z－5　F100； N30　Y30　F300； N40　G03　X40　Y－30　R10； N50　G01　Y30； N60　G03　X30　Y40　R10； N70　G01　X－30； N80　G03　X－40　Y30　R10； N90　G01　Y－30； N100　G03　X－30　Y－40　R10； N110　G01　X0； N120　G00　Z20； N130　G40　Y0； N140　M99；	内轮廓方槽子程序
O300； N10　G42　G01　Y－30； N20　Z－5　F100； N30　X20　F300； N40　G03　X30　Y－20　R5； N50　G01　Y20； N60　G03　X20　Y30　R5； N70　G01　X－20； N80　G03　X－30　Y20　R5； N90　G01　Y－20； N100　G03　X－20　Y－30　R5； N110　G01　X0； N120　G00　Z20； N130　G40　Y0； N140　M99；	外轮廓方槽子程序

7．进行零件加工

按照程序输入、程序校验及加工轨迹仿真、装夹工件、对刀操作、首件试切、检验等操作步骤，根据制定的工艺方案和编制的程序，完成零件的加工。

3.13　配合件加工

训练目的

1．能根据配合件的工艺要求，制定合理的加工方案；

2. 能根据配合件的技术要求,选择加工刀具及合理的切削用量;

3. 能根据配合件的加工要求,确定零件加工的定位装夹方法;

4. 能根据配合件的技术要求,正确确定加工工艺;

5. 会正确运用刀具补偿半径特点,编制加工程序;

6. 会分析和处理加工中出现的零件精度和其他质量问题;

7. 能正确检测零件的精度;

8. 并能正确分析零件的加工误差的原因,提出解决方法。

加工如图 3-58 和图 3-59 所示的配合类零件,该零件由凸件轮廓与凹件轮廓及四个定位用的销孔组成。

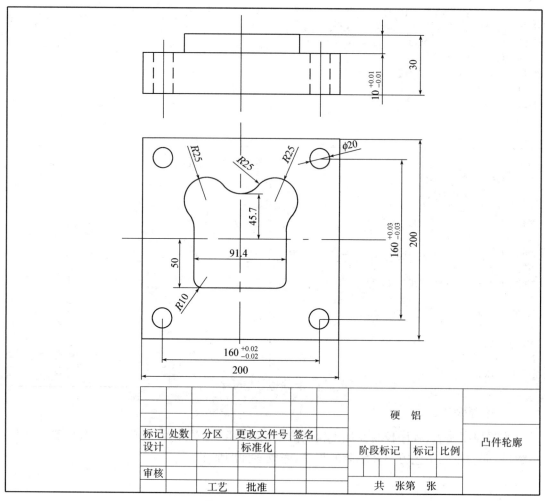

图 3-58 凸件轮廓零件图

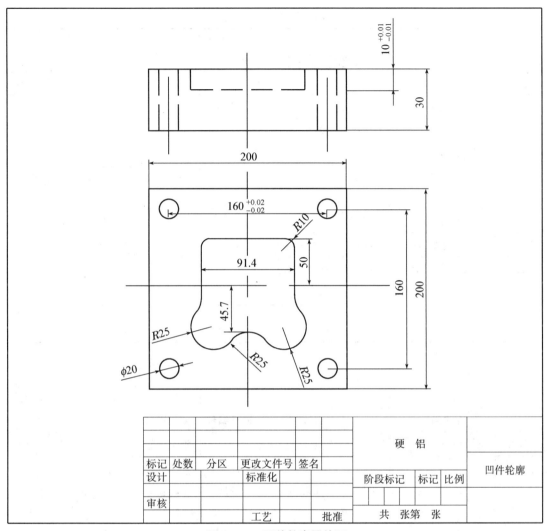

图 3 - 59 凹件轮廓零件图

1. 图样分析

根据图 3 - 58 和 3 - 59 可知,本例对配合零件进行加工,难点是选择合理的定形定位基准、加工刀具切削参数及加工后如何保证配合精度。为此应按照整体原则来保证各项加工精度,先加工凸件,并在凹件拆下之前进行试配,以便修整凹件以达到各项配合精度。对于四个定位销孔加工时,采用钻孔固定循环指令进行编程,减少编程的工作量,同时还能提高编程的效率和准确性。

2. 工艺分析

采用铣件 1 凸轮廓(T1)—钻件 1 孔(T3)—铰件 1 孔(T4)—铣件 2 内腔(T2)—钻件二孔(T3)—铰件二孔(T4),工序卡如表 3 - 36、3 - 37、3 - 38 所示。

表 3 - 36　件 1 工序卡

工厂名		数控加工工序卡	产品名称及代号	零件名称	零件图号	材料
				件 1 凸		铝合金
工序 1	程序编号	夹具名称	夹具编号	使用设备	车间	
件 1	O1～O6	刀具		加工中心		
工步号	工步内容	T 码	规格/mm	量具	切削用量		
					主轴转速/r·min⁻¹	进给速度/mm·min⁻¹	切削速度/mm
1	铣平面	T01	φ20 底刀		800	100	
2	铣件 1 内外凸轮廓	T01	φ12 平底刀		800	100	
3	钻 4×φ20 孔	T03	φ19.8 钻头		500	80	
4	铰 4×φ20 孔	T04	φ20 铰刀		400	40	

表 3 - 37　件 2 工序卡

工厂名		数控加工工序卡片	产品名称及代号	零件名称	零件图号	材料
				件 1 凹		4 铝合金
工序 2	程序编号	夹具名称	夹具编号	使用设备	车间	
件 2	O1～O9	刀具		加工中心		
工步号	工步内容	T 码	规格/mm	量具	切削用量		
					主轴转速/r·min⁻¹	进给速度/mm·min⁻¹	切削速度/mm
1	铣平面	T01	φ20 平底刀		800	100	
2	铣件 2 内槽	T02	φ12 平底刀		800	100	
3	铣凹件内轮廓	T02	φ12 平底刀		800	100	
4	钻 4×φ20 孔	T03	φ19.8 钻头		500	80	
5	铰 4×φ20 孔	T04	φ20 铰刀		400	40	

表 3 - 38　刀具卡片

刀具号	刀具名称	长度补偿	半径补偿
T1	φ20 底刀	H01	D01
T2	φ12 平底刀	H02	D02
T3	φ19.8 钻头	H03	
T4	φ20 铰刀	H04	

3. 确定工件装夹方案

将工件装夹于平口钳内,并且伸出长度略高于工件凸台加工尺寸。让工件定位面和固定钳口紧贴、底面和导轨面或者平垫铁紧贴,从而保证工件能够很好地定位。

4. 确定工件坐标系原点

确定工件坐标系原点为工件对称中心与工件上表面。

5. 基点计算

(1)凸轮廓基点坐标点如图 3 - 60 所示。

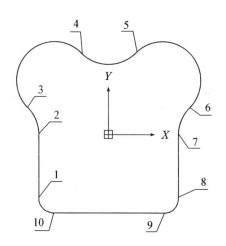

	PX	PY
1	−45.70	−40.00
2	−45.70	−0.00
3	−52.81	17.47
4	−17.77	53.12
5	17.77	53.12
6	52.81	17.47
7	45.70	−0.00
8	45.70	−40.00
9	35.70	−50.00
10	−35.70	−50.00

图 3 - 60 凸轮廓基点坐标

(2)凹轮廓基点坐标点如图 3 - 61 所示。

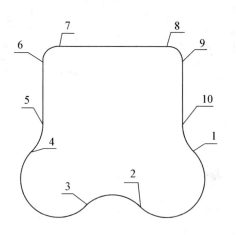

	PX	PY
1	52.81	−337.57
2	17.77	−373.22
3	−17.77	−373.22
4	−52.81	−337.57
5	−45.70	−320.10
6	−45.70	−280.10
7	−35.70	−270.10
8	35.70	−270.10
9	45.70	−280.10
10	45.70	−320.10

图 3 - 61 凹轮廓基点坐标点

6. 编写数控加工程序

表 3-39　加工程序及注解

程序内容	程序说明
O0001；	凸件主程序名
G90　G40　G49　G17；	程序初始化
G91　G28　Z0；	Z 轴回参考点
T01　M06；	换第一把刀
G90　G54　G00　X-120.0　Y120.0；	刀具快速定位至下刀点
M03　S800；	主轴正转,转速 800 r/min
G43　Z50.0　H01；	建立刀具长度补偿
Z5.0　M08；	刀具快速定位 Z5 坐标点,打开切削液
G01　Z0　F100；	直线插补到 Z0 点
M98　P50002；	调用子程序 O0002 五次,分层铣削
G49　G01　Z20.0　M09；	取消刀补,快速定位 Z20,关闭切削液
M05；	主轴停转
G91　G28　Z0；	Z 轴回参考点
M00；	程序暂停
O0002；	外轮廓子程序
G91　G01　Z-2.0　F100；	相对加工深度
G90　G41　G01　X-45.7　Y-50.0　D01；	建立刀具半径补偿
G01　Y0；	铣削外轮廓
G03　X-52.81　Y17.47　R25.0；	
G02　X-17.77　Y53.12　R25.0；	
G03　X17.77　R25.0；	
G02　X52.81　Y17.47　R25.0；	
G03　X45.7　Y0　R25.0；	
G01　Y-40.0；	
G02　X35.7　Y-50.0　R10.0；	
G01　X-35.7；	
G02　X-45.7　Y-40.0　R10.0；	取消刀补
G40　G01　X-120.0　Y-120.0；	子程序结束
M99；	通过修改刀补大小,对凸件余量外轮廓排除
O0003；	凹件主程序
G90　G40　G49　G17；	程序初始化
G91　G28　Z0；	Z 轴回参考点
T02　M06；	换第二把刀
G94　G50　G00　X0　Y0；	刀具快速定位至下刀点
M03　S800；	主轴正转,转速 800 r/min
G43　Z50.0　H02；	建立刀具长度补偿
Z5.0　M08；	刀具快速定位 Z5 坐标点,打开切削液
G01　Z0　F100；	直线插补到 Z0 点
M98　P50004；	调用子程序 O0004 五次,分层铣削
G49　G00　Z20.0　M09；	取消刀长补,快速定位 Z20,关闭切削液
M05；	主轴停转
G91　G28　Z0；	Z 轴回参考点
M00；	程序暂停

（续表）

加工程序	程序注解
O0004； G91　G01　Z－2.0　F100； G90　G41　G01　X－35.0　Y－30.0　D02； X－45.7； Y0； G03　X－52.81　Y17.47　R25.0； G02　X－17.77　Y53.12　R25.0； G03　X17.77　R25.0； G02　X52.81　Y17.47　R25.0； G03　X45.7　Y0　R25.0； G01　Y－40.0； G02　X35.7　Y－50.0　R10.0； G01　X－35.7； G02　X－45.7　Y－40.0　R10.0； G01　Y－30.0； G40　G01　X0　Y0； M99；	内轮廓子程序 相对加工深度 建立刀具半径补偿 铣削内轮廓 取消刀补 子程序结束 通过修改刀补大小，对凹件余量外轮廓排除
O0005； G90　G40　G49　G80； G91　G28　Z0； T03　M06； G43　Z50.0　H02； G90　G00　X0　Y100.0　Z10.0； M03　S800； G99　G83　Z－30.0　R5.0　Q6.0　F80； X－80.0　Y80.0； X80.0； Y－80.0； X－80.0； G80　G00　Z50.0； M05； G91　G28　Z0； M00；	钻孔程序 程序初始化 Z轴回参考点 换第二把刀（ϕ19.8的钻头） 建立刀具长度补偿 刀具快速定位至下刀点 主轴正转，转速300 r/min 建立深孔钻削循环，预钻ϕ19.88孔 钻左上角孔 钻右上角孔 钻右下角孔 钻左下角孔 取消钻孔循环，刀具快速退至安全高度 主轴停止 主轴返回参考点 程序暂停
O0006； G90　G94　G40　G49　G54； G91　G28　Z0； T04　M06； G43　Z50.0　H04 G90　G00　X0　Y0　Z20.0； M03　S400； G99　G81　Z－30.0　R5.0　F30； X－80.0　Y80.0； X80.0； Y－80.0； X－80.0； G80　G00　Z50.0； M05； G91　G28　Z0； M30；	铰孔程序 程序初始化 Z轴回参考点 换4号刀（ϕ20铰刀） 建立刀具长度补偿 刀具快速定位至下刀点 主轴正转，转速400 r/min 使用钻孔循环铰孔 钻左上角孔 钻右上角孔 钻右下角孔 钻左下角孔 取消钻孔循环，刀具快速退至安全高度 主轴停止 主轴返回参考点 程序结束，并返回程序开始

7. 进行零件加工

按照程序输入、程序校验及加工轨迹仿真、装夹工件、对刀操作、首件试切、检验等操作步骤,根据制定的工艺方案和编制的程序,完成零件的加工。

习 题

3-1 数控铣削适用于哪些加工场合?

3-2 数控铣削加工空间曲面的方法主要有哪些? 哪种方法常被采用? 其原理如何?

3-3 简述数控铣床程序编制的内容与步骤?

3-4 什么叫固定循环,有什么用途?

3-5 在 FANUC-0i 系统中,G53 与 G54~G59 的含义是什么? 它们之间有何关系?

3-6 铣刀刀具补偿有哪些内容,其目的、方法和指令格式如何?

3-7 如图 1 所示的零件上,钻削 5 个 $\phi10$ 孔。试选用合适的刀具,并编写加工程序。

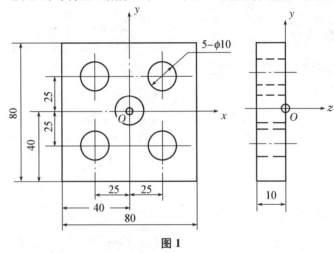

图 1

3-8 在华中(或 FANUC)系统的数控铣床上加工图 2 中的各零件,试编制其加工程序。

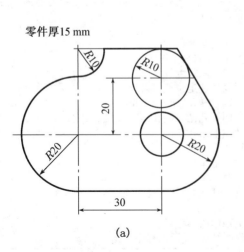

(a)

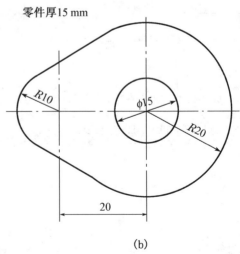

(b)

图 2

3-9 数控加工中心有什么特点？加工中心的编程有什么特点？

3-10 刀库通常有哪几种形式？哪种形式的刀库装刀容量大？

3-11 试按 FANUC-0i 系统加工中心编程指令格式完成图 3(a)所示工件的程序编制。

3-12 试按 SINUMERIK802D 系统加工中心编程指令格式完成图 3(b)所示工件的程序编制。

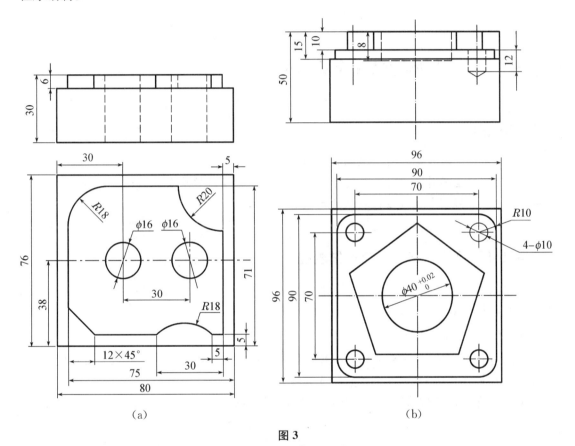

(a)　　　　　　　　　　(b)

图 3

模块四　FANUC－0i 系列机床基本操作

4.1　数控与床安全操作规程及日常维护

训练目的

1. 学习遵守数控车床安全文明操作与日常维护；
2. 了解安全操作与日常维护对于操作人员及数控车床的重要意义；
3. 能根据说明书完成数控机床的定期和不定期保养。

4.1.1　数控车床的安全操作规程

数控车床的操作，一定要做到规范操作，以避免发生人身、设备、刀具等的安全事故。为此，数控车床的安全操作规程如下：

1. 操作前的安全操作

(1) 零件加工前，一定要先检查机床的正常运行。可以通过试车的办法来进行检查。

(2) 在操作机床前，请仔细检查输入的数据，以免引起误操作。

(3) 确保指定的进给速度与操作所要的进给速度相适应。

(4) 当使用刀具补偿时，请仔细检查补偿方向与补偿量。

(5) CNC 与 PMC 参数都是机床厂设置的，通常不需要修改，如果必须修改参数，在修改前请确保对参数有深入全面的了解。

(6) 机床通电后，CNC 装置尚未出现位置显示或报警画面时，请不要碰 MDI 面板上的任何键，MDI 上的有些键专门用于维护及特殊操作。在开机的同时按下这些键，可能使机床产生数据丢失等误操作。

2. 机床操作过程中的安全操作

(1) 手动操作。当手动操作机床时，要确定刀具和工件的当前位置并保证正确指定了运动轴、方向和进给速度。

(2) 手动返回参考点。机床通电后，请务必先执行手动返回参考点。如果机床没有执行手动返回参考点操作，机床的运动不可预料。

(3) 手动脉冲发生器进给。在手摇脉冲发生器进给时，一定要选择正确的进给倍率，过大的进给倍率容易产生刀具或机床的损坏。

（4）工作坐标系。手动干预、机床锁住或镜像操作都有可能移动工件坐标系,用程序控制机床前,请先确定工件坐标系。

（5）空运行。通常,使用机床空运行来确认机床运行的正确性。在空运行期间,机床以空运行的进给速度运行,这与程序输入的进给速度不一样,且空运行的进给速度要比编程序用的进给速度快得多。

（6）自动运行。机床在自动执行程序时,操作人员不得撤离岗位,要密切注意机床、刀具的工作状况,根据实际加工情况调整加工参数。一旦发现情况,应立即停止机床动作。

3．与编程相关的安全操作

（1）坐标系的设定。如果没有设置正确的坐标系,尽管指令是正确的,但好几次可能并不按想象的动作运动。

（2）米/英制的转换。在编程过程中,一定要注意米/英制的转换,使用的单位制式一定要与机床当前使用的单位制式相同。

（3）回转轴的功能。当编制极坐标插补或法线方向(垂直)控制时,请特别注意旋转轴的转速。回转轴的转速。回转轴转速不能过高,如果工件安装不牢,会由于离心力过大而甩出工件引起事故。

（4）刀具补偿功能。在补偿功能模式下,发生基于机床坐标系的运动命令或回参考点返回命令,补偿会暂时取消,这可能导致机床发生不可预想的运动。

4．关机时的注意事项

（1）确认工件已加工完毕。

（2）确认机床的全部运动已完成。

（3）检查工作台面是否远离行程开关。

（4）检查刀具是否已取下、主轴锥孔内是否已清洁并涂上油脂。

（5）检查工作台面是否已清洁。

4.1.2 数控车床的日常维护

1．数控机床的使用要求

（1）数控车床的使用的环境要求

一般来说数控车床可以跟普通车床一样放在生产车间里,但是要避免阳光的直接照射和其他辐射,要避免太潮湿或粉尘过多的场所,腐蚀性气体最容易使电子元件受到腐蚀变质或造成接触不良,或造成元件短路,影响机床的正常运行。要远离振动大的设备,如冲床锻压设备等,对于精密机床还要采取防震措施。

另外,根据一些数控机床的用户经验,在有空调的环境中使用,会明显减少机床的故障率,这是因为电子元件的技术性能受温度影响较大,当温度过高或过低时会使电子元件的技术性能发生较大的变化,使工作不稳定或不可靠而增加故障的发生,对于精度高、价格贵的数控机床使其置于有空调的环境中使用是比较理想的。

（2）数控车床使用的电源要求

数控车床对于电源也没有什么特殊要求,一般允许波动±10%,但是由于我国供电的特殊情况,不仅电源波动的幅度大,而且质量差,交流电源上往往叠加有高频杂波信号,用示波器可以清楚地观察到,有时还出现波动很大的瞬间干扰信号,破坏机床内的程序或参数,影响机床的正常运行,对于有条件的企业对数控机床采取专线供电或增设稳压装置都可以减少供电质量的影响和减少信号干扰。

（3）数控机床使用时对操作人员技能的要求

数控机床的操作人员必须有较强的责任心,善于合作,技术基础好,有一定的机加工实际经验,同时善于动脑勤于学习,对数控技术有钻研精神。例如编程人员能同时考虑加工工艺、零件装夹方案、刀具选择、切削用量等,数控技术的维修人员不仅要懂得机床的结构和工作原理,还应具有电气、液压、气动等更宽的专业知识,对问题有进行综合分析、判断的能力。

2. 数控机床的定时检查

对数控机床进行预防性保养和定期检查可延长元器件的使用寿命,延长机械部件的磨损周期,防止意外恶性事故的发生,保证机床长时间稳定工作。因此,维护人员应严格按照维护说明书的使用要求对机床进行定期检查。数控机床的定期维护检查内容见表 4-1。

表 4-1　数控车床保养

序号	检查周期	检查部位	检查要求
1	每天	导轨润滑油箱	检查油量,及时添加润滑油润滑,油泵是否会及时启动打油或停止
2	每天	主轴润滑恒温油箱	工作是否正常,油量是否充足,温度范围是否合适
3	每天	机床液压系统	油箱泵有无异常噪声
4	每天	压缩空气气源压力	气动控制系统压力是否在正常的范围内
5	每天	X、Z 轴导轨面	清除切屑和脏物,检查导轨面有无划伤损坏,润滑油是否充足
6	每天	各防护装置	机床防护罩是否齐全有效
7	每天	电气柜各散热通风装置	各电气防护柜冷却风扇是否正常工作,风道过滤网有无阻塞,及时清洗过滤器
8	每周	各电气柜过滤网	清洗黏附上的尘土
9	不定期	冷却液箱	随时检查液面高度,及时添加冷却液,太脏时应当更换
10	不定期	排屑器	经常清理切屑,检查有无卡住现象
11	半年	检查主轴驱动传动带	按照说明书要求调整传动带松紧状态
12	半年	各导轨上镶条,压紧滚轮	按照说明书调整松紧状态
13	一年	检查和更换电动机碳刷	检查换向器表面,除去毛刺吹净碳粉,磨损过多的碳刷应及时更换
14	一年	液压油路	清洗溢流阀,减压阀,滤油器,油箱。过滤液压油管更换
15	一年	主轴润滑恒温油箱	清洗过滤器油箱更换润滑油
16	一年	冷却油泵过滤器	清洗冷却油池更换过滤器
17	一年	滚珠丝杠	清洗丝杠上的旧油脂

3. 数控车床故障诊断的常规方法

通常情况下,数控车床的故障诊断按以下步骤进行。

(1) 通常事故现场

数控机床出现故障后,不要动手盲目处理,首先要查看故障记录,向操作人员询问故障出现的全过程。在确认通电对机床和系统无危险的情况下再通电观察,特别要确定以下信息:

① 故障发生时,报警信号和报警提示是什么? 哪盏指示灯或发光管发光? 提示报警内容是什么?

② 如无报警,系统处于何种工作状态? 系统的工作方式诊断结果是什么?

③ 故障发生在哪个程序段? 执行何种指令? 故障发生前执行了何种操作?

④ 故障发生在何种速度下? 轴处于什么位置? 指令值的误差量是多大?

⑤ 以前是否发生过类似故障? 现场是否由异常情况? 故障是否重复发生?

功能联系,调查原因对结果的影响,即根据可能产生该种故障的原因分析,看其最后是否与故障现象相符来确定故障点。演绎法是指从发生的故障现象出发,对故障原因进行分割式的故障分析方法。即从故障现象开始根据故障机理,列出多种可能产生该故障的原因,然后,对这些原因逐点进行分析,排除不正确的原因,最后确定故障点。

注意:在故障诊断过程中,通常按照先外部后内部、先机械后电气、先静后动、先公用后专用、先简单后复杂、先一般后特殊的原则进行。

(2) 故障的排除

找到造成故障的确切原因后,就可以"对症下药"修理,调整和更换有关部件。

4. 数控车床常见故障分类

数控车床的故障种类繁多,有电气、机械、系统、液压、气动等部件的故障,产生的原因也比较复杂,但很大一部分故障是由于操作人员操作机床不当引起的,数控车床常见的操作故障:

① 防护门未关,机床不能运转。

② 机床未回参考点。

③ 主轴转速 S 未超过最高转速限定值。

④ 程序内没有设置 F 或 S 值。

⑤ 进给倍率 F% 或主轴倍率 S% 旋钮设为空挡。

⑥ 回参考点时离零点太近或回参考点速度太快,引起超程。

⑦ 程序中 G00 位置超过限定值。

⑧ 刀具补偿测量位置错误。

⑨ 刀具换刀位置不确定(换刀点离工件太近)

⑩ G40 撤销不当,引起刀具切入已加工表面。

⑪ 程序中使用了非法代码。

⑫ 刀具半径补偿方向错误。

⑬ 切入切出方式不当。

⑭ 切削用量太大。

⑮ 刀具钝化。

⑯ 工件材质不均匀,引起振动。

⑰ 机床被锁定(工作台不动)。

⑱ 工件未夹紧。

⑲ 对刀位置不确定工件坐标系设置错误。

⑳ 使用了不合理的 G 功能指令。

㉑ 机床处于报警状态。

㉒ 断电后或报过警的机床,没有重新回参考点或复位。

4.2 FANUC 数控车床的基本操作

训练目的

1. 认识数控车床的外形结构及各部分的名称和功用;

2. 能熟悉运用 FANUC 系统数控车床面板上各键的功能;

3. 认识 FANUC 数控车床系统的几种工作方式和人机界面的显示页面;

4. 能熟练进行程序的输入及编辑方法;

5. 能熟悉进行 FANUC 系统数控车床的开关机顺序及机床回零过程;

6. 能进行数控机床坐标系零点的设置及对刀方法。

4.2.1 数控车床操作面板

FANUC 数控车床的操作面板由两部分组成:数控系统面板(包括 LCD 显示单元和 MDI 键盘)和数控机床控制面板,如图 4-1 所示。

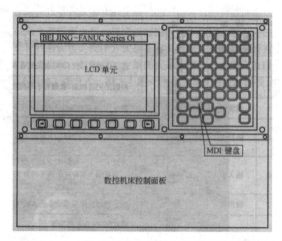

图 4-1 FANUC 数控车床操作面板的组成

一、FANUC 数控系统面板及功能

1．面板及功能

数控系统由系统生产厂家统一生产的，对于同一品牌、同一型号的数控系统面板，其面板布置是相同的。FANUC 数控系统面板包括两部分。

2．LCD 显示单元

如图4-2所示，显示单元是数控系统的信息输出窗口，系统内的程序、参数、状态、图形等均在显示单元上显示。LCD 显示单元下方有一排按键，键面上没有标志，称为软件（Soft key）。对应不同的显示画面，根据画面上的提示，软件的功能也不同，其中：最左边向左的 ◀ 称为左扩展键，最右边向右的 ▶ 称为右扩展键。左右扩展键可以改变显示画面，是系统操作中常用的按键之一。

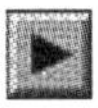

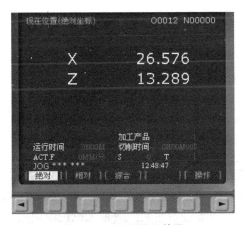

图4-2　LCD 显示单元

图4-3　MDI 键盘

3．MDI 键盘

MDI 键盘是数控系统信息输入及数控系统控制的主要渠道，FANUC 数控系统为了节省时间，一般使用小键盘（即不同于计算机标准键盘），一个按键通常有两个标志，代表两种功能，可以相互转换。MDI 键盘如图4-3所示。

（1）数字/字母键

数字/字母键用于输入数据到输入区域（图4-4），系统自动判别取字母还是取数字。字母和数字通过【SHIFT】键切换输入，如：N—Q，9—C。

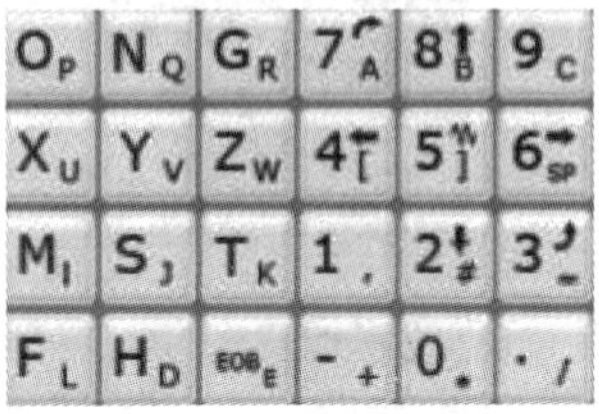

（2）主功能键

【POS】键：位置功能键，显示机床当前的位置。

图4-4　数字/字母键

【PROG】键：程序功能键，在 EDI 方式下，编辑、显示存储器里的程序；在 MDI 方式下，输入、显示 MDI 数据；在机床自动操作时，显示程序指令。

【OFFSET/SETTING】键：刀具补偿功能键，设定加工参数，结合扩展功能软键可进入以下设置页面：刀具长度补偿、刀具半径补偿值设定页面；系统状态设定页面，系统显示的与

系统运行方式有关的参数设定界面;工件坐标系设定页面。

【SYSTEM】键:系统参数设置功能键,用于参数的设定、显示及自诊断数据的显示。一般仅供维修人员使用,通常情况下禁止修改,以免出现设备故障。

【MESSAGE】键:报警信息显示功能键,用于显示报警信号,

【CUSTOM/GRAPH】键:图形功能键,用于刀具路径显示、坐标值显示以及刀具路径模拟有关参数设定。

（3）程序编辑键

【ALTER】键用于程序更改。

【INSRT】键用于程序插入。

【DELET】键用于程序删除。

【INPUT】输入键。

【CAN】取消键。

（4）【PAGE】翻页键

"↑"键向前翻页,"↓"键向后翻页。

（5）【RESET】复位键

当机床自动运行时,按下此键,则机床所有操作都停下来。此状态下若恢复自动运行,刀架要返回参考点,程序从头执行。还可用于解除报警、复位等。

（6）【HELP】帮助键

提供对 MDI 键操作方法的帮助信息。

二、FANUC 数控车床的控制面板

数控车床控制面板是用户对机床进行各种操作(主轴的启动、停止、程序的自动运行等)的平台。它主要是由各个机床厂家自己生产配备的,同一种型号的数控机床、配备相同的数控系统,但是由不同机床生产厂家生产,机床控制面板也不相同。但是无论控制面板上的按键怎样布置,各种不同车床控制面板的操作方式是基本类似的。有的控制面板是按键方式转换工作方式,并且带有中文说明;有的控制面板是旋钮方式,以图形符号或英文简写表示不同的工作方式。在此以图 4-5 所示的控制面板作为讲解实例。

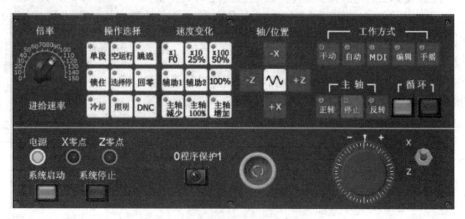

图 4-5 按键方式的控制面板

1. 机床工作模式选择

车床的一切都围绕着工作模式进行。也就是说,数控车床的每一个动作,都必须在某种工作模式确定的前提下才有意义。

(1) 自动运行工作模式(AUTO)

编辑以后的程序可以在该方式下执行,同时在空运行状态下可以进行程序格式的正确性检验(注意不能检验其走刀轨迹是否正确)。

(2) 程序编辑工作模式(EDIT)

程序的存储和编辑都必须在这个方式下执行。

(3) 手动数据输入工作模式(MDI)

一般情况下,MDI方式是用来进行当场输入几段程序指令后,立即就可令其执行。例如 T0101;G00 X100.0,程序一旦执行完毕,就不在内存中驻留,可以把 MDI 程序段视为临时性程序,执行完会自动消失。它可以通过用户操作面板上的"开始(START)"按钮来执行程序。从本义上讲,它属于自动运行的范畴,但一般都习惯将它作为手动调整操作的手段。

(4) 工作模式(DNC)

通过 RS232 电缆线连接个人计算机和数控机床,进行大容量的程序传输加工。

(5) 回零工作模式(RED/ZRN)

数控车床开机后,只有回零(返回参考点),建立机床坐标系以后,车床才能运行程序,所以用户要养成开机就回零(返回参考点)的习惯。另外,在回零(返回参考点)方式下,X 轴、Z 轴只能朝正方向移动,只能按下【+X】或【+Z】方向键并保持,直至"X零"或"Z零"灯亮起,即表示机床已经回零(返回参考点)。如果未回零(返回参考点),车床不能进行 AUTO 方式操作,并在 LCD 显示屏上出现提示信息。

(6) 手动进给工作模式(JOG)

在 JOG 方式下通过选择用户操作面板上的方向键【+X】、【-X】、【+Z】、【-Z】,车床刀具就朝所选择的方向连续进给。进给速度由进给倍率旋钮调整。从低倍率到高倍率,进给速度依次升高,在 LCD 显示屏上有进给速度显示。

在 JOG 方式下,快速进给键锁定后,按住方向键,车床并不以进给倍率旋钮的进给速度移动,而是快速移动(G00 速度)。

(7) 手摇工作模式(HANDLE)

在这个方式下,通过要动手轮脉冲发生器来达到车床移动控制的目的。车床移动的快慢是通过选择手摇方式下的×1、×10、×100 三个倍率来进行控制。车床 X 轴、Z 轴的移动是通过用户操作面板上的选择开关来进行控制,而每个移动的方式是对应于手轮上的"+""-"符号方向。

2. 程序运行控制按钮

(1) 程序运行开始按钮(START)

选择好零件加工程序后,按此键机床自动运行加工任务。模式选择旋钮在"AUTO"和"MDI"模式位置时按下此键有效,其余模式按下无效。

(2) 程序运行暂停按钮(PAUSE/HOLD)

在程序运行过程中,按下此按钮暂停程序运行,进给运动停止,但主轴仍然继续旋转,若重新按下程序运行开始按钮,程序将继续运行。

(3)程序单段运行按钮(SBK)

这个按钮为自锁按钮。当按一下时,指示灯亮,再按一下时,指示灯熄灭。当单段运行按钮指示灯亮时,单段运行有效。

单段运行,即每次只运行一段程序,但它和 MDI 运行是不同的。MDI 运行是临时从键盘上输入一段程序,然后立即执行,一次可执行一段程序;而单段运行则是对由多个程序段组成的已预先编写好的整个程序采用逐步运行的方法,一次读入一个程序的内容,按"循环启动"键执行,执行完后即处于等待状态,直到再按"循环启动"后,才又读入下一段程序并运行。它也是一次只运行一段程序。从整个运行结果来看,单段运行和自动连续运行并没有什么不同,由于连续运行时程序的执行往往并不一定要等到前一段完全结束才开始运行下一段,这样,图纸上的尖角通常都实际加工成了圆弧过渡的效果;要想得到尖角,应该如前面提到的需要增加 G04 的暂停指令。而采用单段运行方式就可很好地保证尖角的形成,如果程序中没有使用 G04,而又希望得到尖角,可通过监控在需要的时候按下单段运行的开关至灯亮有效,不需要时可再按下单段运行开关至灯熄。

采用单段方式,还可根据需要暂停加工来进行中间加工结果的检测。和"进给保持"开关键功能相比,单段运行则可确保在某段程序运行完成后才暂停,因此,不会像"进给保持"那样往往在加工中途的工件表面留下刀具接痕。此外,还有很重要的一点就是采用单段方式可以很方便地观察到每一段程序的运行效果,因而既有助于更好地理解程序,也有助于检查出程序运行的错误所在。

(4)程序跳段运行按钮(BDT)

这个按钮也是自锁按钮。当 BDT 指示灯亮时,说明跳跃功能有效。

例如:N5 G90 G54 G00 X0 Y0 Z100;

N10 M3 S800;

/N15 G01 X100 F100;

N20……;

N25……M30;

当 BDT 按钮有效时,程序执行完 N10 后,跳过 N15 直接执行 N20;当 BDT 无效时,程序执行顺序是:N5—N10—N15—N20……

程序的跳段运行主要是用于个别不大确定的程序段中,这些程序段指令有时候会需要运行,有时候却又不需要运行。(比如说,有些程序段是试车时或首次运行时需要用到,调试运行通过后就不再需要的。)跳段运行的处理是:在可能需要跳段运行的个别程序段前,加上一个"/"符号,程序执行时,数控系统在读到带"/"符号的程序段时,先去检测判断"跳段开关"是否接通有效:若有效,则跳过这一程序段而去执行下一段程序指令;若未接通,将无视这一符号,照常运行这段程序。因此,不需要运行时,可以运行到该程序段之前先按下跳段开关至灯亮为有效状态;需要运行这些程序时,应在运行前先按下跳段开关至灯灭,为断开无效状态。

(5)空运行按钮(DRN)

这个按钮也是自锁按钮。当 DRN 指示灯亮时,空运行有效。

空运行检查是正式加工前必须进行的操作之一。当程序编写完成以后,可先进行空运行检查,检查程序中有无语法错误;检查走刀轨迹是否符合要求,有无超行程的可能;还可以检查工艺顺序是否安排的合理等。空运行时,系统将忽略程序中的进给速度指令的限制,直接以机床各轴能移动的最快速度移动,因此,应在未安装毛坯的情况下进行。

注意:不可装工件空运行程序!

(6) 机床锁定按钮

这个按钮也是自锁按钮。按下此键机床各轴被锁住,只能程序运行,机床不能动作。可以利用图形显示检查运动轨迹是否正确。但机床锁定运行程序后如果开始加工,一定要重新回零,否则得不到正确的零件或产生"撞车"。

(7) 主轴倍率和进给倍率调整旋钮

主轴倍率调整旋钮用来调整主轴转速,如果程序指令 S600 M03,主轴转速应是600 r/min,主轴倍率调整旋钮在 50%时,实际转速只有 300 r/min,并且主轴倍率可以在加工过程中随时调整。

进给倍率调整旋钮与之类似,不过它调节的是机床轴的进给速度,若程序指令 G97 G01 X30.0 F0.5;进给倍率调整旋钮在 50%时,实际进给速度是 0.25 mm/r。进给倍率也可以在加工过程中随时调整。

3. 机床手动控制按钮

(1) 手动移动机床轴按钮

在手动进给模式下,选择机床+X、-X、+Z、-Z 坐标轴按钮按下保持,机床被选定轴及方向以进给倍率选择按钮选定的速度移动,按钮松开,移动停止。

(2) 机床主轴手动控制按钮

三个按钮依次是主轴正转、主轴停止、主轴反转,这三个按钮是互锁的,同时只能有一个按钮作用。在手动进给模式下有效。

注意:开机回零时直接按主轴正转或反转按钮,主轴将不动。因为系统中主轴转速模态值为 0,必须用 MDI 方式:S600 M03;启动主轴,使系统中存有主轴转速模态值,才能按主轴正转或反转按钮启动主轴。或者在自动方式下直接运行调试好的程序,也可使系统中存有主轴转速模态值。

(3) 切削液开关

按下冷却开键,切削液开;再按冷却关键,切削液关。这两个按钮也是互锁的。

有的机床只有一个自锁按钮,当按一下时,指示灯亮。切削液开;再按一下时,指示灯熄灭,切削液关。

4. 其他按钮、开关、指示灯

(1) 电源开关按钮

数控系统电源开关按钮位于右操作面板左下部。绿色按钮为"ON"、红色按钮为"OFF"。

(2) 急停按钮

机床在遇到紧急情况时,马上按下急停按钮,这时机床进给紧急停止,主轴也马上紧急刹车。急停按钮与其他一般按钮不同,按下后不会自动弹出,当消除故障因素后,顺时针旋转急停按钮才能复位,机床经过重新回零后可继续操作。

另外,数控系统操作面板上有多个指示灯,显示机床运行状态、各键状态、工作方式等,方便对系统运行的观察与监控。

4.2.2　FANUC 数控车床的基本操作

一、数控车床的开关及回零操作

1. 数控车床的开机

数控车床开机的步骤如下：

（1）检查数控车床的外观（比如：检查前、后门是否关好）是否正常。

（2）要先开机床，后开与机床 RS232 接口的电脑等外部设备，避免数控机床在开机过程中，由于电流的瞬间变化而冲击电脑等外部设备。

（3）推上电源开关，接通机床电源电气开关。

（4）按下数控系统操作面板上的"ON"电源按钮。如果机床一切正常，在显示屏显示相应的页面。如图 4-6 所示。

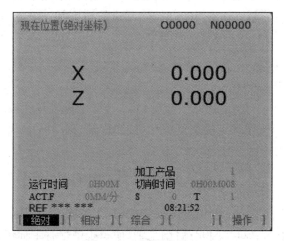

图 4-6　开机显示画面

2. 数控车床的回零操作（回参考点）

正常开机后，操作人员应首先进行回零（返回参考点）操作。因为机床在断电后就失去了对各坐标位置的记忆，所以在接通电源后，必须让各坐标值回零（返回参考点），建立机床坐标系，确定机床现在坐标位置。

机床回参考点的注意事项：

（1）不是每次回参考点都能顺利实现，当刀架位置距离参考点太近时，有可能回参考点失败，所以数控车床关机时机床各坐标轴一般不停在坐标值最大处，而是停在中间位置，方便下一次开机回零。当系统报警显示不能回参考点时，应重新进行回参考点操作。

（2）机床设计不同，回零方式也不同。有的机床按一次，【X】或【Z】键，机床坐标轴就以稳定的速度回零；而有的机床必须保持按【X】或【Z】键，机床坐标轴以选择的速度回零，如果选择的速度太快，就容易发生超程。当超程时，需要解除报警，具体操作如下：

① 把方式选择旋钮指向"JOG"；

② 按轴向选择上对应的已超程的轴；

③ 按超程解除按钮;

④ 按轴移动对应的超程反方向移动坐标轴。

(3) 为保证安全,应先保证 X 轴先回参考点。回参考点操作步骤如下:

① 把方式选择按钮指向回参考点位置;

② 按轴选择的【X】键,选择 X 轴,X 轴指示灯亮;

③ 按轴移动的"+"向键并保持,工作台沿 X 轴正向移动,当机床 X 轴回零后,参考点对应的 X 上方指示灯亮,X 轴停止运动。

④ 按轴选择的【Z】键,选择 Z 轴,Z 轴指示灯亮;

⑤ 按轴移动的"+"向键并保持,工作台沿 Z 轴正向移动,当机床 Z 轴回零后,对应的 Z 上方指示灯亮。

注意:

① 每次开机后必须首先执行回参考点操作后,再进行其他操作!

② 在一般情况下,必须 X 轴先回参考点,Z 轴再回参考点,防止刀架与尾座发生干涉碰撞。初学者切记!

3. **数控车床的关机**

数控车床停止前的注意事项:

① 检查操作面板上表示循环启动的 LED 指示灯是否关闭。

② 检查 CNC 机床的移动部件是否都已停止。

③ 如果外部的输入/输出设备连接到机床上,请关掉输入/输出设备(PC 机等)的电源,避免数控机床在关机过程中,由于电流的瞬间变化而冲击电脑等外部设备。

数控车床停止的操作步骤:

① 按下操作面板上的电源红色开关,关掉系统电源。

② 拉下电气箱上的总电源开关,机床断电。

二、数控车床的手动操作

1. **手轮操作(HANDLE)**

在数控车床对刀时,一般都用手轮来移动刀具接近工件。用手轮移动坐标轴的步骤如下:

① 机床回参考点。按上节的步骤使机床回参考点。

② 把方式选择旋钮指向手轮位置。

③ 主轴以合适的转速启动。

④ "轴选择"选"X",X 轴指示灯亮。

⑤ 进给倍率按钮×1、×10、×100 三个倍率来进行控制。

⑥ 逆时针旋转手轮,移动主轴沿 X 轴负向移动至适当位置。

⑦ "轴选择"选"Z",Z 轴指示灯亮。

⑧ 进给倍率按钮×1、×10、×100 三个倍率来进行控制。

⑨ 逆时针旋转手轮,移动主轴沿 X 轴负向移动至适当位置。

2. **手动连续进给(JOG)**

(1) 关于手动连续进给(JOG)的说明:

① 在 JOG 方式下,连续按下操作面板上的进给【轴选择】及其【轴移动】键,方向选择开

关会使刀具沿着所选轴的所选方向连续移动。

② JOG进给速度可以通过"进给倍率"旋钮进行调整。

③ 按下"快移"按钮锁定后,会使刀具以快速移动(G00速度)移动,而不管JOG"进给倍率"旋钮的位置,该功能叫作手动快速移动。

④ 手动操作一般只能移动一个轴。

⑤ 快速移动过程中的加/减速。手动快速移动中的速度时间常数和自动加/减速的方法与程序指令G00是一样的。

⑥ 要执行JOG进给,应首先进入手动连续进给"JOG"方式,然后再选择进给轴及其方向。

(2) 手动连续进给(JOG)操作步骤:

① 按下方式选择开关的手动连续进给"JOG"选择开关。

② 通过进给【轴选择】键和【轴移动】键选择将要使刀具沿其移动的轴及其方向,按下该键时刀具以当前屏幕显示的速度移动,释放该键,移动停止。

③ JOG进给速度可以通过"进给倍率"旋钮进行调整。

④ 按下进给【轴选择】键和【轴移动】键的同时按下"快移"按钮,刀具会以G00快移速度移动,在快速移动过程中快速移动倍率开关有效。

三、数控车床的 MDI 操作

1. MDI 操作说明

(1) 在MDI方式中,通过MDI面板,可以编制最多10行的程序并被执行,程序格式和通常程序一样。MDI运行适用于简单的测试操作。

(2) 在MDI方式中,M30不能将控制回到程序的起始部分(M99可以完成该功能)。

(3) 删除程序,在MDI方式中编制的程序可以按如下方式被删除:

① 在MDI运行中,执行了M02、M30,在单程序段操作时,执行完程序的最后一段后程序被自动删除。

② 在存储器方式中,如果执行了存储器运行。

③ 在编辑方式中,如果执行了任何编辑。

④ 如果执行了背景编辑。

⑤ 执行了复位操作。

(4) 重新启动,在MDI运行停止期间执行了编辑操作后,会从当前的光标位置处重新启动运行。

(5) 程序的存储,在MDI方式中编制的程序不能被存储。

(6) 一个程序的行数,屏幕一页上能显示多少行,程序就可以编多少行。可以编制最多6行的程序。当参数指定为压缩显示连续的信息,此时可以编制长达10行的程序。如果编制的程序超过了指定的行数,就不能进行插入和删除。

(7) 子程序的嵌套,在MDI方式中编制的程序可以调用指定的子程序(M98)。这就是说,存储到存储器中的程序可以通过MDI方式进行调用并被执行。除了自动运行的主程序,还可以允许最多4级的子程序嵌套。

(8) 宏调用,在MDI方式中也可以编制、调用并执行宏程序。然而,在子程序执行期间,在存储器运行停止后进入MDI方式时,不能执行宏程序的调用命令。

（9）存储区，当在 MDI 方式中编制了一个程序后就会用到程序存储器中的一块空的区域。如果程序存储器已满，则在 MDI 方式中就不能编制任何程序。

2. MDI 操作步骤

（1）把"方式选择"旋钮旋到"MDI"方式位置。

（2）按下 MDI 操作面板上的【PROG】功能键选择程序屏幕。显示如图 4-7 所示，自动加入程序号 O0000。

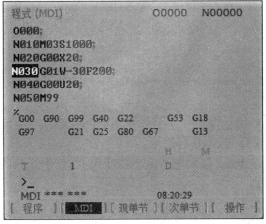

图 4-7　MDI 显示页面

（3）用通常的程序编辑操作编制一个要执行的程序。在程序段的结尾加上 M99，用以在程序执行完毕后，将控制光标返回到程序头。在 MDI 方式中编制程序可以用插入、修改、删除、字检索、地址检索和程序检索操作。

（4）要完全删除在 MDI 方式中编制的程序，需使用以下方法。

① 输入地址，然后按下 MDI 面板上的【DELETE】键。

② 按下【RESET】键，这种情况需将参数设定支持。

（5）为了执行程序，需将光标移动到程序头（从中间点启动执行也是可以的）。按下操作面板上的【循环启动】按钮，程序启动运行。当执行程序结束语句（M02 或 M03）后，程序自动清除并且运行结束。通过指令 M99，控制自动回到程序的开头。

（6）要在中途停止或结束 MDI 操作，请按以下步骤进行。

① 停止 MDI 操作。按下操作面板上的【进给保持】按钮，进给保持指示灯亮，【循环启动】指示灯熄灭。机床响应如下：

a. 当机床在运行时，进给操作减速并停止。

b. 当执行 M、S 或 T 指令时，操作在 M、S 和 T 执行完毕后运行停止。

当操作面板上的【循环启动】按钮再次被按下时，机床的运行重新启动。

② 结束 MDI 操作。按下 MDI 面板上的【RESET】键。自动运行结束，并进入复位状态。当在机床运行中执行了复位命令后，运行会减速并停止。

4.2.3　程序的编辑与管理

程序是数控加工的灵魂，程序的编辑是数控系统操作的基本技能。这里以一个典型、简短的实例程序介绍程序的编辑与管理,如下所示。

N10　S600　M03;

N20　T0101;

N30　M08;

N40　G00　X40.0　Z5.0;

N50　G01　Z−30.0　F100;

N60　X80.0;

N70　G00　X100.0　Z200.0;

N80　T0100;

N90　M30;

一、新建程序

适用系统操作面板创建并输入程序的步骤如下:

(1) 把【方式选择】键选择【EDIT】模式。

(2) 按下 MDI 键盘上的【PROG】键,显示程序画面(如果系统内原来有程序,会显示上次最后运行的程序内容)。

(3) 按下地址键【O】,输入程序号码(数字如:0012)。

(4) 按下【INSERT】键。

(5) 按【EOB】键,自动生成第一行行号 N010(行号自动生成、行号的间隔需要参数设定支持,不使用的行号程序也能运行,推荐使用自动生成行号,程序比较规范)。

(6) 按编程内容依次输入程序,每个程序段尾按【EOB】键,程序段自动录入。

图 4−8 为程序编辑的画面。

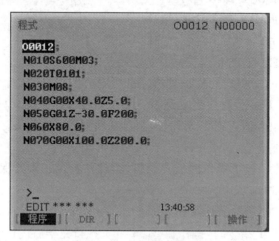

图 4−8　程序编辑画面

建议:程序输入过程中如果出现错误,请不要立即修改,以免降低输入速度,等到程序输入完毕,检查程序内容的同时就可以修改错误。

说明:按下地址键【O】,输入程序号码(数字如:0012)后如果出现如图 4−9 报警画面:

这种报警信息表示你准备使用的程序号 O0012 已经被别人使用,需要换另外的程序号如 O0065 或 O0036 等。从报警画面返回编程画面的步骤:

(1) 按【RESET】复位键消除报警闪烁。

(2) 按【PROG】程序键重新显示编辑画面。

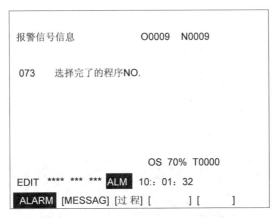

图 4-9　程序编辑报警画面

二、程序的检索

1. 字与编辑单元的概念

前面定义的字是一个地址后面带有一个数字,对于用户宏程序,字的概念变得很模糊。所以在这里考虑编辑单元的概念。

(1) 编辑单元的定义

程序中,从一个地址到另一个地址的程序部分。如 G00 X100.0,G00 是一个字,编辑时如果要把 G00 改为 G01,不能只输入 1,必须输入 G01 才能修改。

对于用户宏程序,字的概念变得很模糊。IF,WHILE,GO TO,END,DO 或(EOB)等都是一个独立的编辑单元。改动其中任何一个字符都必须整个编辑单元一并改动。例如:程序中的 N40♯1=SQRT[3.0×3.0+6.0×2.0],其中 6.0×2.0 应该是 6.0×5.0,改动 2.0 时必须把=SQRT[3.0×3.0+6.0×5.0]作为一个编辑单元重新输入一遍才能修改,如图 4-10 所示。

所以编辑单元是一个用来进行替换或删除操作的单位。字的含义也重新定义。

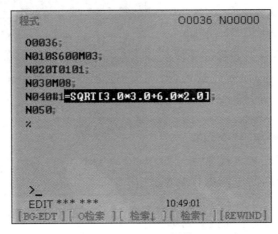

图 4-10　程序编辑单元

(2)"字"的含义

当使用在编辑操作中时意味着是有精确定义的编辑单元。

2. 检索

一个数控系统中建立有多个程序号不同、内容不同的加工程序;一个加工程序中有多段内容不同的程序段;一个程序段中有多个不同的字或地址;在进行程序编辑操作前必须确定要修改的对象,这是在程序编辑之前必要的操作,这种操作称为检索。包括顺序号检索、字检索、地址检索等。

1) 程序号检索

图 4-11 为数控系统的程序列表。

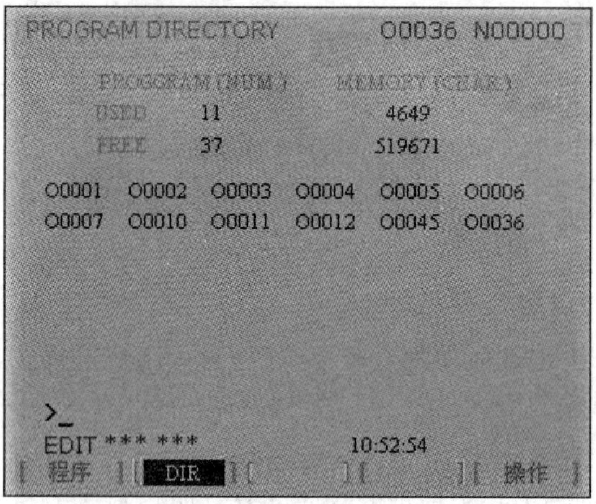

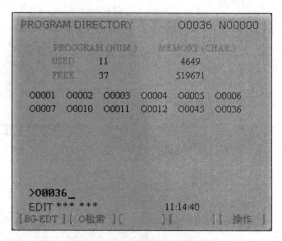

图 4-11 数控系统的程序列表

一个数控系统中建立有多个程序号不同、内容不同的加工程序,在自动加工模式和程序编辑模式都要选择一个程序。选择步骤如下:

(1) 确定检索,即知道被选择程序的程序号和内容,选择该程序。

① 选择【EDIT】程序编辑模式或【MEMORY】自动加工模式。

② 按下【PROG】键显示程序屏幕。

③ 输入地址 O。

④ 输入要检索的程序号。

⑤ 按下【O 检索】键或 ↓ 下光标键。

⑥ 检索结束后,检索到的程序号显示在屏幕的右下角。屏幕显示程序的内容。例如:查找 O0036 号程序,输入 O0036 或 O36 均可。如图 4-12 所示。

如果没有找到该程序,就会出现 P/S 报警 No.71(指定的程序号未检索到),如图 4-13 所示,从报警画面返回编程画面的步骤:

① 按【RESET】复位键消除报警闪烁。

图 4-12 确定检索程序

② 按【PROG】程序键重新显示编程画面。

③ 按【DIR】软键重新显示程序列表画面。

（2）不确定检索，即不知道被选择程序的程序号，但知道内容，如何选择该程序。

① 选择【EDIT】程序编辑模式或【MEMORY】自动加工模式。

② 按下【PROG】键显示程序屏幕。

③ 输入地址 O。

④ 按下【OSRH】软键或下光标键，显示下一个程序内容。

⑤ 重复③④步骤，直到找到内容符合要求的程序（注：程序列表不是按序号大小规则排列，这种情况需要耐心细致查找）。

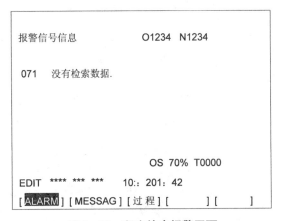

图 4-13　程序检索报警画面

2）程序段号的检索

自动运行时程序段号的检索。顺序号检索通常用于在程序中间检索某个程序段，以便从该段开始执行程序（注：执行程序时并不一定从程序头开始，可以从程序中间开始，一般是光标停留在哪一行，从哪一行开始执行程序）。例如：检索程序 O0006 中的顺序号 N036，从N036 段开始执行加工程序。如图 4-14 所示。

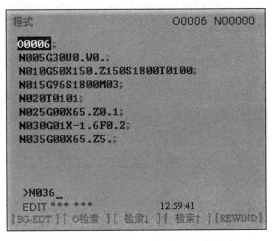

图 4-14　自动运行时程序段号的检索

① 选择【MEMORY】自动加工模式。

② 按下【PROG】键显示程序屏幕。

③ 输入顺序号 N036。

④ 按下【检索↓】软键或下光标键↓,显示从 N036 开始的程序内容。如图 4－16 所示。

说明:

① 如果输入的顺序号是程序中没有的,如输入顺序号 N085 检索,则会出现如图 4－15 所示的报警画面。

② 从报警画面返回程序画面的步骤是:

a. 按下【PROG】键显示程序屏幕,按【RESET】复位键消除报警闪烁。

b.【EDIT】编辑模式下程序段号的检索。在编辑模式下程序段号是按照字来检索的, 详见下面内容。

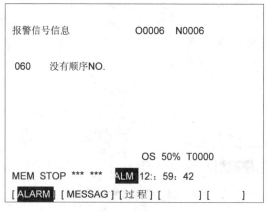

图 4－15　程序段号检索报警

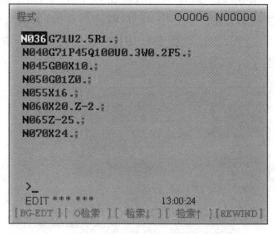

图 4－16　检索完成后画面

3) 程序字的检索

程序字的检索一定在程序编辑模式下进行,检索的准备:

① 在工作模式键选择【EDIT】编辑方式。

② 按下【PROG】键。

③ 选择要进行编辑的程序。如果已选择了要编辑的程序则执行操作；如果尚未选择将要编辑的程序，先进行程序号的检索，找到要编辑的程序。

程序字的检索也分为不确定检索和确定检索。

(1) 程序字的不确定检索。常用来检查程序内容在输入过程中是否有误，程序内容是否合理等。不确定检索的步骤：

① 按下向右光标键【→】。光标在屏幕上向前一个字一个字地移动，光标显示在所选的字上。

② 按下向左光标键【←】。光标在屏幕上向左一个字一个字地移动，光标显示在所选的字上。

③ 持续按下向右光标键【→】或向左光标键【←】，对字进行连续扫描。

④ 当按下向下光标键【↓】时，检索下一程序段的第一个字。

⑤ 当按下向上光标键【↑】时，检索上一程序段的第一个字。

⑥ 持续按下向上光标键【↑】或向下光标键【↓】，会连续的将光标移动到各程序段的开头。

⑦ 按下翻页键下键显示下一页并检索该页中的第一个字。

⑧ 按下翻页键上键显示前一页并检索该页中的第一个字。

⑨ 持续按下翻页键上键或下键会连续显示各页面中的第一个字。

组合应用上面的检索方式，找到程序中需要修改的地方并加以改动。

(2) 程序字的确定检索。常用来检查并改正程序输入过程已知的错误。如图 4 - 17 所示。

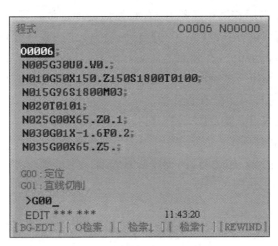

图 4 - 17　程序字的确定检索

确定检索的步骤：

① 输入要检索的字，例如：在 O0006 程序中检索字 G00。

② 按下【检索↓】键开始向程序尾部检索过程。检索完成后，光标显示在 G00 上。若按下【检索↑】键就会执行相反方向(向程序头部)的检索。

③ 一个程序中可能有多个相同的字，例如：图 4 - 17 中的程序中有两个相同的 G00。如果检索到的字不是需要的，重复①，②的步骤。

注意：

① 输入字（如 G00）必须精确，如果仅输入 G0 就不能检索 G00，要检索 G00 就必须输入 G00。

② 如果输入要检索的字的程序中检索不到，则会出现图 4 - 13 报警。返回程序画面的方法是：按下【PROG】键显示程序屏幕，按下【RESET】复位键消除警报闪烁。

（4）程序地址的检索

有时需要检索程序中所有的同类字，例如：检索所有的 G00，G01，……，G 代码，这时 G 代码较多，无法用确定程序字检索，可以用程序地址检索。其方法类似于程序字的确定检索：

① 输入要检索的地址，例如：在 O1234 程序中检索地址 G。

② 按下【检索↓】键开始向程序尾部检索过程。检索完成后，光标停留在第一个包含地址 G 的字上。若按下【检索↑】键而不是【检索↓】键就会执行相反方向（向程序头部）的检索操作。

③ 一个程序中可能有多个相同的地址，例如：上图中的程序中有多个包含地址 G 的字。如果检索到的字不是需要的，重复①，②步骤。

注意：如果输入要检索的地址在程序中检索不到，则会出现图 4 - 13 报警。返回程序画面的方法：按下【PROG】键显示程序屏幕，按【RESET】复位键消除报警闪烁。

（5）光标在程序头的定位

前面提到过，光标停留在哪一行，自动运行时就从哪一行开始执行程序。而在检索过程或自动运行过程中断后，光标多数停留在程序中间，不符合程序自动运行一般从程序头开始的要求。因此不论在编辑模式结束还是开始，必须把光标定位在程序头。其方法如下：

① 当处于【EDIT】编辑方式或【AUTO】自动运行模式的程序画面时，按下【RESET】复位键，光标回到程序的起始部分，在画面上从头开始显示程序的内容。

② 当按下【EDIT】编辑方式或【AUTO】自动运行模式的程序画面时，按下地址键【O】，按下软键【O 检索】，光标即可定位在程序头。

③ 当处于【EDIT】编辑方式或【AUTO】自动运行模式的程序画面时，按下【REWIND】软键，光标即可定位在程序头。

注意：程序可以从中间开始运行，但程序必须符合一定的要求才可以。贸然从一般程序中间开始运行将造成不可预料的错误。

三、程序的编辑

1. 程序字的编辑

程序字的编辑操作包括字的插入、修改、删除和替换。编辑前必须先选择程序：

① 在工作模式键选择【EDIT】编辑方式。

② 按下【PROG】键。

③ 选择要进行编辑的程序。如果已选择了要编辑的程序则执行下面的操作；如果尚未选择将要编辑的程序，先进行程序号的检索，找到要编辑的程序。

（1）程序字的插入

插入字的步骤：

① 检索到插入位置的前一个字,如要在 G01 后面(或 Z-30.0 前面)插入字,光标定位在 G01 上,如图 4-18 所示。

② 输入将要插入的字 X42.0。

③ 按下【INSRT】键,即被输入。如图 4-19 所示。

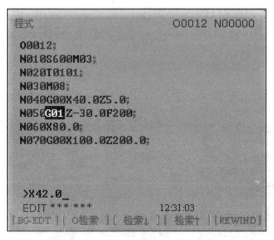

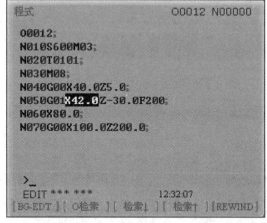

图 4-18　程序字的插入前画面　　　　图 4-19　程序字的插入后画面

(2) 程序字的修改替换

替换一个字的步骤:

① 检索到将要替换的字,例如:要修改 X42.0,光标定位在 X42.0 上。

② 输入要修改的字,如:X38.0。

③ 按下【ALTER】键,X42.0 即被替换为 X38.0,如图 4-20 所示。

(3) 程序字的删除

删除一个字的步骤:

① 检索到将要删除的字,例如:光标定位在要删除的字 X42.0 上。

② 按下【DELET】键,X42.0 即被删除,如图 4-21 所示。

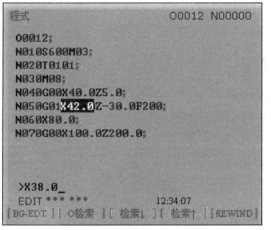

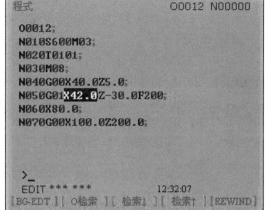

图 4-20　程序字的修改替换　　　　图 4-21　程序字的删除

2. 程序段的编辑

程序段的编辑包括行的插入、删除,行的删除还包括单行的删除和多行的删除。

(1) 行的插入

前面提到,程序的行号是每 10 个间隔排列的。N010,N020,……,为的是修改程序时可以在 N010 和 N020 之间插入 N011,N012……行,程序行插入的步骤:

① 光标定位在要插入位置的前一行的行尾,例如:在 N020 行和 N040 行之间插入 N030 行,光标定位在 N020 行的行尾,如图 4-22 所示。

② 输入要插入行的内容,如:N030 M80。

③ 按【INSRT】键,N030 行即被输入。如图 4-23 所示。

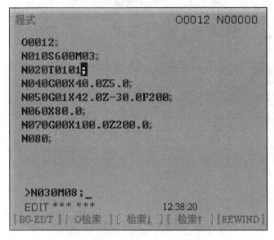

图 4-22 行的插入前画面

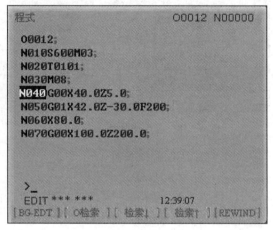

图 4-23 行的插入后画面

(2) 行的删除

单行的删除有两种方法,一是用删除字的方法,从行号开始,把行内的所有字都删掉。另一种方法:

① 光标定位在要删除行的行号上,例如:要删除 N030 行,光标定位在 N030 上。

② 输入"EOB(;)",如图 4-24 所示。

③ 按下【DELETE】键,N030 行即被删除。

多行删除的步骤:

① 检索或扫描将要删除的第一个程序段的第一个字。例如:要删除 N030 行到 N070 行的内容,首先把光标定位在 N030 行的第一个字 N030。

② 键入将要删除的最后一个程序段的顺序号,如键入 N70。

③ 按下【DELETE】键 N030 行到 N070 行间的内容即被删除(图 4-25 所示)。

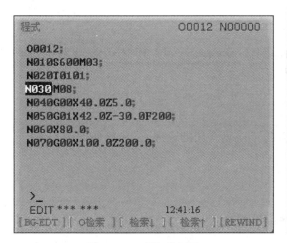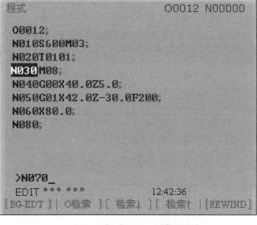

图 4-24 单行的删除　　　　　图 4-25 多行的删除

3. 程序的删除

数控系统的内存都不是很大，许多用完的程序、练习程序必须删除，节省空间。方便程序管理。存储到内存中的程序可以被删除，一个程序或者所有的程序都可以被一次性删除。同时也可以通过指定一个范围删除多个程序。

(1) 删除一个程序

可以删除存储在内存中的一个程序(图 4-26)。步骤如下：

① 选择【EDIT】方式。

② 按下【PROG】键显示程序屏幕。

③ 键入地址 O。

④ 键入要删除的程序号。

⑤ 按下【DELETE】键。输入的程序号的程序被删除。

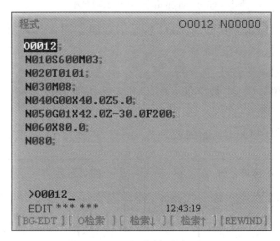

图 4-26 程序的删除画面

(2) 删除指定范围内的多个程序

内存中指定的程序号范围中的程序被删除。步骤如下：

① 选择【EDIT】方式。

② 按下【PROG】键显示程序屏幕。

③ 以如下格式输入将要删除的程序号的范围：Oxxxx，Oyyyy。其中 xxxx 代表将要删除程序的起始程序号，yyyy 代表将要删除的程序的终了程序号。

④ 按下【DELETE】键，删除程序号从 No. xxxx 到 No. yyyy 之间的程序。

（3）删除所有程序

存储在内存中的所有程序（不要轻易操作，防止误删有用的程序）。步骤如下：

① 选择【EDIT】方式。

② 按下【PROG】键显示程序屏幕

③ 键入地址 0~9999。

④ 按下【DELETE】键，内存中所有的程序都被删除。

四、扩展的程序编辑功能

使用扩展的程序编辑功能，可以通过软件对存在内存中的程序执行那个如下操作。可以执行下列的编辑操作：一个完整的程序或者是程序的一部分将会移动到另一个程序；一个程序可以合并到另一个程序的任一位置；一个程序中指定的字或者地址可以替换成另一个字或地址。

1. 程序的拷贝

通过拷贝可以生成一个新的程序，拷贝可以分为完整拷贝和部分拷贝。

（1）程序的完整拷贝

拷贝一个完整程序步骤（图 4-27）如下：

① 进入【EDIT】方式。

② 按下功能键【PROG】，显示程序画面，找到要拷贝的程序，例如：O0012。按下软键【操作】。

③ 按下菜单右扩展键 ▶ ，显示画面如图 4-28 所示。

④ 按下扩展的程序编辑软键【EX-EDT】，显示画面如图 4-28 所示。

⑤ 按下软键【复制】。

⑥ 按下软键【全部】。

⑦ 键入新建的程序号（只用数字如：0013）键入并按下 MDI 键盘上的【INPUT】键。

⑧ 按下软键【EXEC】。

⑨ 显示拷贝的新程序 O0013 的内容。

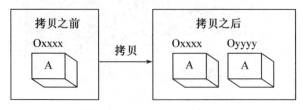

图 4-27　拷贝一个完整程序

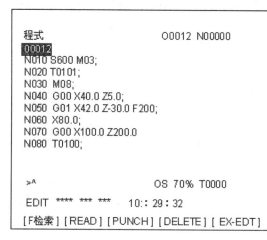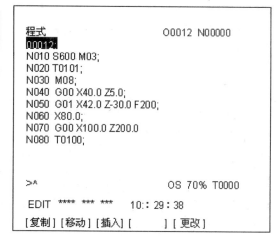

图 4-28　程序的完整拷贝画面一

（2）程序的部分拷贝

通过拷贝程序的一部分也可以生成一个新的程序。如图 4-29 所示,程序号 xxxx 的程序的一部分被拷贝生成一个新的程序号为 yyyy 的程序。拷贝操作后,指定编辑范围的程序保持不变。

拷贝程序如下:

① 进入【EDIT】方式。

② 按下功能键【PROG】,显示程序画面,找到要拷贝的程序,例如:O0012。

③ 按下软键【操作】,按下菜单右扩展键 ▶ 。

④ 按下扩展键程序编辑软件【EX-EDT】,显示画面如图 4-30,按下软件【复制】。

⑤ 将光标移动到要拷贝范围的开头,按下软键【CRSR~】,例如:要拷贝 N020 至 N030 行之间的内容,将光标移动到前一行 N010 的尾部,如图 4-30。

⑥ 将光标移动到要拷贝范围的末尾,如:光标定位在 N030 的尾部,按下软件【~CRSR】或【~最后】(在后一种情况下,不管光标的位置如何,直到程序结束的程序段都将被拷贝)。

⑦ 键入新建的程序号(只用数字如:0013)键并按下 MDI 键上的【INPUT】键。

⑧ 按下软件【EXEC】。

⑨ 显示拷贝的新程序 O0013 的内容如图 4-31 所示。

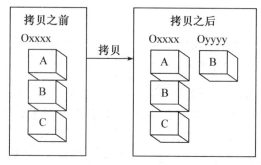

图 4-29　拷贝程序的一部分

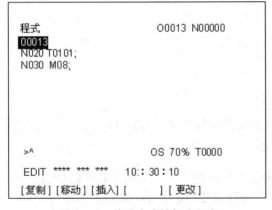

```
程式                      O0012 N00000
O0012;
N010 S600 M03█
N020 T0101;
N030 M08;
N040 G00 X40.0 Z5.0;
N050 G01 X42.0 Z-30.0 F200;
N060 X80.0;
N070 G00 X100.0 Z200.0
N080 T0100;

复制 CLSL~

>^                       OS 70% T0000

 EDIT **** *** ***    10::29:50
[CLSL] [    ] [~CLRS] [~最后] [全部]
```

```
程式                      O0012 N00000
O0012;
N010 S600 M03
N020 T0101;
N030 M08█
N040 G00 X40.0 Z5.0;
N050 G01 X42.0 Z-30.0 F200;
N060 X80.0;
N070 G00 X100.0 Z200.0
N080 T0100;

复制 CLSL~

>^                       OS 70% T0000

 EDIT **** *** ***    10::29:55
[CLSL] [    ] [~CLRS] [~最后] [全部]
```

图 4-30　拷贝部分程序

```
程式                      O0013 N00000
O0013
N020 T0101;
N030 M08;




>^                       OS 70% T0000

 EDIT **** *** ***    10::30:10
[复制] [移动] [插入] [    ] [更改]
```

图 4-31　拷贝生成的部分程序

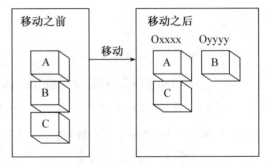

图 4-32　移动程序的一部分

2. 程序的移动和合并

（1）移动程序的一部分

通过移动程序的一部分，可以生成一个新程序。

如图 4-32 所示，程序号为 xxxx 的 B 部分被移出并生成一个新程序，程序号为 yyyy，程序号为 xxxx 的 B 部分程序被删除。

移动部分程序的步骤如下：

① 进入【EDIT】方式。

② 按下功能键【PROG】，显示程序画面，找到要移动的程序，例如：O0012。

③ 按下软件【操作】，按下菜单有扩展键 ▶ 。

④ 按下扩展的程序编辑软件【EX-EDT】，显示画面如图 4-33，按下软件【移动】。

⑤ 将光标移动到要移动范围的开头，按下软件【CRSR~】如：要移动 N010 至 N030 行之间的内容，光标移动到 N010 行前的";"上，如图 4-33 所示。

⑥ 将光标移动到要移动范围的末尾，如：光标定位在 N030 行的尾部，如：光标定位在

N030 行的尾部,按下软件【~CRSR】或【~最后】(在后一种情况下,不管光标的位置如何,直到程序的结束程序段都将被移动)。

⑦ 键入新建的程序号(只用数字如:0014)键并按下 MDI 键盘上的【INPUT】键,如图4-34 所示。

⑧ 按下软件【EXEC】。

⑨ 显示移动的新程序 O0014 的内容,被移动后的原 O0012 程序的内容减少,如图4-35 所示。

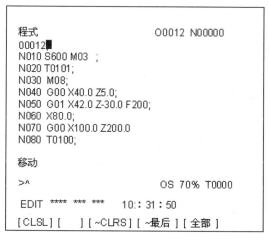

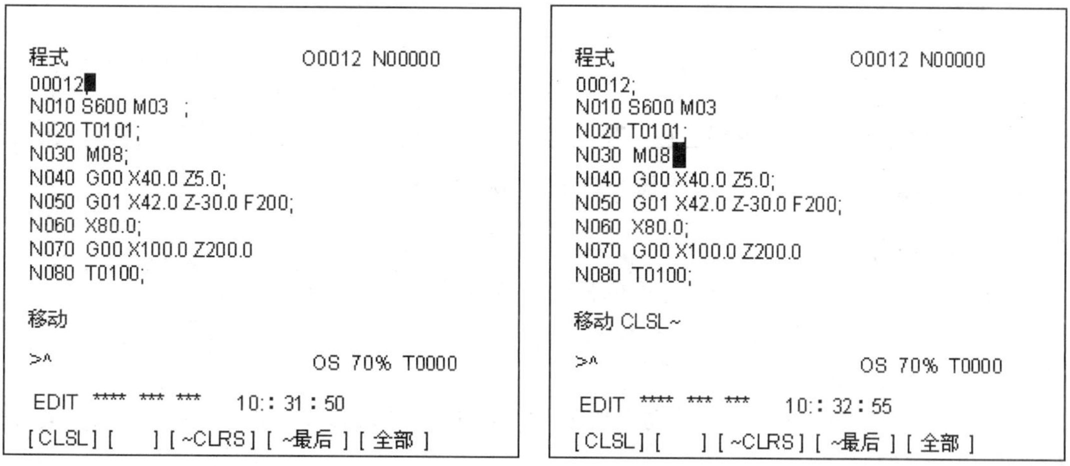

图 4-33　移动部分的程序

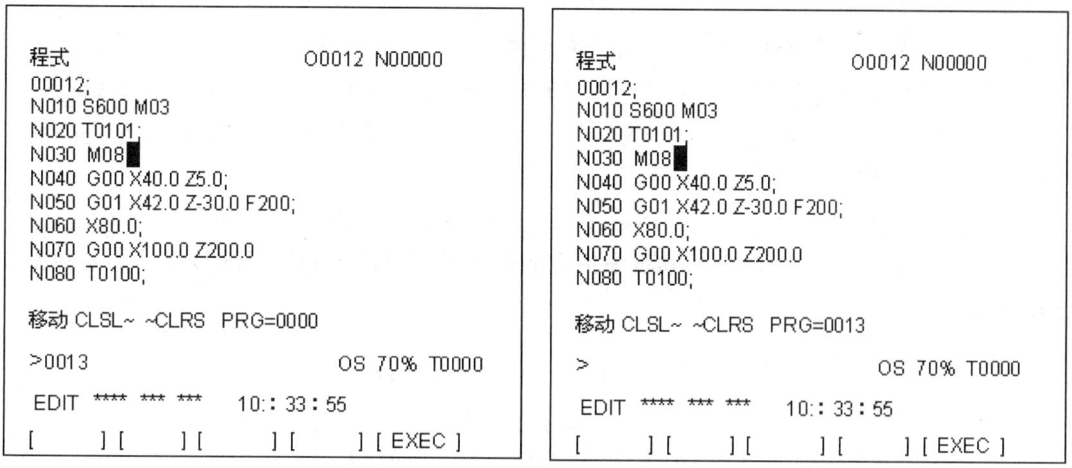

图 4-34　移动部分程序的过程

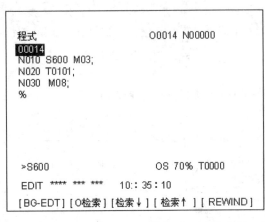 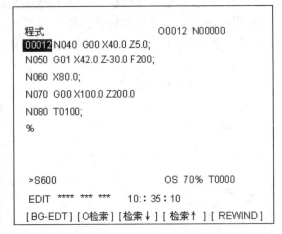

图4-35 移动后的程序

（2）合并程序

另外一个程序可以插入当前程序的任何位置,如图4-37~4-39所示。

如图4-36所示,程序号为yyyy的程序被合并到程序号为xxxx的程序中。程序Oyyyy在合并之后保持不变。

合并程序步骤如下(以上面移动生成的O0014插入到被移动后的O0012程序为例,使O0012程序复原):

① 进入【EDIT】方式。

② 按下功能键【PROG】,显示程序画面,找到要被插入的程序,例如:O0012。

③ 按下软件【操作】,按下菜单右扩展键 ▶ 。

④ 按下扩展的程序编辑软键【EX-EDT】,显示画面如图4-37所示,按下软键【插入】。

⑤ 将光标移动到程序的插入位置,按下软键【~'CRSR】或【~最后'】(在后一种情况下,将把Oyyyy程序插入当前程序的末尾)。

⑥ 输入将要插入的程序号(只用数字如:0014)并按下MDI键盘上的【INPUT】键。

⑦ 按下软键【EXEC】。在第⑥步中指定的程序号就被插入到在第⑤步指定的光标位置的前面。

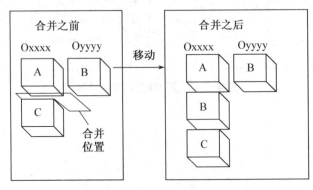

图4-36 在指定位置合并一个程序

```
程式                    O0013 N00040
00012 N040 G00 X40.0 Z5.0;
N050  G01 X42.0 Z-30.0 F200;
N060  X80.0;
N070  G00 X100.0 Z200.0
N080  T0100;
N090  M30
%

插入

>^                     OS 70% T0000

 EDIT ****  ***  ***    10::32:50
[      ] [      ] [ ~CRSL ] [ ~最后] [      ]
```

```
程式                    O0012 N00040
00012 N040 G00 X40.0 Z5.0;
N050  G01 X42.0 Z-30.0 F200;

N060  X80.0;

N070  G00 X100.0 Z200.0

N080  T0100;

%

插入    ~'CLRS PRG=0000
 >                      OS 70% T0000

 EDIT ****  ***  ***    10::35:10
[      ] [      ] [      ] [      ] [ EXEC ]
```

图 4－37　合并程序页面

```
程式                    O0012 N00040
00012 N040 G00 X40.0 Z5.0;
N050  G01 X42.0 Z-30.0 F200;

N060  X80.0;

N070  G00 X100.0 Z200.0

N080  T0100;

%

插入    ~'CLRS PRG=0000
 > 0014                OS 70% T0000

 EDIT ****  ***  ***    10::35:10
[      ] [      ] [      ] [      ] [ EXEC ]
```

```
程式                    O0012 N00000
00012:
N010 S600 M03;
N020 T0101;
N030 M08;
N040 G00 X40.0 Z5.0;
N050 G01 X42.0 Z-30.0 F200;
N060 X80.0;
N070 G00 X100.0 Z200.0
N080 T0100;


 >^                     OS 70% T0000

 EDIT ****  ***  ***    10::36:38
[复制] [移动] [插入] [      ] [ 更改]
```

图 4－38　合并程序过程

```
程式                    O0012 N00040
00012 N40  G00 X40.0 Z5.0;
N050  G01 X42.0 Z-30.0 F200;

N060  X80.0;

N070  G00 X100.0 Z200.0

N080  T0100;

N090  M30

%

插入    ~'CLRS PRG=1236
 >                      OS 70% T0000

 EDIT ****  ***  ***    10::49:21
[      ] [      ] [      ] [      ] [ EXEC ]
```

图 4－39　合并后的程序

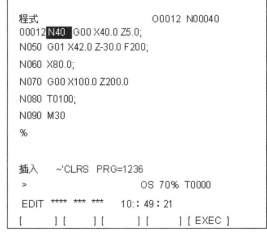

3. 字和地址的替换

替换操作可以替换程序中指定的字或地址的全部或者只替换其中的一部分,如图 4 - 40~4 - 43 所示。

替换操作的步骤:

① 进入编辑模式。

② 按下功能键【PROG】显示程序画面,找到要编辑的程序,例如:O1234。

③ 按下菜单右扩展键 ▶ 。

④ 按下软键【EX-EDT】。

⑤ 按下软键【更改】。

⑥ 输入要被替换的字或地址。例如:要把程序中所有的 S 地址改为 G 地址,输入 S。

⑦ 按下软键【更改前】。

⑧ 输入新字或地址。例如:输入新地址字 G。

⑨ 按下软键【更改后】。

```
程式                    O1234 N00000
[O1234];
N010 S600 M03;
N020 T0101;
N030 M08;
N040 G00 X40.0 Z5.0;
N050 G01 X42.0 Z-30.0 F200;
N060 X80.0;
N070 G00 X100.0 Z200.0
N080 T0100;



>^                      OS 70% T0000

EDIT **** *** ***    10::28:29
[ 程式 ] [ DIR ] [      ][      ] [ 操作 ]
```

```
程式                    O1234 N00000
[O1234];
N010 S600 M03;
N020 T0101;
N030 M08;
N040 G00 X40.0 Z5.0;
N050 G01 X42.0 Z-30.0 F200;
N060 X80.0;
N070 G00 X100.0 Z200.0
N080 T0100;



>^                      OS 70% T0000

EDIT **** *** ***    10::28:51
[BG-EDT] [O检索] [检索↓] [ 检索↑ ] [ REWIND ]
```

图 4 - 40　字和地址的替换

```
程式                    O1234 N00000
[O1234];
N010 S600 M03;
N020 T0101;
N030 M08;
N040 G00 X40.0 Z5.0;
N050 G01 X42.0 Z-30.0 F200;
N060 X80.0;
N070 G00 X100.0 Z200.0
N080 T0100;



>^                      OS 70% T0000

EDIT **** *** ***    10::29:15
[ F检索 ] [ READ ] [PUNCH] [DELETE] [ EX-EDT ]
```

```
程式                    O1234 N00000
[O1234];
N010 S600 M03;
N020 T0101;
N030 M08;
N040 G00 X40.0 Z5.0;
N050 G01 X42.0 Z-30.0 F200;
N060 X80.0;
N070 G00 X100.0 Z200.0
N080 T0100;



>^                      OS 70% T0000

EDIT **** *** ***    10::29:36
[复制] [移动] [插入] [      ] [ 更改 ]
```

图 4 - 41　替换页面的操作过程

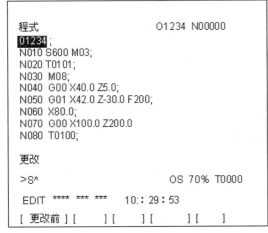

图 4－42　字的替换页面

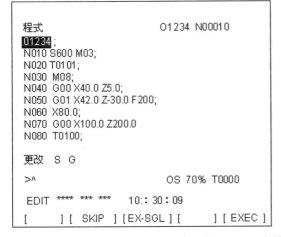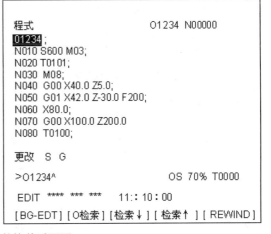

图 4－43　字的替换前后页面

⑩ 按下软键【EXEC】,替换光标后的所有指定的字或地址。按下软键【EX-SGL】,搜索并替换光标后的第一个找到的指定字或地址,再按下软键【EX-SGL】继续替换下一个找到的指定字或地址。按下软键【SKIP】跳过光标后的第一个指定的字或地址,转到下一个指定字或地址。

4. 拷贝、移动和合并程序时的注意点

(1) 设置编辑范围

使用软键【CRSR～】设置编辑范围的起始点,在使用软键起始点被设置到编辑范围终点之后,则编辑范围必须对起始点进行重新设定。

(2) 不制定程序号

拷贝和移动程序时,在编辑范围终点设置之后,如果没有指定程序序号就按下【EXEC】键,则程序号 O0000 就被注册为工件程序。程序 O0000 具有如下特点:

① 程序可以像通常的程序一样进行编辑(不要运行程序)。

② 如果执行了新的拷贝和移动操作,则在执行时,以前的信息被删除。当程序已经无用时,使用通常的操作删除该程序。

（3）当程序等待输入程序号时进行编辑

当系统在等待输入程序号时，不能执行任何的编辑操作。

（4）程序号码的位数

如果指定了 5 位或者更多的程序号码，就会产生格式错误。

五、背景编辑

当执行一个程序时编辑另一个程序为背景编辑。编辑方法和通常的编辑方法（前景编辑）一样。背景操作中编辑的程序应该通过以下的操作注册到前景程序的内存中。在背景编辑中，所有的程序都不能被立即删除。

背景编辑一般是在自动运行某一个加工程序的同时，编辑另外的一个程序，在工厂加工过程中一般用不到这种功能，但在某些特殊场合，例如技能竞赛时，背景编辑却有较大的作用，在加工前一部分的同时，就可以把后一部分的加工程序编写好，节省较多的时间。不过，背景编辑功能有的属于选择功能，需要在订购机床时向厂商一并提出订购，因为需要机床制造厂商的 PLC(PMC)设计的支持。

（1）背景编辑的操作步骤

① 一般进入【MEMORY】自动模式。

② 按下功能键【PROG】，显示程序画面。

③ 按下软键【操作】，然后按下软键【BG-EDT】。背景操作编辑屏幕（BG－EDIT）显示在屏幕的左上角，如图 4－44 所示。

④ 在背景操作中编辑程序，方法和在前景操作中一样。

⑤ 编辑完成后，按下软键【BG－EDN】。被编辑的程序就注册到前景程序内存中了，如图 4－45 所示。

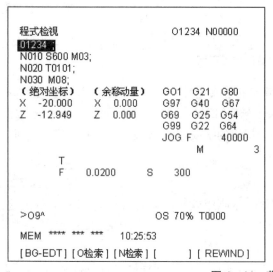

图 4－44　背景编辑页面

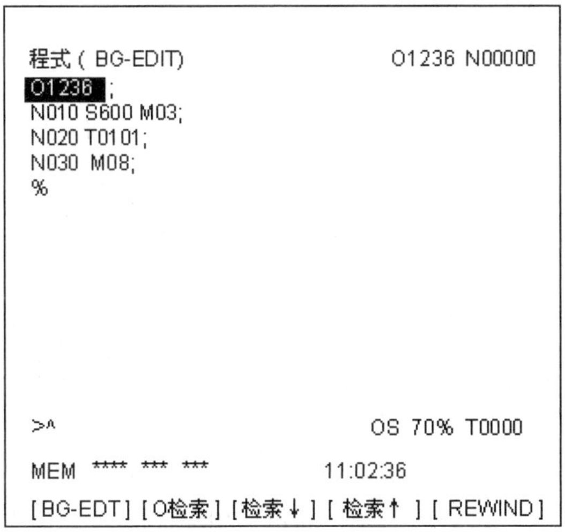

```
程式（BG-EDIT）              O1236 N00000
O1236 ;
N010 S600 M03;
N020 T0101;
N030 M08;
%




>^                            OS 70% T0000

MEM  ****  ***  ***          11:02:36
[BG-EDT] [O检索] [检索↓] [检索↑] [ REWIND ]
```

图 4－45　背景编辑结束

（2）背景编辑的说明

① 在背景操作编辑中的报警。背景编辑出现的报警不影响前景的运行。同样,在前景运行中出现的报警也不影响背景操作。

② 在背景编辑中,不能编辑在前景操作中正在执行的程序如 O1234,否则会发生 P/S 报警(No.140)。

③ 在前景运行时也不能选择正在背景操作中编辑的程序(如子程序调用或者通过外部信号进行的程序号检索),否则在前景运行中就会发生 P/S 报警(No.059,No.075)。例如:正在运行 O1234 程序,不能调用正在背景编辑中编辑的 O1236 程序。

④ 如果在前景运行中选择正在背景操作中编辑的程序,也会在背景中产生 P/S 报警。

4.2.4　FANUC 数控车床的对刀

一、数控车床加工刀具及其选择

在数控车床加工中,产品的质量和劳动生产率在相当大的程度上受到刀具的制约,所以在刀具上的选择上,特别是对刀具切削部分的几何参数以及刀具材料等方面都提出了较高的要求。

1. 常用车刀的种类和用途

数控车削加工使用刀具很多,除钻头、铰刀等定值刀具外,主要是车刀。常用的车刀一般分为三类,即尖形车刀、圆弧车刀和成型车刀。如图 4－46 所示。

（1）尖形车刀

以直线形切削刃为特征的车刀一般称为尖形车刀。这类车刀的刀尖(同时也为刀位点)由直线形的主、副切削刃构成,如 90°内、外圆车刀,左右端面车刀,切断(车槽)车刀及刀尖倒棱很小的各种外圆和内孔车刀。

用这类车刀加工零件时,其零件的轮廓形状主要由一个独立的刀尖或一条直线形主切削刃位移后得到,它与另两类车刀加工时所车到零件轮廓形状的原理截然不同的。选择尖

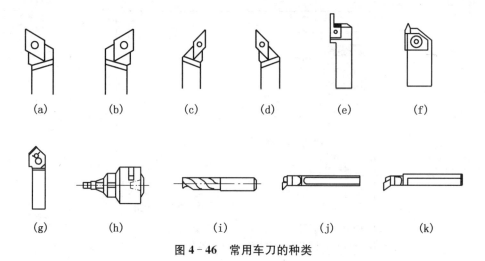

图 4-46　常用车刀的种类

形车刀时,可根据零件的几何轮廓灵活运用,尽可能一刀多用,但须保证所选车刀加工时不会与零件表面发生干涉。

(2) 圆弧形车刀

圆弧形车刀是较为特殊的数控加工车刀。如图 4-47(a)所示,其特征是构成主切削刃的刀刃形状为一圆度误差或线轮廓误差很小的圆弧;该圆弧刃上每一点都是圆弧形车刀的刀尖,因此,刀位点不在圆弧上,而在该圆弧的圆心上;车刀圆弧半径理论上与被加工零件的形状无关,并可按需要灵活确定或经测定后确认。

当某些尖形车刀或成型车刀(如螺纹车刀)的刀尖具有一定的圆弧形状时,也可作为这类车刀使用。

圆弧形车刀可以用于车削内、外表面,特别适宜于车削各种光滑连接(凹形)的成型面。如图 4-47(b)所示。

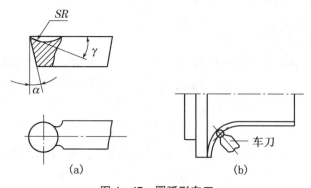

图 4-47　圆弧形车刀

(3) 成型车刀

俗称样板车刀,加工零件的轮廓形状完全由车刀刀刃的形状和尺寸决定。在数控切削加工中常见的成型车刀有小半径圆弧车刀、非矩形车槽刀和螺纹车刀等。由于这类车刀在车削时接触面较大,加工时易引起振动,从而导致加工质量的下降,所以在数控加工中,应尽量少用或不用成型车刀,当确有必要选用时,则应在工艺准备文件或加工程序单上进行详细说明。如图 4-48 所示为常用车刀的种类、形状和用途。

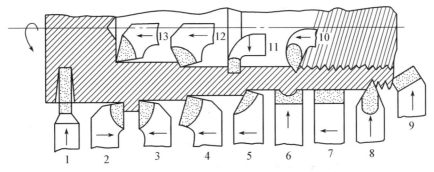

图 4-48 常用车刀的种类、形状和用途

1—切断(切槽)刀;2—90°左偏刀;3—90°右偏刀;4—弯头车刀;5—直头车刀;6—成型车刀;7—宽刃精车刀;8—外螺纹车刀;9—端面车刀;10—内螺纹车刀;11—内槽车刀;12—通孔车刀;13—盲孔车刀

2. 机夹可转位车刀的选用

数控车削加工时,为了减少换刀时间和方便对刀,尽量采用机夹车刀和机夹刀片,便于实现机械加工的标准化。

3. 刀具材料

目前所采用的刀具材料,主要有高速钢,硬质合金,陶瓷,立方氮化硼和聚晶金刚石。

(1) 高速钢

高速钢是一种加入了较多的钨,钼,铬,钒等合金元素的高合金工具钢。高速钢具有较高的热稳定性,高的强度(抗弯强度一般为硬质合金的 2~3 倍,为陶瓷的 5~6 倍)和韧性(较硬质合金和陶瓷高十几倍),一定的硬度(63~69HRC)和耐磨性,在 600 ℃ 仍然能保持较高的硬度。高速钢的材料性能较硬质合金和陶瓷稳定,但延压性较差,热加工困难,耐热冲击较弱,因此高速钢刀具可以用来加工从有色金属到高温合金的广泛材料。由于高速钢容易磨出锋利切削刃,能锻造,所以在复杂刀具上广泛使用。

按用途不同,高速钢可分为通用型高速钢和高性能高速钢。

通用型高速钢,广泛用于制造各种复杂刀具,可以切削硬度在 250~280 HBS 以下的结构和铸铁材料。这类高速钢的质量分数为 0.7%~0.9%,其典型牌号有 W18Cr4V2(简称 W18)、W6Mo5Cr4V2(简称 M2)和 W9Mo3Cr4V(简称 W9)。高性能高速钢包括高碳高速钢、高钒高速钢、钴高速钢和超硬高速钢等,这些又称高热稳定性高速钢,其刀具耐用度约为通用型高速钢刀具的 1.5~3 倍,适合于加工超高强度等难加工材料,其典型牌号有 W6Mo5Cr4V2Al 和 W10Mo4Cr4V3Al(5F-6)是两种含铝的超硬高速钢,具有良好的切削性能。

(2) 硬质合金

硬质合金是将钨钴类(WC),钨钴钛(WC-TiC),钨钛钽(铌)钴(WC-Ti-TaC)等难熔金属碳化物,用金属粘接剂 Co 或 Ni 等经粉末冶金方法压制烧结而成。德国的 KRUPP 公司 1926 年发明,其主体是 WC-Co 系。

硬质合金的硬度(89～93 HRA),耐磨性都很高,其切削性能比高速钢高得多,刀具耐用度可提高几倍到几十倍,但硬质合金的抗弯强度为 0.9～1.5 GPa,比高速钢低得多,冲击韧度也较差,故不能像高速钢刀具那样承受大的切削振动和冲击负荷。

硬质合金切削性能优良,因此被广泛应用作刀具材料。绝大多数的车刀片和端铣刀片都采用硬质合金制造;深孔钻、绞刀等刃具也广泛采用硬质合金;一些复杂刀具如齿轮滚刀(特别是整体小规模数滚刀和加工淬硬齿面的滚刀)也采用硬质合金。

按照 ISO 标准以硬质合金的硬度,抗弯强度等指标为依据,将切削用硬质合金分为三类:P类(相当于我国的 YT 类)、K类(相当于我国的 YG 类)和 M类(相当于我国的 YW 类)。

① K类硬质合金(国家标准为 YG 类硬质合金)。这类合金成分为 WC-Co(YG),有粗晶粒、中晶粒、细晶粒和超细晶粒之分。常用牌号有 YG3X,YG6X,YG6,YG8 等,主要用于加工铸铁及有色金属。此类合金的硬度为 89～91.5 HRA;抗弯强度为 1.1～1.5 GPa。其中细晶粒硬质合金适用于加工一些特殊的硬铸铁、耐热合金、钛合金、硬青铜、硬的和耐磨的绝缘材料等;超细晶粒硬质合金用于加工难加工材料。

② P类硬质合金(国家标准为 YT 类硬质合金)。这类硬质合金分为 WC-TiC-Co(YT),其中除 WC 外,还含有 5%～30%的 TiC,常用牌号有 YT5,YT14,YT15 及 YT30,主要用于加工黑色金属(钢料)。P类合金的硬度高(89.5 HRA～92.5 HRA),但抗弯强度(0.9～1.5 GPa)和冲击韧度较低,其突出特点是耐热性好,其耐热性随含量的增加而提高。

③ M类硬质合金(国家标准为 YW 类硬质合金)。这类硬质合金成份为 WC-TI-TaC(NC)-Co(YW),是在前述硬质合金中加入一定数量的 TaC(NbC)形成的,常用的牌号有 YWⅡ,主要用于加工长切屑或短切屑的黑色金属和有色金属。其抗弯强度,疲劳强度和韧度,高温硬度和高温强度以及抗氧化能力和耐磨性均得到提高。此类硬质合金的成分和性能介于 K类和 P类之间。既可用于加工铸铁及有色金属,也可用于加工各种钢及其合金。

涂层硬质合金刀具是在韧性较好硬质合金基体上或高速钢刀具基体上,涂覆一薄层耐磨性能高的难熔金属化合物而成的。常用的涂层材料有陶瓷、金钢石等。涂层可采用单涂层,也可采用双涂层或多涂层,涂层厚度一般为 0.005～0.015 mm。

硬质合金的涂层方法分为两层,一类为化学涂层法(CVD 法),一类为物理涂层法(PVD 法)。化学涂层是将各种化合物通过化学反应,沉积在工具表面上形成表面膜,反映度一般在 1 000 ℃左右。物理涂层是在 550 ℃以下将金属和气体离子化后,喷涂在工具表面上。

换句话说,尽管硬质合金刀体的基体是 P,M,K 类中某一型,但是在涂层之后其所能覆盖的种类就更为广泛了,既可属于 P类也可以属于 M类和 K类。因此在实际加工中,对涂层刀具的选取就不应拘泥于 P(YT)、M(YW)、K(YG)等划分。

在 ISO 标准中,通常又在 K,P,M 三类代号之后附加 01、05、10、20、30、40、50 等数字进一步细分。一般来说,数字越小,硬度越高,韧度越低;数字越大,韧度越低但硬度降低。

硬质合金涂层一般采用化学涂层法生产。涂层物质以 TiC 最多。数控机床上机夹不重磨刀具的广泛使用,为发展涂层硬质合金刀片开辟了广阔的天地。涂层刀具的使用范围广泛,从非金属,铝合金到铸铁,钢以及高强度钢,高硬度钢和耐热合金,钛合金等难加工材料的切削均可使用。实际加工使用中,涂层硬质合金刀片的耐用度较之普通硬质合金至少可提高 1～3 倍。涂层高速钢刀具主要有钻头、丝锥、滚刀、立铣刀等。

因为涂层刀具有比基体高的多的硬度、抗氧化性能、抗黏接性能以及低的摩擦系数,因而有高的耐磨性和抗月牙洼磨损能力,且可降低切削力及切削温度,所以在加工中可采用比未涂层刀具高得多的切削用量,从而使生产效率大大提高。

(3) 陶瓷刀具材料

陶瓷刀具材料是在陶瓷基体中添加各种碳化物、氮化物、硼化物和氧、氮化物等并按照一定生产工艺制成。它具有很高的硬度、耐磨性、耐热性和化学稳定性等独特的优越性,在高速切削范围以及加工某些难加工材料,特别是加热切削方面,包括涂层刀具在内的任何高速钢和硬质合金刀具都无法与之相比。陶瓷不仅用于制造各种车刀、镗刀,也开始用于制造成形车刀、铰刀及铣刀等刀具。在数控机床和加工中心加工过程中,正是由于陶瓷刀具所具备的优异切削性能及更高的可靠性,使数控机床的高自动化、高生产率的性能得以充分发挥。

陶瓷刀具材料的品种牌号很多,按其主要成分大致可分为以下三类。

① 氧化铝系陶瓷

它是以氧化铝(AlO)为主体的陶瓷材料,其中包括纯氧化铝陶瓷,氧化铝中添加各种碳化物、氧化物、氮化物与硼化物等的组合陶瓷。此类陶瓷的突出优点是硬度及耐磨性高,缺点是脆性大,抗弯强度低,抗热冲击性能差。目前多用于铸铁及调质钢的高速精加工。

② 氮化硅系陶瓷

包括氮化硅(SiN)陶瓷和氮化硅为基体的添加其他碳化物制成的组合氮化硅陶瓷。这种陶瓷的抗弯强度和断裂韧性比氧化铝系陶瓷有所提高,抗热冲击性能也较好,在加工淬硬钢、冷硬铸铁、石墨制品及玻璃钢等材料时有很好的效果。

③ 复合氮化硅-氧化铝(SiN＋AlO)系陶瓷

其主要成分为硅(Si)、铝(Al)、氧(O)、氮(N)。该材料具有极好的耐高温性能、抗热冲击和抗机械冲击性能,是加工铸铁材料的理想刀具。其特点之一是能采用大进给量,加之允许采用很高的切削速度,因此可极大地提高生产率。

金属陶瓷刀具的最大优点是与被加工材料的亲和性极低,因此不易产生黏刀和积屑瘤,使得加工表面范围光洁平滑,在刀具材料中是进行精加工的精品。但是,由于其韧性差而大大限制了它在实际中的应用。

(4) 立方氮化硼(CBN)

立方氮化硼是靠超高压、高温技术人工合成的新型材料,其结构与金刚石相似。它的硬度略逊于金刚石,但热硬性远高于金刚石,且与铁族元素亲和力小,加工中不易产生切削瘤。

立方氮化硼粒子硬度高达 4 500 HV,在加热温度达到 1 300 ℃时仍能保持性能稳定,并且与铁的反应性低,是迄今为止能够加工铁系金属的最硬的一种刀具材料。硬度达60～70 HRC 的淬硬钢等高硬材料均可采用立方氮化硼刀具来进行切削加工,使加工效率得到了极大的提高。

现在,某些超硬刀具材料如金刚石及立方氮化硼制作的刀具也开始用于数控机床和加工中心,能对某些难加工材料进行高精度和高生产率加工。

切削普通灰铸铁且线速度在 300 m/min 以下时,一般可采用涂层硬质合金;线速度在 300～500 m/min 时,可采用陶瓷刀具;线速度在 500 m/min 以上时,可采用立方氮化硼刀具。可以说,立方氮化硼刀具将是超高速加工的首选刀具材料。

(5) 聚晶金刚石(PCD)

聚晶金刚石是用人造金刚石颗粒,通过添加 Co、硬质合金、NiCr、Si-SiC 以及陶瓷结合剂,在高温(1 200 ℃)高压下烧结成形的刀具,在实际中得到了广泛应用。

金刚石刀具与铁系金属有极强的亲和力,切削中刀具的碳元素极易得到扩展而导致磨损。但与其他材料的亲和力很低,切削中不易产生黏刀现象,切削刃口可以磨得非常锋利。所以,它只适用于高效加工有色金属材料,能得到高精度、高光洁度的加工表面。特别是聚晶金刚石刀具消除了金刚石的性能异向性,使得其在高精加工领域中得到了普及。金刚石在大气温度超过 600 ℃时将被碳化而失去本来面目,因此金刚石刀具不适宜用在可能会产生高温的切削中。

上述几类刀具材料,从总体上来说,在材料的硬度、耐磨性方面以金刚石为最高,立方氮化硼、陶瓷、硬质合金到高速钢依次降低;从材料的韧性来看,则高速钢最高,硬质合金、陶瓷、立方氮化硼、金刚石依次降低。如图 4 - 49 所示,显示了目前使用的各种刀具材料硬度和韧性排列的大致位置。涂层刀具材料具有较好的实用性能,也是将来实现刀具材料硬度和韧性并重的重要手段。在数控车床中,目前采用最为广泛的刀具材料是硬质合金。因此从经济性、适应性、多样性、工艺性等多方面,硬质合金的综合效果都优于陶瓷、立方氮化硼、聚晶金刚石。

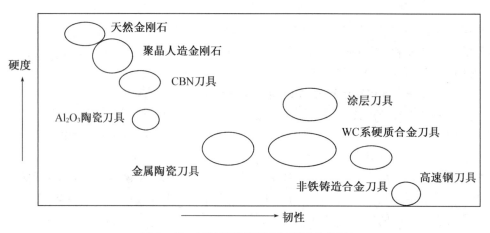

图 4 - 49　刀具材料的硬度与韧性的关系

4. 数控刀具的失效形式

在数控加工过程中,当刀具磨损到一定程度,崩刃、卷刀(塑变)或破损时,刀具即丧失了其加工能力而无法保证零件的加工质量,此种现象称为刀具失效。刀具破损的主要形式及其产生的原因有以下方面。

(1) 后刀面磨损

后刀面磨损是指由机械交变应力引起的出现在刀具后刀面上的摩擦磨损。

如果刀具材料较软,刀具的后角便小,加工过程中切削速度偏高,进给量太小,都会造成刀具后刀面的磨损过量,并由此使得加工表面的尺寸和精度降低,增大切削中的摩擦阻力。因此应该选择耐磨性较高的刀具材料,同时降低切削速度,加大进给量增大刀后角。如此才能避免或减少刀具后刀面磨损现象的产生。

(2) 边界磨损

主切刃削上的边界磨损常发生在与工件的接触面处。

边界磨损的主要原因是工件表面硬化及锯齿状切削造成的摩擦。解决的措施是降低切削速度和进给速度,同时选择耐磨刀具材料,并增大刀具的前角使得切削刃锋利。

（3）前刀面磨损

只在刀具前刀面上由摩擦和扩散导致的磨损。

前刀面磨损主要是由切削和工件材料的接触,以及对发热区域的扩散引起。另外刀具材料过软,加工过程中切削速度较高,进给量较大,也是前刀面磨损产生的原因。前刀面磨损会使刀具产生变形,干扰排屑,降低切削刃的强度。应该采用降低切削速度和给进速度,同时选择涂层硬质合金材料来达到减小前刀面磨损的目的。

（4）塑性变形

指切削刃在高温或高应力作用下产生的变形。

切削速度和进给速度太高以及工件材料中硬点的作用,刀具材料太软和切削刃温度较高等现象,都是产生塑性变形的主要原因。塑性变形的产生会影响切削质量,并导致刀具崩刃。可以通过降低切削速度和进给速度,选择耐磨高和导热性能好的刀具材料等措施来达到减少塑性变形的目的。

（5）积屑瘤

指工件材料在刀具上的黏附物质。

积屑瘤的产生大大降低工件表面的加工质量,会改变切削刃的形状并最终导致切削刃崩刃。可以采取提高切削速度,选择涂层硬质合金或金属陶瓷等刀具材料,并在加工过程中使用冷却液等对策。

（6）刃口脱落

指切削刃口上出现的一些很小的缺口,非均匀的磨损等。

主要由断续切削,切削排除不流畅等因素造成。应该在加工时降低进给速度,选择韧性好的刀具材料和切削刃强度高的刀片,来避免刃口脱落现象的产生。

（7）崩刃

崩刃将损坏刀具和工件。

崩刃产生的主要原因由刀具刃口的过度磨损和较高的加工应力造成,也可能是刀具材料过硬、切削刃强度不足以及进给量太大造成。刀具应该选择韧性较好的合金材料,加工时应减小进给量和背吃刀量,另外还可选择高强度或刀尖圆角较大的刀片。

（8）热裂纹

指由于断续切削时的温度变化而产生的垂直于切削刃的裂纹。

热裂纹会降低工件表面的质量,并导致刃口脱落。刀具应该选择韧性好的合金材料,同时在加工中减小进给量和背吃刀量,并进行干式切削,或在湿式切削加工时有充足的冷却液。

5. 数控可转位刀片与刀片代码

从刀具的材料方面,数控机床使用的刀具材料主要是各类硬质合金。从刀具的结构方面,数控机床主要采用机夹可转位刀具。因此对硬质合金可转位刀片的运用是数控机床操作者所必须掌握的内容。

选用机夹式可转位刀片,首先要了解各类机夹式可转位刀片的表示规则和各代码的含义。按照国际标准 ISO 1832—1985 中可转换刀片的代码表示方法,刀片代码由 10 位字符

串组成,其排列顺序如下:

1	2	3	4	5	6	7	8	9 —	10

其中每一位字符串代表刀片某种参数的意义:

(1) 刀片的几何形状及其夹角。

(2) 刀片主切削刃后角(发角)。

(3) 刀片内接圆直径 d 与厚度 s 的精度级别。

(4) 刀片型式紧固方法或断削槽。

(5) 刀片边长切削刀长度。

(6) 刀片厚度。

(7) 刀尖圆角半径 r 或主偏角 κ_r 或修光刃后角 a。

(8) 切削刃状态,刀尖切削刃或倒棱切削刃。

(9) 进刀方向或倒刃宽度。

(10) 厂商的补充符号或倒刃宽度。

一般情况下,第 8 位和第 9 位代码是当有要求时才写的。第 10 位代码根据具体厂商而不同,例如 SANDVIK 公司用来表示断削槽形代号或代表设计有断削槽等。

根据可转位刀片的切削方式不同,分别按照车铣钻镗的工艺来叙述可转位刀片代码的具体内容。具体中参阅表 4-2 中的车削,铣削刃片的标记方法。

例如:车刀可转位刀片 TNUM160408ERA2 的表示含义:

T——60°三角形刀片形状;N——法后角为 0°;U——内切圆直径 d 为 6.35 mm 时,刀尖转位尺寸允差±0.13 mm,内接圆允差±0.08 mm,厚度允差±0.13 mm;M——圆柱孔单面断屑槽;16——刀刃长度 16 mm;04——刀片厚度 4.76 mm;08 刀尖圆弧半径 0.8 mm;E——刀刃倒圆;R 向左方向切削;A2——直沟卷屑槽,槽宽 2 mm。

6. 数控可转位刀片的夹紧

可转位刀片的刀具由刀片、定位元件、加紧元件和刀体所组成,为了使刀具能达到良好的切削性能,对刀片的来紧有以下基本要求:

(1) 来紧可靠,不允许刀片松动和移动。

(2) 定位准确,确保定位精度和重复精度。

(3) 排屑流畅,有足够的排屑空间。

(4) 结构简单,操作方便,制造成本低,转位动作快,换刀时间短。

常见可转位刀片的来紧方式通常采用杠杆式,楔块上压式,螺钉上压式等。如图 4-50 所示。

7. 数控车削刀具(可转位刀片)的选择

数控机床刀具按照装夹、转换方式主要分为两大类:车削系统刀具和镗铣削系统刀具。车削系统刀具由刀片(刀具)刀体,接柄(柄体)刀盘所组成,通过刀具夹持系统(或刀具夹持装置)固定在数控车床上,普通数控车床刀具主要采用机夹可转位刀片的刀具。所以,车削系统刀具和普通数控车床刀具的选择主要是可转位刀片的选择。

根据被加工零件的材料、表面粗糙度要求和加工余量等条件,来决定刀片的类型。在选择可转位刀片时应充分考虑刀片材料、刀片尺寸、刀片形状、刀片的刀尖半径等因素。

表4-2 可转位车刀刀片的标记方法

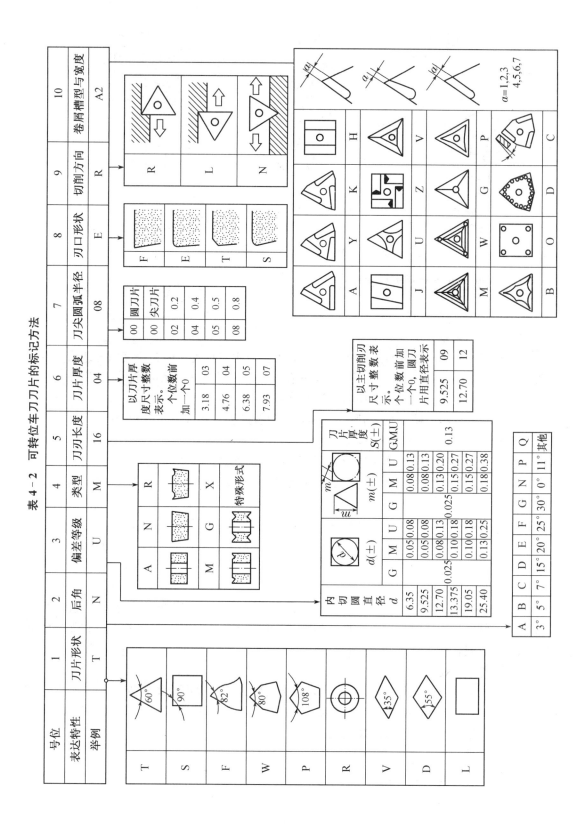

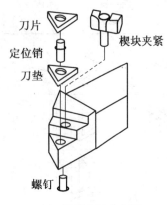
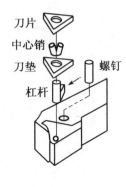
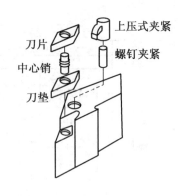

(a) 楔块上压式夹紧　　　　(b) 杆杆式夹紧　　　　(c) 螺钉上压式夹紧

图 4 – 50　夹紧方式

二、工艺装备及夹具的设计和选择

1. 车床夹具的定义和分类

在车床上用来装夹工件的装置称为车床夹具。

车床夹具可分为通用夹具和专用夹具两大类。通用夹具是指能够装夹两种或两种以上工件的同一夹具,例如车床上的三爪卡盘,四爪卡盘,弹簧卡套和通用心轴等;专用夹具是专门为加工某一特定工件的某一工序而设计的夹具。

如按夹具元件组合特点划分,则有不能重新组合的夹具和能够重新组合的夹具,后者称为组合卡具。

数控车床通用夹具与普通车床及专用车床相同。夹具作用:

夹具用来装夹被加工工件以完成加工过程,同时要保证被加工工件的定位精度,并使装卸尽可能方便快捷。

选择夹具时通常先考虑选用通用夹具,这样可避免制造专用夹具。

专用夹具是针对通用夹具无法装夹的某一工件或工序而设计的,下面对专用夹具的作用做总结。

(1) 保证产品质量

被加工工件的某些加工精度是由机床夹具来保证的。夹具应能提供合适的夹紧力,即不能因为夹紧力过小导致被加工工件在切削过程中松动,又不能因为夹紧力过大而导致被加工工件变形或损坏工件表面。

(2) 提高加工效率

夹具应能方便被加工件的装卸,例如采用液压装置能使操作者降低劳动强度,同时节省机床辅助时间,达到提高加工效率的目的。

(3) 解决车床加工中的特殊装夹问题

对于不能使用通用夹具装夹的工件通常需要设计专用夹具。

(4) 扩大机床的使用范围

使用专用夹具可以完成非轴套,非盘类零件的孔,轴,槽和螺纹等的加工,可扩大机床的使用范围。

2. 圆周定位夹具

在车床加工中大多数情况是使用工件或毛坯的外圆定位。

（1）三爪卡盘

三爪卡盘（图 4 - 51）是最常用的车床通用卡具，三爪卡盘最大的优点是可以自动定心，夹持范围大，但定心精度存在误差，不适用于同轴度要求高的工件的二次装夹。

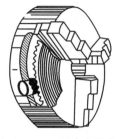

三爪卡盘常见的有机械式和液压式两种。液压卡盘装夹迅速、方便，但夹持范围变化小，尺寸变化大时需要重新调整卡爪位置。数控车床经常采用液压卡盘，液压卡盘特别适用于批量加工。

图 4 - 51 三爪卡盘示意图

（2）软爪

由于三爪卡盘定心精度不高，当加工同轴度要求高的工件二次装夹时，常常使用软爪。

软爪是一种具有切削性能的夹爪。通常三爪卡盘为保证刚度和耐磨性要进行热处理，硬度较高，很难用常用刀具切削。软爪是在使用前配合被加工工件特别制造的，加工软爪时要注意以下几方面的问题：

① 软爪要在与使用时相同的夹紧状态下加工，以免在加工过程中松动和由于反向间隙而引起定心误差。加工软爪内定位表面时，要在软爪尾部夹紧一适当的棒料，以消除卡盘端面螺纹的间隙，如图 4 - 52 所示。

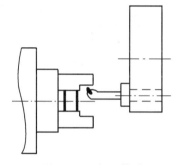

② 当被加工件以外圆定位时，软爪内圆直径应与工件外圆直径相同，略小更好，如图 4 - 53 所示，其目的是消除

图 4 - 52 加工软爪

夹盘的定位间隙，增加软爪与工件的接触面积。软爪内径大于工件外径会导致软爪与工件形成三点接触，如图 4 - 54 所示，此种情况接触面积小，夹紧牢固程度差，应尽量避免。软爪内径过小（图 4 - 55）会形成六点接触，一方面会在被加工表面留下压痕，同时也使软爪接触面变形。

软爪也有机械式和液压式两种。软爪常用于加工同轴度要求较高的工件的二次装夹。

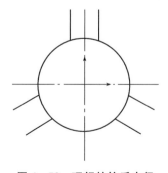

图 4 - 53 理想的软爪内径

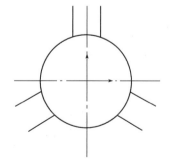

图 4 - 54 软爪内径过大

（3）弹簧夹套

弹簧夹套定心精度高，装夹工件快捷方便，常用于精加工的外圆表面定位。弹簧夹套使

用于尺寸精度较高,表面质量较好的冷拔圆棒料,若配以自动送料器,可实现自动上料。弹簧夹套夹持工件的内孔是标准系列,并非任意直径。

（4）四爪卡盘

加工精度要求不高,偏心距较小,零件长度较短的工件时,可采用四爪卡盘,如图 4-56 所示。

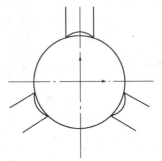 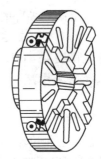

图 4-55　软爪内径过小　　　　　图 4-56　四爪卡盘

3. 中心孔定位夹具

（1）两顶尖拨盘

两顶尖定位的优点是定心正确可靠,安装方便。顶尖作用是定心,承受工件的重量和切削力。顶尖分前顶尖和后顶尖。

前顶尖中一种是插入主轴锥孔内的,如图 4-57(a)所示;另一种是夹在卡盘上的,如图 4-57(b)所示。前顶尖与主轴一起旋转,与主轴中心孔不产生摩擦。

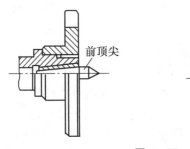

图 4-57　前顶尖

后顶尖插入尾座套筒。后顶尖中一种是固定的,如图 4-58(a)所示;另一种是回转的,如图 4-58(b)所示。回转顶尖使用较为广泛。

（a）　　　　　　　　（b）

图 4-58　后顶尖

工件安装时用对分夹头或鸡心夹头夹紧工件一端,拨杆伸向端面。两顶尖只对工件有定心和支撑作用,必须通过对分夹头或鸡心夹头的拨杆带动工件旋转,如图4-59所示。

利用两顶尖定位还可以加工偏心工件,如图4-60所示。

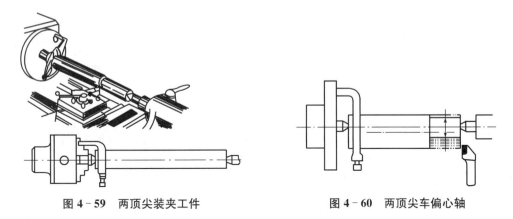

图4-59 两顶尖装夹工件　　　　　　图4-60 两顶尖车偏心轴

(2)拨动顶尖

拨动顶尖常用有内、外拨动顶尖和端面拨动顶尖两种。

① 内、外拨动顶尖

内、外拨动顶尖如图4-61所示,这种顶尖的锥面带齿,能嵌入工件,拨动工件旋转。

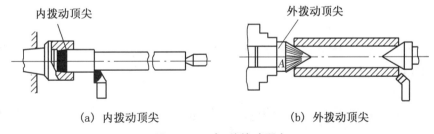

(a) 内拨动顶尖　　　　　　(b) 外拨动顶尖

图4-61 内、外拨动顶尖

② 端面拨动顶尖

端面拨动顶尖如图4-62所示。这种顶尖利用端面拨爪带动工件旋转,适合装夹工件的直径在50～150 mm之间。

图4-62 端面拨动顶尖

数控车床常用的装夹方法如表4-3所示。

表 4-3　数控车床常用的装夹方法

序号	装夹方法	特点	适用范围
1	三爪卡盘	夹紧力较小,夹持工件时一般不需要找正,装夹速度较快。	适于装夹中小型圆柱形、正三边或正六边形工件。
2	四爪卡盘	夹紧力较大,装夹精度较高,不受卡爪磨损的影响,但夹持工件时需要找正。	适于装夹形状不规则或大型的工件。
3	两顶尖及鸡心夹头	用两端中心孔定位,容易保证定位精度,但由于顶尖小,装夹不够牢靠,不宜用大的切削用量进行加工。	适于装夹轴类零件。
4	一夹一顶	定位精度较高,装夹牢靠。	适于装夹轴类零件。
5	中心架	配合三爪卡盘或四爪卡盘来装夹工件,可以防止弯曲变形。	适于装夹细长的轴类零件。
6	心轴与弹簧卡头	以孔为定位基准,用心轴装夹来加工外表面,也可以外圆为定位基准,采用弹簧卡头装夹来加工内表面,工件的位置精度较高。	适于装夹内外表面的位置精度要求较高的套类零件。

4. 其他车削工装夹具

数控车削加工中有时会遇到一些形状复杂和不规则的零件,不能用三爪卡盘或四爪盘装夹,需要借助其他工装夹具,如花盘,角铁等。

(1) 花盘

加工表面的回转轴线与基准面垂直,外形复杂的零件可以装夹在花盘上加工。图 4-63 是用花盘装夹双孔连杆的方法。

(2) 角铁

加工表面的回转轴线与基准面平行,外形复杂的工件可以装夹在角铁上加工。图 4-64 为角铁的安装方法。

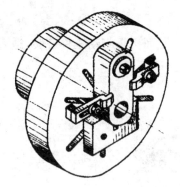

图 4-63　在花盘上装夹双孔连杆

图 4-64　角铁的安装方法

三、数控车床的刀具安装与工件安装

1. 数控车削刀具的安装方法

装刀与对刀是数控车床加工操作中非常重要和复杂的一项基本工作。装刀与对刀的精

度,将直接影响到加工程序的编制及零件的尺寸精度。几种常用车刀的安装方法如下:

(1) 外圆车刀的装夹

装夹在刀架的外圆车刀不宜伸出过长,否则刀杆的刚度降低,在车削时容易产生振动,直接影响加工工件的表面粗糙度,甚至有可能发生崩刃现象,车刀的伸出长度一般不超过刀杆厚度的2倍。车刀刀尖应与机床主轴中心线等高,如不等高,应用垫刀片垫高。垫刀片要平整,尽量减少垫刀片的片数,一般只用2片或3片,以提高刀片的刚度。另外,车刀刀杆中心线应与机床主轴中心线垂直,车刀要用两个刀架螺钉压紧在刀架上,并逐个轮流拧紧。拧紧时应使用专用扳手,不允许再加套管,以免使螺钉受力过大而损伤。

(2) 螺纹车刀的装夹

螺纹车刀装夹的正确与否,对螺纹的精度将产生一定影响。若装刀有偏差,即使车刀的刀尖刃磨得十分精确,加工后的螺纹牙形仍会产生误差。因此要求装刀时刀尖与机床主轴中心线等高,左右切削刃要对称,为此要用对刀螺纹样板进行对刀。

(3) 切断刀的装夹

切断刀不宜伸出太长,装刀时要装正,以保证两个副偏角对称,否则将使一侧副刃实际上没有副偏角或者是负的副偏角,造成刀头这一侧受力较大而折断。切断刀的主切削刃必须与机床主轴中心线等高,以避免切不断工件、切断刀崩刃或折断情况的出现。

(4) 镗孔刀的装夹

用车刀加工内孔通常称为镗孔,使用的车刀为镗孔刀。

在装刀时,刀尖应与机床主轴中心线等高,刀杆基面必须与主轴中心线平行,刀头可略向里偏一些,以免镗到一定深度时,刀杆后半部与工件表面相碰,刀杆伸出在允许的情况下尽量短一些,但应保证刀杆的工作长度长于孔深度3~5 mm。

2. 安装车刀时的注意事项

车刀安装正确与否,将直接影响切削能否顺利进行和工件的加工质量。安装车刀时,应注意下列几个问题。

(1) 车刀安装在刀架上,伸出部分不宜太长,伸出量为刀杆厚度的1~1.5倍。伸出过长会使刀杆刚性变差,切削时易产生振动,影响工件的表面粗糙度数值。

(2) 车刀垫铁要平整,数量要少,垫铁应与刀架对齐。车刀至少要用两个螺钉压紧在刀架上,并逐个轮流拧紧。

(3) 车刀刀尖应与工件轴线等高,如图4-65(a)所示,否则会因基面和切削平面的位置

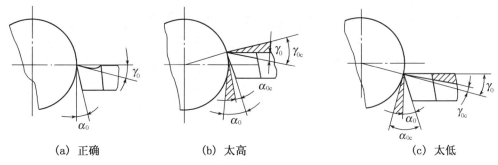

(a) 正确　　　　　　(b) 太高　　　　　　(c) 太低

图 4-65　装刀高低对前、后角的影响

发生变化,而改变车刀工作时的前角和后角的数值。图4-65(b)所示车刀刀尖高于工件轴线,使后角减小,增大了车刀后刀面与工件间的摩擦;图4-65(c)所示车刀刀尖低于工件轴线,使前角减小,切削力增加,切削不顺利。

车端面时,车刀刀尖若高于或低于工件中心,车削后工件端面中心处会留有凸头,如图4-66所示。使用硬质合金车刀时,如不注意这一点,车削到中心处会使刀尖崩碎。

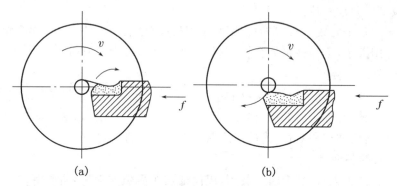

(a)   (b)

图4-66 车刀刀尖不对准工件中心的后果

(4)车刀刀杆中心线应与进给方向垂直,否则会使主偏角 κ_r 和副偏角 κ'_r 的数值变化,如图4-67所示。例如,螺纹车刀安装歪斜,会使螺纹牙型半角产生误差。用偏刀车削台阶轴时,必须使车刀主切削刃与工件轴线之间的夹角在安装后等于90°或大于90°;否则,车出来的台阶面与工件轴线不垂直。

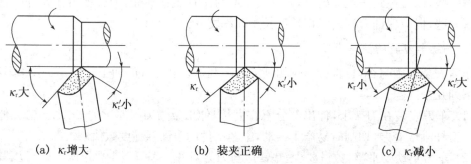

(a) κ_r 增大   (b) 装夹正确   (c) κ_r 减小

图4-67 车刀装偏对主、副偏角的影响

3. 数控车削常用的夹具及一般装夹方式

数控车削常用的夹具一般是三爪卡盘和四爪卡盘。三爪卡盘可以装夹规则零件,自动定心,是最常用的夹具;四爪卡盘一般用于不规则零件的装夹,夹紧力大,但工件调整麻烦。三爪卡盘和四爪卡盘在许多教材中有详细叙述,因数控车床一次装夹,多工序、多部位加工,这里介绍一些其他常用的零件装夹方式,如表4-4所示。

表4-4　数控车床上除三爪、四爪卡盘以外一般工件常用的装夹方法

序号	装夹方法	特点	适用范围
1	外梅花顶尖装夹	顶尖顶紧即可车削,装夹方便、迅速	使用预带孔工件,孔径大小应在顶尖允许的范围内
2	内梅花顶尖装夹	顶尖顶紧即可车削,装夹方便、迅速	适用于不留中心孔的轴类工件,需要磨削时,采用无心磨床磨削
3	摩擦力装夹	利用顶尖顶紧工件后产生的摩擦力克服切削力	适用于精车加工余量较小的圆柱面或圆锥面
4	中心架装夹	三爪自定心卡盘或四爪单动卡盘配合中心架紧固工件,切削时中心架受力较大	适用于加工曲轴等较长的异形轴类工件
5	锥形心轴装夹	心轴制造简单,工件的孔径可在心轴锥允许的范围内适当变动	适用于齿轮拉孔后精车外圆等
6	夹顶式整体心轴装夹	工件与心轴间隙配合,靠螺母旋紧后的端面摩擦力克服切削力	适用于孔与外圆同轴度要求一般的工件外圆车削
7	胀力心轴装夹	心轴通过圆锥的相对位移产生弹性形变而胀开把工件夹紧,装卸工件方便	适用于孔与外圆同轴度要求较高的工件外圆车削
8	带花键心轴装夹	花键心轴外径带有锥度,工件轴向推入即可夹紧	适用于具有矩形花键或渐开线花键孔的齿轮和其他工件
9	外螺纹心轴装夹	利用工件本身的内螺纹旋入心轴后紧固,装卸工件不方便	适用于有内螺纹和对外圆同轴度要求不高的工件
10	内螺纹心轴装夹	利用工件本身的外螺纹旋入心套后紧固,装卸工件不方便	适用于有多台阶而轴向尺寸较短的工件

四、数控车床对刀方法与刀具补偿

1. 概述

对刀是数控机床加工中极为重要的操作。对刀精度的高低直接影响到零件的加工精度。根据刀具的实际尺寸和位置,将刀具半径补偿值和刀具长度补偿值等对刀数据输入到与程序对应的存储位置。补偿的数据正确性、符号正确性及数据所在地址正确性都将威胁到加工的正确性和安全性,从而导致撞车危险或加工报废。

对刀是数控加工中的主要操作和重要技能。在一定条件下,对刀的精度可以决定零件的加工精度,同时,对刀效率还直接影响到数控加工效率。

仅仅知道对刀的方法是不够的,还要知道数控系统的各种对刀设置方式,以及这些方式在加工中的调用方法,同时还要知道各种对刀的优缺点、使用条件等。

（1）刀位点

刀位点是程序编制中,用于表示刀具特征的点,也是对刀和加工的基准点。对于各类车刀,其刀位点如图4-68所示。

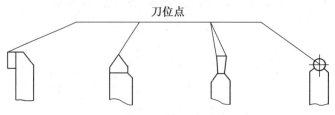

图 4-68　各类车刀的刀位点

（2）对刀基本原理

一般来说，零件的数控加工编程和机床加工是分开进行的。数控编程员根据零件的设计图纸，选定一个方便编程的坐标系及其原点，我们称之为工件坐标系或工件原点。工件原点一般与零件的工艺基准或设计基准重合，也称程序原点。

数控车床通电后，需进行回零（参考点）操作，其目的是建立数控车床进行位置测量、控制、显示的统一基准，该点就是所谓的机床原点，他的位置有机床位置传感器决定。由于机床回零后，刀具（刀尖）的位置距离机床原点是固定不变的，因此，为便于对刀和加工，可将机床回零后刀尖的位置看作机床原点。

在图 4-69 中，O 是程序原点，O' 是机床回零后以刀尖位置为参照的机床原点。

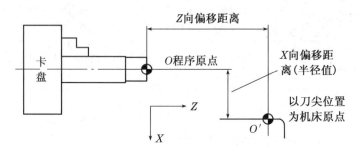

图 4-69　对刀的基本原理

编程员按程序坐标系中的坐标数据编制刀具（刀尖）的运行轨迹。由于刀尖的初始位置（机床原点）与程序原点存在 X 方向偏移距离和 Z 向偏移距离，使得实际的刀尖位置与程序指令的位置有同样的偏移距离，因此，需将该距离测量出来并设置进数控系统，是系统据此调整刀尖的运行轨迹。

所谓对刀，其实质就是测量程序原点与机床原点之间的偏移距离并设置程序原点在以刀尖为参照的机床坐标系里的坐标。

（3）对刀的方法

对刀的方法有很多种，按对刀的精度分为粗略对刀和精确对刀；按是否用对刀仪分为手动对刀和自动对刀；按是否采用基准刀，又可分为绝对对刀到和相对对刀等。但无论采用哪种对刀方式，都离不开试切对刀，试切对刀是最根本的对刀方法。

① 对刀仪自动对刀

现在很多机床上都装备了对刀仪，对刀仪有光学对刀仪（非接触对刀）和接触式机械电子对刀仪（接触对刀）。

使用对刀仪对刀可以免去测量时产生的误差，大大提高对刀精度。由于使用对刀仪可以自动计算各把刀的刀长与刀宽的差值,并将其存入系统中,在加工另外的零件的时候就只需要对标准刀,这样就大大节约了时间。需要注意的是使用对刀仪对刀一般都设有标准刀具,在对刀的时候先对标准刀。

② 手动对刀

自动对刀仪一般在高档机床上使用,在大量普及型车床上还是以手动对刀为主。手动对刀根据数控系统的不同,其方法也有很大的不同。这里主要介绍 FANUC 系统手动对刀方法。

2. FANUC 系统手动对刀法

在 FANUC 数控系统中,有以下几种设置程序原点的方式:

① 直接试切法设置刀具偏移量补偿;

② 用 G50 设置刀具起点;

③ 用 G54～G59 设置程序原点;

④ 用外部零点偏移设置程序原点。

绝对对刀与相对对刀的概念如下。

绝对对刀:所谓绝对对刀即使用每把刀在加工余量范围内进行试切对刀,将得到的偏移值设置在相应刀号的偏置补偿中。这种方式思路清晰,操作简单,各个偏移值不互相关联,因而调整起来也相对简单,所以在实际加工中得到广泛应用。

相对对刀:所谓相对对刀即选定一把基准刀,用基准刀进行试切对刀,将基准刀的偏移用 G50,或 G54～G59 设置,将基准刀的刀偏补偿设为零,而将其他刀具相对于基准刀的偏移值设置在各自的刀偏补偿中。

1) 直接试切法设置刀具偏移量补偿(绝对对刀)

试切法对刀如图 4-70 所示。数控车床的刀具补偿包括刀具的"磨耗"补偿参数和"形状"补偿参数,两者之和构成车刀偏移量补偿参数。试切对刀获得的偏移一般设置在"形状"补偿参数中,直接试切法设置刀具偏移量补偿的步骤:(以工件右端面中心为工件原点)

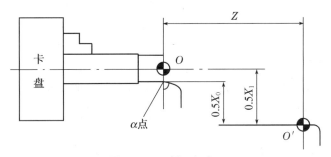

图 4-70 试切法对刀

① 在手动操作方式下,选择需要的刀位号,以合适的转速启动主轴,用所选刀具在加工余量范围内试切工件外圆,沿+Z轴退出并保持X坐标不变。

② 停车并测量外圆直径,记为φ,例如:φ=32.0(此处的φ代表直径值,而不是一符号,以下同)。

③ 按【OFFSET】键→进入"形状"补偿参数设定界面→将光标移到与刀位号相对应的位置后(例如:第一号刀的刀具偏移量放在 G001 行),输入 X32.0,按【测量】键,系统自己计算出 X 方向刀具偏移量(图 4-71)。

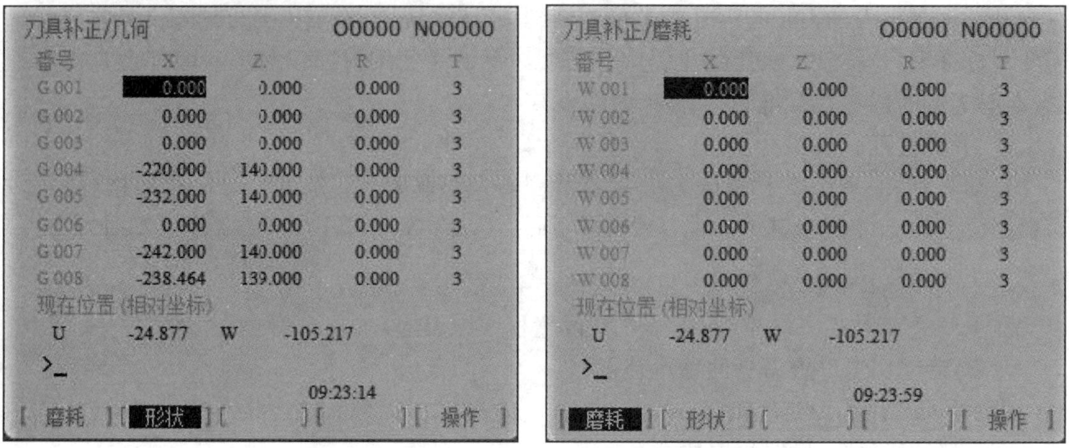

图 4-71 数控车床的刀具补偿画面

注意:也可在对应位置处直接输入经计算或从显示屏得到的数值,按"输入"键设置。

④ 转到手动操作下,重新启动主轴,用车刀方式车工件端面,沿+X 轴退出并保持 Z 坐标不变。

⑤ 按【OFFSET】键→进入"形状"补偿参数设定界面→将光标移到与刀位号相对应的位置后,输入 Z0,按【测量】键,系统自己计算出 Z 方向刀具偏移量。同样也可以自行"输入"偏移量。

⑥ 设置的刀具偏移量在数控程序中用 T 代码调用。例如:T0101 代表使用第一号刀,调用 G001 号刀具偏置。

⑦ 若有其他刀具,重复(1)～(5)步骤即可,注意刀号与刀偏设置号对应。

这种方式具有易懂、操作方便、编程与对刀可以完全分开进行等优点。同时,在各种组合设置方式中都会用到刀偏设置因此在对刀中应用最为广泛。

通过对刀,将刀偏值输入参数,从而获得工件坐标系。

操作简单方便,可靠性好,每把刀都有独立坐标系,互不干涉。

只要不断电、不改变刀偏值,工件坐标系就会存在并保持不变,即使断电,重启后会参考点,工件坐标系还在原来位置。

如使绝对值编码器,刀架可在任何安全位置都可以启动加工程序。

2) G50 设置刀具起点(基准刀 G50+相对刀偏)

(1) 基准刀刀偏的建立步骤

① 在手动操作方式下,选择需要的刀位号,以合适的转速启动主轴,用所选刀具在加工余量范围内试切工件外圆,沿+Z 轴退出并且保持 X 轴坐标不变。

② 停车并测量外圆直径,记为 ϕ,例如:$\phi = 32.0$。

③ 转到 MDI 操作方式下,输入 G50 X32.0;并执行。

④ 转到手动操作方式,重新启动主轴,用车刀试车工件端面,沿+X 轴退出并保持 Z 坐标不变。

⑤ 转到 MDI 操作方式下,输入 G50 Z0;并执行。

⑥ 在 MDI 操作方式下,输入 G00 X150.0 Z200.0;

　　　　　　　　　　　G50 X150.0 Z200.0;并执行。基准刀刀偏设置建立。

　　注意:此时基准刀若为 T0101,"形状"补偿参数设定界面中其刀偏号 G001 的 X、Z 数值一定要为 0。

　　在基准刀刀偏建立后,需要设置 2 号刀具的相对刀偏,其步骤如下:

　　① 在 MDI 操作方式下,换 2 号刀具。

　　② 转到手动操作下,重新启动主轴,用车刀试车工件外圆,沿＋Z 轴退出并保持 X 坐标不变。

　　③ 停车并测量外圆直径,记为 φ,例如:φ＝31.5

　　④ 按【OFFSET】键→进入"形状"补偿参数设定界面→将光标移动到与刀位号相对应的位置后(例如:第 2 号刀的刀具偏移量放在 G002 行),输入 X31.5,按【测量】键,系统自动计算出 X 方向刀具偏移量。

　　⑤ 转到手动操作下,重新启动主轴,试车工件端面(不要车完),沿＋X 轴退出并保持 Z 坐标不变。

　　⑥ 停车并测量 2 号刀车出的端面距离基准刀车出的端面深度,记为 H,例如:H＝0.5。

　　⑦ 按【OFFSET】键,进入"形状"补偿参数设定界面→将光标移动到与刀位号相对应的位置后(例如:第 2 号刀的刀具偏移量放在 G002 行),输入 Z－0.5(因为基准刀车出的端面设为 Z0,2 号刀车出的端面自然为 Z－0.5),按"测量"键,系统自动计算出 Z 方向刀具偏移量(图 4－72)。

　　⑧ 在 MDI 操作方式下,输入 G00 X150.0 Z200.0;

　　　　　　　　　　　　G50 X150.0 Z200.0;并执行。2 号刀对刀完毕,回到起点。

　　⑨ 若有其他刀具,重复以上步骤。

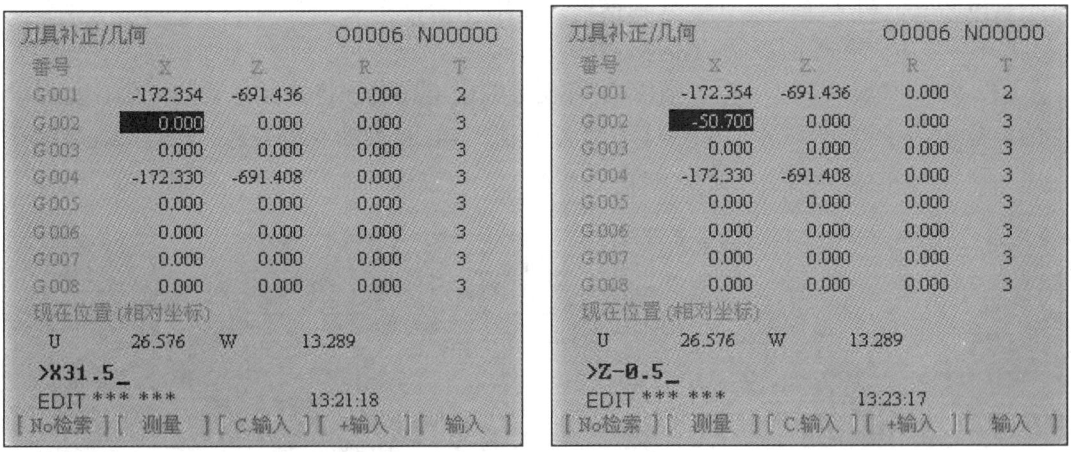

图 4－72　2 号刀具的补偿建立

　　(2) G50 设置刀具起点注意事项

　　① 加工程序的开头必须是 G50 X150.0 Z200.0,即把刀尖所在位置设为机床坐标系(图 4－73)的坐标(150.0,200.0)。此时刀尖的程序坐标(150.0,200.0)与刀尖的机床坐标(150.0,200.0)在同一位置。

　　② 当用 G50 X150.0 Z200.0 设置刀具起点坐标时,程序起点位置和终点位置必须相

同，即在程序结束前，需用指令 G00 X150.0 Z200.0 使刀具回到同一点，才能保证重复加工不乱刀。

③ 用 G50 设定坐标系，对刀时先对基准刀，其他刀的刀偏都是相对于基准刀的。

此方式的缺点是起刀点位置要在加工程序中设置，且操作较为复杂。但它提供了用手工精确调整起刀点的操作方式，有的人对此比较喜欢。

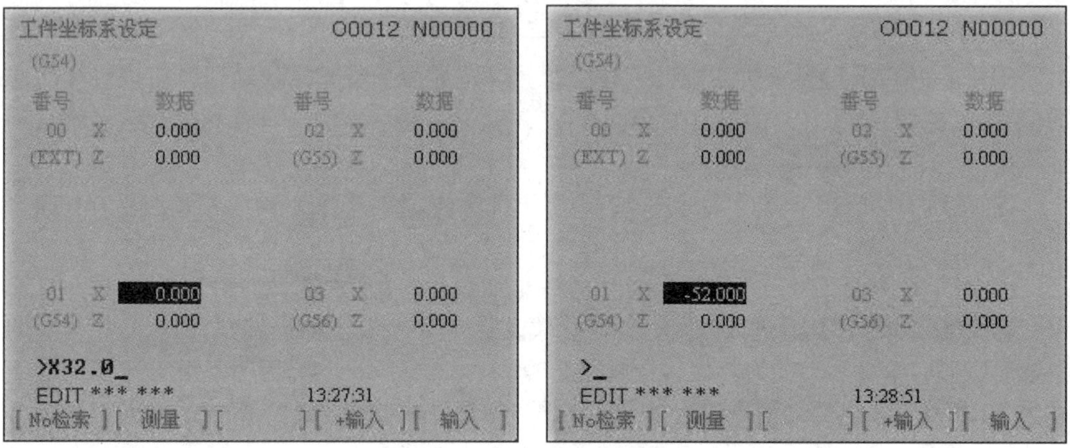

图 4-73 坐标系设置页面

3）用 G54～G59 设置程序原点（基准刀 G54～G59＋相对刀偏）

执行指令相当于将机床原点移到程序原点。G54～G59 设置程序原点的步骤：

（1）在手动操作方式下，选择需要的刀位号，以合适的转速启动主轴，用所选刀具在加工余量范围内试切工件外圆，沿＋Z 轴退出并保持 X 坐标不变。

（2）停车并测量外圆直径，记为 ϕ，例如：$\phi=32.0$

（3）按【OFFSET】键→进入"坐标系"补偿参数设定界面→将光标移动到定位在需要设定的坐标系上（例如：G54 上），光标移动到 X 数值上，输入 X32.0，按【测量】键，系统自动计算出 G54 坐标系 X 方向零点偏移量（图 4-74）。

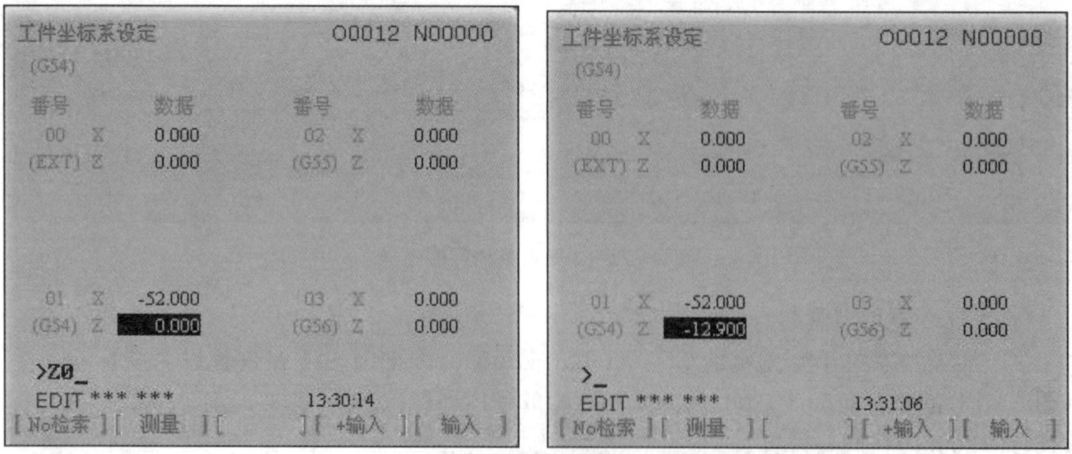

图 4-74 G54 坐标系的设定

（4）转到手动操作下，重新启动机床，用车刀试车工件端面，沿＋X 轴退出并保持 Z 坐标不变。

（5）按【OFFSET】键→进入"坐标系"补偿参数设定界面→将光标移动到需要设定的坐标系上（例如：G54 上），光标移动到 Z 数值上，输入 Z0，按【测量】键，系统自动计算出 G54 坐标系 Z 方向零点偏移量（图 4 - 74）。

（6）在加工程序里调用，例如：G54 X100.0 Z5.0；G54 为默认调用。

注意：

① 此时基准刀若为 T0101，"形状"补偿参数设定界面中基准刀的刀偏补偿 X、Z 数值一定要为 0。

② 使用 G54～G59 坐标系零点偏移，刀具的起点可以任意地设置在一个安全的位置，没有固定要求。

在基准都刀偏建立后，需要设置 2 号刀具的相对刀偏，其步骤如下：

① 在 MDI 操作方式下，换 2 号刀具。

② 转到手动操作方式，重新启动主轴，用车刀试车工件外圆，沿＋Z 轴退出并保持 X 坐标不变。

③ 停车测量外圆直径，记为 ϕ，例如：$\phi=31.5$。

④ 按【OFFSET】键→进入"形状"补偿参数设定界面→将光标移动到与刀位号相对应的位置后（例如：第 2 号刀的刀具偏移量放在 G02 行），输入 X31.5，按【测量】键，系统自动计算出 2 号刀具 X 方向刀具偏移量。

（5）转到手动操作下，重新启动主轴，用车刀试车工件端面，沿＋X 轴退出并保持 Z 坐标不变。

（6）停车并测量 2 号刀车出的端面距离基准刀车出的端面深度，记为 H，例如：H＝0.5。

（7）按【OFFSET】键→进入"形状"补偿参数设定界面→将光标移动到与刀位号相对应的位置后（例如：第 2 号刀的刀具偏移量放在 G002 行），输入 Z－0.5（因为基准刀车出的端面设为 Z0，2 号刀车出的端面自然为 Z－0.5），按"测量"键，系统自动计算 Z 方向刀具偏移量。

（8）若有其他号刀具，重复以上步骤。

这种方式使用于批量生产切工件在卡盘上有固定装夹位置的加工。铣削加工用得较多。

3．刀具补偿的修正

通过对刀得到各把刀具的补偿值，刀具补偿的建立一定在"形状"参数画面下，在"磨耗"参数画面下得不到正确的刀具补偿值（初学者一定注意："形状"参数画面的番号是 G，"磨耗"参数画面的番号是 W）。

当刀具出现磨损或更换刀片后，工件加工后的尺寸一定会出现误差，这种情况可以对刀具进行磨损设置，修正误差。其设置页面见图 4 - 75 所示。

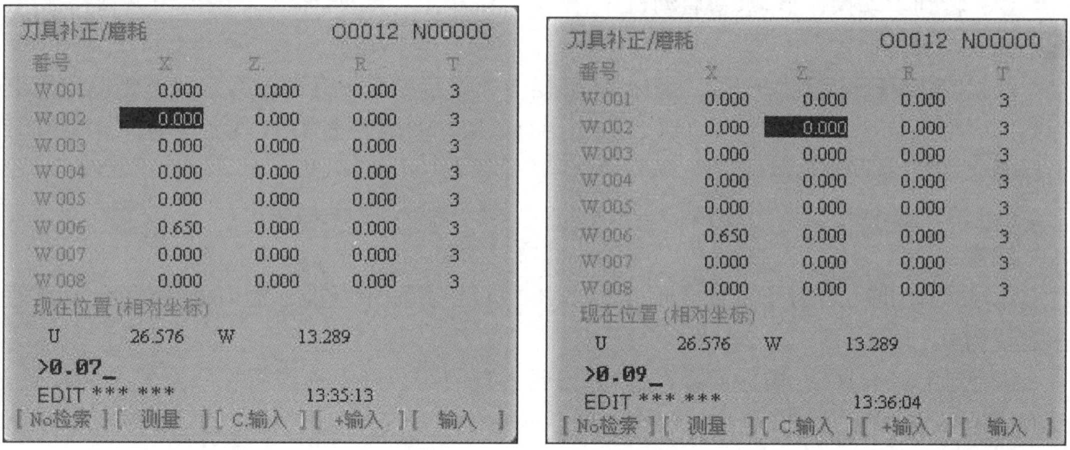

图 4-75 刀具补偿磨耗画面

实际上,数控加工过程中,一般都是通过修改刀具的补偿值来控制尺寸的(见图4-76)。例如某工件外圆直径在粗加工后的尺寸应是 38.43,尺寸偏小 0.07 mm,则在"刀具磨损设置"所对应的刀具(如 2 号刀,则在 W002 番号中)的 X 向补偿值内输入"0.07",按【输入】软键,X 向补偿值中出现"0.07"。如果补偿之已经有数值,那么需要在原来数值的基础上进行累加,把累加后的数值输入。例如原来 X 向补偿值中已有数值为"0.07",但尺寸仍偏小 0.05 mm,则输入"0.05",按【+输入】软键,X 向补偿值变为 0.12。当长度方向尺寸有偏差时,修改方法雷同。

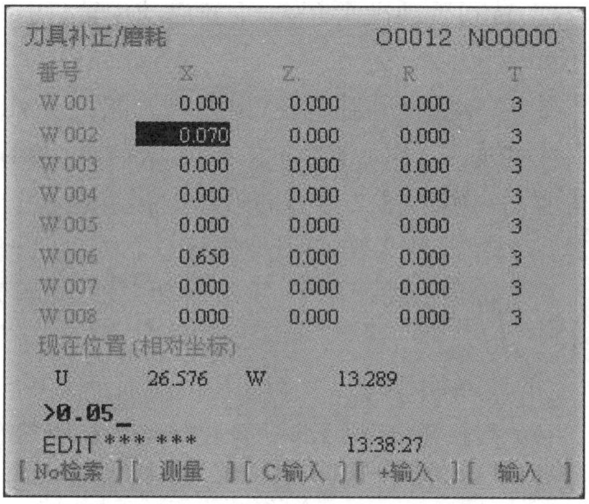

图 4-76 刀具补偿磨耗的修正

4.3 数控铣削/加工中心安全操作规程及日常维护

训练目的

1. 学习遵守数控铣床/加工中心安全文明操作与日常维护;
2. 了解安全操作与日常维护对于操作人员及数控铣床/加工中心机床的重要意义;
3. 能根据说明书完成数控机床的定期和不定期保养。

4.3.1 数控铣床/加工中心的安全操作规程

数控机床的操作,一定要做到安全规范,以免发生人身,设备刀具等安全事故。为此,数控机床的安全操作规程如下：

1．操作前的安全操作

（1）零件加工前一定先要检查机床的正常运行可以通过试车的办法来进行检查。

（2）在操作机床前请仔细检查机床的数据，以免引起误操作。

（3）确保指定的进给速度与操作所要的进给速度相适应。

（4）当使用刀具补偿时请仔细检查刀具补偿方向与补偿量。

（5）CNC 与 PMC 的参数都是机床厂设置的，通常不需要修改，如果必须修改参数，在修改前请确保对参数有深入全面的了解。

（6）机床通电后，CNC 装置尚未出现位置显示或报警画面前请不要碰 MDI 面板上的任何键，MDI 上的有些键专门用于维护和特殊操作，再开机时同时按下这些键可能是机床产生数据丢失等误操作。

2．机床操作过程中的安全操作

（1）手动操作，当手动操作机床时要确定刀具和工件的当前位置并保证正确指定了运动轴。移动方向和进给速度。

（2）手动返回参考点，机床通电后请务必限制性手动返回参考点。如果机床没有执行手动返回参考点操作机床运动不可预料。

（3）手轮进给，在手轮进给时一定要选择正确的手轮进给倍率，过大的手轮进给倍率容易产生刀具或机床损害。

（4）工件坐标系，手动干预机床锁住或镜像操作都可能移动工件坐标系，用程序控制机床前请先确认工件坐标系。

（5）空运行，使用机床空运行来确认机床运行的正确性。在空运行期间机床以空运行的进给速度，这与程序输入的进给速度不一样，且空运行的进给速度与编程时用的进给速度差不多。

（6）自动运行，机床在自动执行程序时，操作人员不得离开岗位，要密切注意机床刀具的工作状况根据实际加工情况调整加工参数，一旦发生意外应立即停止机床动作。

3．与编程相关的安全操作

（1）坐标系的设定，如果没有设置正确的坐标系，尽管指令是正确的但机床并不按照你想象的动作运动。

（2）米英制转换，在编程过程中一定要注意米制和英制转换，使用的单位一定要与当前使用的单位相同。

（3）回转轴功能，当编制极坐标插补或发现方向控制异常时，请特别注意旋转轴的转速，回转轴的速度不能过高如果工件安装不牢则会由于离心力过大而甩出工件，引起事故。

（4）刀具补偿功能，在补偿功能模式下发生基于机床坐标系的运动命令或返回参考点命令，补偿就会暂时取消，这可能导致机床发生不可预想的运动。

4．关机时的注意事项

（1）确认工件已加工完毕。

（2）确认机床的全部运动均已完成。

（3）检查工作台是否远离行程开关。

（4）检查刀具是否取下，主轴锥孔内是否清洁并涂上油脂。

（5）检查工作台面上是否已清洁。

（6）关机时要求首先关系统电源再关机床电源。

4.3.2 数控铣床/加工中心的日常维护

一、数控铣床/加工中心的使用要求

1. 数控铣床/加工中心使用的环境要求

（1）避免光线直接照射和其他辐射，避免太潮湿，粉尘或腐蚀性气体过多。

（2）要远离振动大的设备，如冲床，锻压设备等。

（3）在有空调的环境中使用，会明显地减少机床的故障率。

2. 数控铣床/加工中心使用的电源要求

数控机床对电源没有什么特殊要求，一般允许电压波动±％10，为此针对我国的实际供电情况，对于有条件的企业数控机床采用专线供电或增加稳压装置来减少供电质量的影响和减少电气干扰。

3. 数控铣床/加工中心使用时对操作人员的要求

数控机床的使用和维修，较普通机床难度大，为充分发挥机床的优越性，对机床操作人员的挑选和培训是相当重要的。数控机床的操作人员必须有较强的责任心，善于合作，技术基础较好，有一定的机加工实践经验，同时要善于动脑，勤于学习，对数控技术有追求精神。

4. 数控铣床/加工中心使用的工艺要求

数控机床加工和普通机床加工相比在许多工作方面遵循的工作基本一致，在使用方法上也大致相同，不同之处在于数控加工的内容更加具体，数控加工的工艺也更加严密。

二、数控机床/加工中心的定期维护检查（表4-5）

表4-5 定期维护检查顺序及内容

序号	检查周期	检查部位	检查要求
1	每天	导轨润滑	检查油标、油量及时添加润滑油润滑油泵能定时启动打油及停止
2	每天	X、Y、Z轴及各回转轴的旋转	清除切削及脏物检查，润滑油是否充足，导轨有无划伤损坏
3	每天	压缩空气气源	检查气动控制系统压力，应在正常的范围内
4	每天	机床进气口空气干燥器	及时清理分水器中滤出的水分，保证自动空气干燥剂工作正常
5	每天	气液转换器和增压器	检查油布高度，不够时及时补充油
6	每天	主轴润滑恒温油箱	工作正常，油量充足并调节范围
7	每天	机床液压系统	油箱液压泵有无异常噪声，压力表指示正常，管路及接头有无泄漏，油面高度正常
8	每天	主轴箱液压平衡系统	平衡压力指示正常，快速移动时平衡工作正常

（续表）

序号	检查周期	检查部位	检查要求
9	每天	数控系统输入/输出单元	如光电阅读机清洁,接卸结构润滑良好
10	每天	电气柜通风散热装置	电气柜风扇工作正常,风道过滤网无阻塞
11	每天	各种防护装置	导轨各种防护罩应无松动漏水
12	一周	电气柜进气过滤网	清洗电气柜进气过滤网
13	半年	滚珠丝杠螺母副	清洗丝杠上旧的润滑脂,涂上新油脂
14	半年	液压油路	清洗溢流阀减压阀过滤器清洗油箱,更换或过滤润滑油
15	半年	主轴润滑恒温油路	清洗过滤器,更换润滑脂
16	每年	检查更换直流电机电刷	检查换向器表面,吹净碳粉,去除毛刺,更换长度过短的电刷,并应跑和后才能使用
17	每年	润滑油泵过滤器	清洗润滑油池更换过滤器
18	不定期	导轨上镶条,压紧滚轮,丝杠	按机床说明书调整镶条
19	不定期	冷却水箱	检查液面高度,切削液太脏时需要更换并清理水箱,经常清洗过滤器
20	不定期	排屑器	经常清理切屑,检查有无卡住
21	不定期	清理油池	及时抽走滤油池中的旧油,以免外溢
22	不定期	调整主轴驱动带松紧	按机床说明书调整

三、数控机床常见故障分类及常规处理

1. 常见故障分类

数控机床由于不能正常工作,机床的故障可分为以下几种类型。

（1）系统故障和随机故障,按故障出现的必然性和偶然性,分为系统性故障和随机性故障,系统性故障是指机床或系统在某一条件下必然出现的故障,随机性故障是偶然出现的故障,因此随机性故障的分析与排除比系统性故障困难得多,通常随机性故障是由机械结构局部松动,错位控制系统中元器件出现特性漂移,电器元件工作可靠性下降等原因造成,须经反复试验和综合判断才能排除。

（2）诊断显示故障和无诊断显示故障,按故障出现时有无自诊断显示,可分为有诊断显示故障和无诊断显示故障,先进的数控系统都有丰富的自诊断功能,出现故障时会停机报警,并自动显示报警参数号,是维护人员较容易找到故障原因,而无诊断显示故障,往往机床停在某一位置不能动,甚至手动操作也失灵,维护人员只能根据故障前后现象来分析判断,排除故障难度较大。

（3）破坏性故障和非破坏性故障,以故障有无破坏性,分为破坏性故障和非破坏性故障,对于破坏性故障如伺服失控造成撞车,短路烧断熔丝等维护难度大,有一定危险修后不允许重演这些现象,而非破坏新故障可经反复实验至排除,不会对机床造成危害。

（4）机床运动特性质量故障，这类故障发生后，机床照常运行，也没有任何报警显示但加工出的工件不合格，针对这些故障，必须在检测仪器的配合下，对机械，控制系统，伺服系统等采取综合措施。

（5）硬件故障和软件故障，按发生故障的部位分为硬件故障和软件故障，硬件故障只需要更换某些元器件即可排除，而软件故障时由于编程错误造成的，通过修改程序内容或修订机床参数即可排除。

2．故障常规处理方法

加工中心出现故障，除少数自诊断功能可以显示故障外（如存储器报警，动力电源电压过高报警），大部分故障是由综合因素引起的，往往不能确定具体原因，一般按以下步骤常规处理：

（1）充分调查故障现场，机床发生故障后，维护人员应仔细观察寄存器和缓存工作寄存器尚存内容，了解已执行的程序内容，向操作者了解现场的情况。当有诊断显示报警时打开电气柜观察印刷线路板上有无相应红灯报警显示，做完这些调查后，就可以按动数控机床上的复位键，观察系统报警是否会消除，如消除，则属于软件故障，否则即为硬件故障，对于非破坏性故障可让机床再重新运行，仔细观察故障是否会重现。

（2）将可能造成故障的原因全部列出，加工中心造成故障的原因可能是多样的，有机械的、电器的、控制系统的等等。此时要将可能发生故障的原因全部列举出来，以便排查。

（3）逐步选择确定可能出现故障的原因，根据故障现象，参考机床有关维护使用手册罗列出诸多因素，经优化选择判断找出导致故障的确定因素。

（4）故障的排除找到造成故障的的确切原因后，就可以对症下药，修理调整更换有关元件。

3．常见机械故障的排除

（1）进给传动链故障，由于导轨普遍采用滚动摩擦副，所以进给传动故障大多是由运动质量下降造成的，如机械部件未达到规定位置运行中断定位精度下降反向间隙过大，出现像此类故障可以调整各运动副预紧力，调整松动环节提高运动精度及补偿环节。

（2）机床回零故障，机床在返回参考点时发生超程报警，无减速动作。此类故障一般是由减速信号没有输入到 CNC 系统，一般可检查限位挡块及信号线。

（3）自动换刀故障，此类故障比较常见，故障表现为刀库运动故障。定位误差过大、刀动作不到位、换刀动作卡位，此类故障比较常见故障表现为：刀库运动故障，定位误差过大，换刀动作不到位，换刀动作卡位，整机停止工作等。此类故障的排除一般可以通过检查汽缸压力，调整各限位开关的位置检查信号反馈线，调整与换刀动作相关的机床参数来排除。

（4）机床不能运动或加工精度差。这是一些综合故障出现此类故障时可通过重新调整或改变间隙补偿，检查轴紧时有无爬行等。

4.4 数控铣床/加工中心的操作

训练目的

1. 认识数控铣床/加工中心的外形结构及各部分的名称和功用；

2. 熟悉运用 FANUC 系统数控铣床/加工中心面板上各键的功能；

3. 认识 FANUC 数控铣床/加工中心系统的几种工作方式和人机界面的显示页面；

4. 熟练进行程序的输入及编辑；

5. 熟悉进行 FANUC 系统数控铣床/加工中心的开关机顺序及机床回零过程；

6. 掌握进行数控机床坐标系零点的设置及对刀方法。

4.4.1 数控铣床/加工中心操作面板

由于数控机床的生产厂家众多,因此,同一系统的数控机床的操作面板各不相同,但同一系统的功能不同,操作方法也基本相似,现以 KV650 为例,来说明数控铣床及加工中心的基本操作方法。

一、数控系统面板

该机床以 FANUC-0i-MB 作为数控系统,机床系统面板如图 4-77 所示。系统面板包括 MDI 键盘及 CRT 显示器两部分。

图 4-77 数控铣床机床系统面板

1. MDI 按键功能

该面板只要系统型号相同,其操作面板功能及位置也相同。MDI 按键功能见表 4-6。

表 4-6 MDI 按键功能

按键	功能
数字键 运算键	数字的输入 数字运算键的输入
字母键	字母的输入
EOB	段结束符的插入
POS	显示刀具的坐标位置

(续表)

按键	功能
PROG	在 EDIT 方式下编辑、显示存储器里的程序，在 MDI 方式下输入及显示 MDI 数据，在 AUTO 方式下显示程序指令值
OFFSET SETTING	设定、显示刀具补偿值、工作坐标系、宏程序变量
SYSTEM	用于参数的设定、显示、字诊断功能数据的显示
MASSAGE	NC 报警信号显示、报警记录显示
GRAPH	用于图形显示
SHIFT	上挡功能键，在该键盘上有些键具有两个功能，按下【SHIFT】键可以在这两个功能之间进行切换。当一个键右下角的字母可被输入时，就会在屏幕上显示一个特殊的字符
CAN	删除键，用于删除最后一个输入的字符或符号
INPUT	输入键，用于参数或补偿值的输入。当按下一个字母键或数字键时，数据被输入到缓存区，并且显示在屏幕上，要将输入缓存区的数据拷贝到偏置寄存器中等，请按下此键。这个键与软键上的【INPUT】键等效
ALTER	替代键，程序字的替代
INSERT	插入键，程序字的插入
DELETE	删除键，删除程序字、程序段及整个程序
HELP	帮助键
PAGE UP	翻页键，向前翻页
PAGE DOWN	翻页键，向后翻页
CORSOR	光标移动键，光标上下、左右移动
RESET	复位键，使所有操作停止

2. CRT 显示器下的软件功能

在 CRT 显示器下，有一排软按键，这一排软按键的功能根据 CRT 中对应的提示来指定。

二、机床操作面板

图 4-78 为 FANUC-0i 系统数控铣床的操作面板。

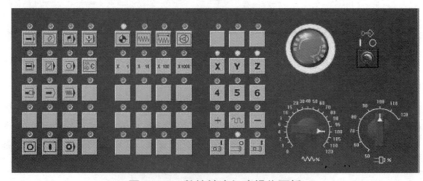

图 4-78   数控铣床机床操作面板

1. 电源开关

（1）机床总电源开关

机床总电源开关一般位于机床的背面。机床使用时，首先必须将主电源开关扳到"ON"。

（2）系统电源开关

在机床操作面板下方，按下按钮"ON"，向机床 CNC 部分供电。

2. 紧急停止按钮及机床报警指示灯

（1）紧急停止按钮

当出现紧急情况下按下急停按钮时，机床及 CNC 装置随即处于急停状态，此时机床报警指示灯亮。要消除急停状态，一般情况下可顺时针转动急停按钮，使按钮向上弹起，并按下复位键即可。

（2）机床报警指示灯

当机床出现各种情况的报警时，该指示灯变亮，报警消除后该灯即熄灭。

3. 模式选择按钮

如图 4－79 所示，八个模式选择按钮为单选按钮，只能按下其中的一个。

AUTO　EDIT　MDI　DNC　　REF　JOG　INC　HANDLE

图 4－79　模式选择按钮

（1）自动执行（AUTO）

按下此按钮后，可自动执行程序。在此键按下的情况下，按图 4－80 所示的按键之一，数控机床又有以下几种不同的运行形式：

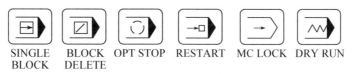

SINGLE　BLOCK　OPT STOP　RESTART　MC LOCK　DRY RUN
BLOCK　DELETE

图 4－80　自动运行选择按钮

① 单段运行（SINGL BLOCK），当按下此按钮后，每按一下循环启动按钮，机床将执行一个程序段操作后暂停。再次按下循环启动，则机床再执行一段程序后暂停。采用此种方法可进行程序及操作检查。

② 程序段跳跃（BLOCK DELETE），当此按钮按下时，程序段前加"/"符号的程序段将被跳过执行。

③ 选择停止（OPT STOP），当此按钮按下时，在自动执行的程序中出现"M0I;"程序段时，此时程序将停止执行，主轴功能、冷却等功能也将停止。再次按下循环启动后系统将继续执行 M01 以后的程序。

④ 程序重启（RESTART），按下此按钮，程序将重新启动。

⑤ 机床锁住（MC LOCK），按下此按钮后，在自动运行过程中刀具的移动功能将被限制执行，且禁止执行 M、S、T 指令，但系统显示程序运行时刀具的位置坐标，因此该功能主要

用于检查程序是否编制正确。

还有一种机床锁定的情况为仅仅 Z 轴锁定，当 Z 轴制动器按钮按下后，不论是手动还是自动状态下，Z 轴都不会移动。

⑥ 空运行（DRY RUN），按下此按钮后，在自动运行过程中刀具按钮参数指定的速度快速运行，该功能主要用于检查刀具的运行轨迹是否正确。

（2）编辑（EDIT）

按下此按钮，可以对存储在内存中的程序数据进行编辑操作。

（3）手动数据输入（MOI）

在此状态下，可以输入单一的命令或几段命令并立即按下循环启动按钮使机床动作，以满足工作需要。如开机后的指定转速"是 S1200 M03；"。

（4）在线加工（DNC）

在此状态下，可以实现自动化加工程序的在线加工。通过计算机与 CNC 的连接，可以使机床直接执行计算机等外部输入/输出设备中存储的程序。在线加工不但可解决数控机床存储容量不足的问题，而且还有利于车间现代化管理。

（5）参考点

在此状态下，可以执行返回参考点的功能，当相应轴返回参考点指令执行完成后，对应轴的返回参考点指示灯变亮，如图 4-81 所示。

图 4-81 参考点指示灯

（6）手动连续进给（JOG）

① 手动连续慢速进给，要实现手动连续慢速进给，首先按下轴选择按钮（图 4-82 所示"X""Y""Z"），再按下方向选择按钮不放（图 4-82 所示"＋""－"），该指定轴即沿指定方向进行进给。进给速度可通过进给速度倍率旋钮（图 4-83）进行调节，调节范围为 0％～150％。另外，对于自动执行的程序中指定的进率 F 也可用进给速度倍率旋钮进行调节。

图 4-82 坐标轴选择按钮图　　　　**图 4-83 进给速度倍率旋钮**

② 手动连续快速进给，在按下轴选择按钮后，同时按下方向选择按钮和方向选择按钮中间的快速移动按钮，即可实现某一轴的自动快速进给。快速进给速率由系统参数确定，也有一些机床具有 F0、F25、F50、F100 四种快速速率选择。

（7）增量进给（INC）

增量进给的操作如下，先选择进给轴，再选择如图 4-84 的增量步长，按下方向移动按钮，每按一次刀具向相应方向移动一定距离。当选择"×1"增量步长时，表示每次移动距离为 0.001 mm。同理，"×1 000"表示每按一次增量移动 1 mm。

(8) 手轮进给操作(HANDLE)

在手轮进给方式中,刀具可以通过旋转挂在机床上的手摇脉冲发生器使刀具进行增量移动。手摇脉冲发生器每旋转一个刻度时,刀具的移动量与增量进给的移动量相仿,因此在摇动手摇脉冲发生器前同样要选择好增量步长。

手摇脉冲发生器如图 4-85 所示,可以直接在手摇脉冲发生器上进行进给轴的选择与增量步长的选择。顺时针方向为正向进给,逆时针方向为负向进给。

图 4-84 步长选择按钮   图 4-85 手摇脉冲发生器

4. 循环启动执行按钮(图 4-86)

(1) 循环启动开始(CYCLE START),在自动运行状态下,按下按钮,机床自动运行程序。

(2) 循环启动停止(CYCLE STOP),在机床循环启动状态下,按下该按钮,程序运行及刀具运行将处于暂停状态,其他功能如主轴转速、冷却液等保持不变。再次按下循环启动按钮,机床重新进入自动运行状态。

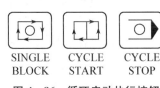

图 4-86 循环启动执行按钮

(3) 单段运行(SINGLE BLOCK),每按下一次按钮,机床将执行段程序后暂停。再次按下该按钮,则机床再次执行一段程序暂停,如此重复。

5. 主轴功能(图 4-87)

(1) 主轴正转(CW),在 HANDLE 模式下或 JOG 模式下,按下该按钮,主轴将顺时针转动。

(2) 主轴反转(CCW),在 HANDLE 模式下或 JOG 模式下,按下该按钮,主轴将逆时针转动。

(3) 主轴停转(STOP),在 HANDLE 模式或 JOG 模式下,按下该按钮,主轴将停止转动。

(4) 主轴倍率调整,如图 4-88 所示,在主轴旋转过程中,可以通过主轴倍率旋转对主轴转速在 $50\%\sim120\%$ 范围内的无级调速。同样地,在程序执行中,也可对程序指定的转速进行调整节。

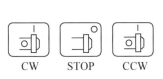

图 4-87 主轴转动与停止

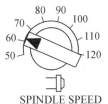

图 4-88 主轴倍率调整旋钮

6. 其他功能

图 4 - 89　程序保护开关

(1) 程序保护开关(PROG PROTECT),如图 4 - 89 所示,当此开关处于"ON"位置时,即使在"EDIT"状态下也不能对数控程序进行编辑操作。只有此开关处于"OFF"位置,并在"EDIT"状态下才能对数控程序进行编辑操作。

(2) 超程解除按钮,当机床出现超程报警时,按下机床操作面板上的"超程解除"按钮不要松开,然后用手摇脉冲发生器反向移动该轴,从而超程报警解除。

三、机床操作

1. 机床开电源

(1) 电源开的操作步骤如下:

① 检查 CNC 和机床外观是否正常。

② 接通机床电气柜电源,按下"POWER ON"按钮,按下"NC ON"按钮。

③ 检查 CRT 画面显示资料。

④ 如果 CRT 画面显示"EMG"报警画面面,请按下复位键数秒后机床将复位。

⑤ 检查风扇电动机是否旋转。

(2) 电源关的操作步骤如下:

① 检查操作面板上的循环启动灯是否关闭。

② 检查 CNC 机床的移动部件是否都已经停止。

③ 如有外部输入/输出设备接到机床上,先关外部设备的电源。

④ 按下"POWER ON"按钮,关机床电源,关总电源。

2. 手动操作

(1) 手动返回参考点操作步骤如下:

① 模式按钮选择"REF"。

② 分别选择回零轴,选择快速移动倍率。

③ 按下轴的"+"方向选择按钮不松开,直到相应的轴返回参考点指示灯亮。

为了确保回零过程中刀具及机床的安全,加工中心及数控铣床的回零一般先进行 Z 轴的回零,再进行 X 及 Y 轴的回零。

(2) 手摇进给操作步骤如下:

① 模式按钮选择"HANDLE"。

② 在手摇脉冲发生器上选择刀具要移动的轴。

③ 在手摇脉冲发生器上选择增量步长。注意增量步长要正确选择。

④ 旋转手摇脉冲发生器向相应的方向移动刀具。

3. 程序编辑操作

(1) 程序号操作主要包括以下内容。

① 建立一个新程序,模式选择按钮选择"EDIT",按下 MDI 功能键【PROG】,输入地址O,输入程序号,如 O123,按下【INSERT】键即可完成新程序 O123 的插入。

建立新程序时,要注意建立的程序号应为内存储器没有的新程序号。

② 调用内存中存储的程序,模式选择按钮选择"EDIT",按下 MDI 功能键【PROG】,输入地址 O,输入程序号,如 O123,按下【CURSOR】向下键或软按键中的【检索】键即可完成程序 O123 的调用。同样程序调用时,一定要调用内存储器中已存在的程序。

③ 删除程序,模式按钮选择"EDIT",按下 MDI 功能键【PROG】输入地址 O,输入程序号,如 O123,按下【DELETE】键即可完成单个程序 O123 的删除。

如果要删除内存器中的所有程序,只要输入"0~9000"后按下【DELETE】键即可完成内存器中所有程序的删除("9000~9999"有时参数保护不能删除)。

如果要删除指定范围内的程序,只要在输入"OXXXX,OYYYY"后按下【DELETE】键即可将内存器中"OXXXX~OYYYY"范围内的所有程序删除。

(2) 程序段操作主要包括以下内容。

① 删除程序段,模式按钮选择"EDIT",用【CORSOR】键检索或扫描到将要删除的程序段地址 N,按下【EOB】键,按下【DELETE】键即可将当光标所在的程序段删除。

如果在删除多个程序段,则用【CORSOR】键检索或扫描到将要删除的程序段开始地址 N(如 N0010),按下【DELETE】键,即可将 N0010~N1000 的所有程序段删除。

② 程序段的检索,程序段的检索功能主要使用在自动运行过程中。检索过程如下:按下模式选择开关按钮【AUTO】,按下【PROG】键显示程序屏幕,输入地址 N 及要检索的程序段,按下 CRT 下软键【NSRH】即可检索到所要检索的程序段。

(3) 程序字操作主要包括以下内容。

① 扫描程序字,模式按钮选择"EDIT",按下光标向左或向右移键(图 4-53),光标将在屏幕上向左或向右移动一个地址字。按下光标向上或向下移动键,光标将移动到一个或下一个程序段的开头。按下【PAGE UP】键或【PAGE】【DOWN】键,光标将向前或向后翻页显示。

② 跳到程序开头,在 EDIT 模式下,按下【RESET】键即可使光标跳到程序头。

③ 插入一个程序字,在 EDIT 模式下,扫描要插入位置前的字,键入要插入的地址字和数据,按下【INSERT】键。

④ 字的替换,在 EDIT 模式下,扫描到将要替换的字,键入要替换的地址字和数据,按下【ALTER】键。

⑤ 字的删除,在 EDIT 模式下,扫描到将要删除的字,按下【DELETE】键。

⑥ 输入过程中的取消,在程序字符的输入过程中,如发现当前输入错误,则按下一次【CAN】键,则删除一个当前输入的字符。

4. 程序的模拟仿真

① 在编辑状态下调出需要仿真的程序。

② 按下自动键。

③ 按下机床锁住键。

④ 按【CSTM/GR】键。

⑤ 按屏幕下面的加工图形按键,则进入图形显示画面。

⑥ 按下循环启动键则开始图形的仿真。

5. 自动加工

（1）机床试运行

① 模式选择按钮选择 AUTO。

② 按下按钮"PROG"，按下软键【检视】，使屏幕显示正在执行的程序及坐标。

③ 按下机床锁住 MC LOCK，按下单步执行按钮"SINGLE BLOCK"。

④ 按下循环启动按钮中的单步循环启动，每按一下，机床执行一段程序，检查编写与输入的程序是否正确无误。

机床的试运行检查可以在空运行状态下进行，两者虽然被用于程序自动运行前的检查，但检查的内容却有区别。机床锁住运行主要用于检查程序编制的是否正确，程序有没有编写格式错误。而机床空运行主要用于检查刀具轨迹是否与要求相符。

现在，在很多机床上都带有自动运行图形显示功能，对于这种机床，可直接用图形显示功能来进行程序的检查与校正。

（2）机床的自动运行

① 确定程序正确无误。

② 按下模式选择按钮"AUTO"。

③ 按下按钮"PROG"，按下软键【检视】，使屏幕显示正在执行的程序及坐标。

④ 按下循环启动按钮"CYCLE START"，自动循环执行加工程序。

⑤ 根据加工实际情况调节主轴转速和刀具进给速度。在机床运行过程中，可以旋动主轴倍率旋钮进行主轴转速的调节，但应注意不能进行高低档转速的变换。旋动进给倍率旋钮进行刀具进给速度的调节。

4.4.2 数控铣床/加工中心用刀具系统

一、常用刀具的种类及特点

数控加工刀具必须适应高速、高效和自动化程度高的特点，一般包括通用刀具、通用连接刀柄及少量专用刀柄。刀柄要连接刀具并装在机床动力头上，因此已逐渐标准化和系列化。

为了适应数控机床加工精度高、加工效率高、加工工序集中及零件装夹次数少等要求，数控机床对所用的刀具有许多性能上的要求。与普通机床的刀具相比，加工中心用刀具及刀具系统具有以下特点：

（1）刀片和刀柄高度的通用化、规则化、系列化。

（2）刀片和刀具几何参数及切削参数的规范化、典型化。

（3）刀片或刀具材料及切削参数需与被加工工件材料相匹配。

（4）刀片或刀具的使用寿命长，加工刚性好。

（5）刀片及刀柄的定位基准精度高，刀柄对机床主轴的相对位置要求也较高。

（6）刀柄须有较高的强度、刚度和耐磨性，刀柄及刀具系统的重量不能超标。

（7）刀柄的转位、拆装和重复定位精度要求高。

二、刀具的材料

1. 常用刀具材料

常用刀具材料有高速钢、硬质合金、涂层硬质合金、陶瓷、立方氮化硼、金刚石等。其中，高速钢、硬质合金、涂层硬质合金在数控铣削刀具中应用最广。

2. 刀具材料性能比较

以上各刀具材料的硬度和韧性对比如图 4-90 所示。

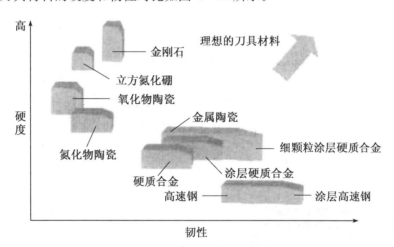

图 4-90　不同刀具材料的硬度与韧性对比

三、刀具的种类

加工中心的刀具种类很多，根据刀具的加工用途，可分为轮廓类加工刀具和孔类加工刀具等几种类型。

1. 轮廓类加工刀具

（1）面铣刀（图 4-91）的圆周表面和端面上都有切削刃，端面切削刃为主切削刃。面铣刀多制成套式镶齿结构，刀齿为高速钢或硬质合金，刀体为 40Cr。

图 4-91　面铣刀

刀片和刀齿与刀体的安装方式有整体焊接式、机夹焊接式和可转位式三种，其中可转位式是当前最常用的一种夹紧方式。采用可转位夹紧方式时，当刀片的一个切削刃用钝后，可直接在机床上将刀片转位或更换新刀片，从而提高了加工效率和产品质量。

根据面铣刀刀具型号的不同，面铣刀直径可取 $d=40\sim400$ mm，螺旋角 $\beta=10°$，刀齿数 $z=4\sim20$。

（2）立铣刀（图 4-92）是数控机床上用得最多的一种铣刀。立铣刀的圆柱表面和端面上都有切削刃，圆柱表面的切削刃为主切削刃，端面上的切削刃为副切削刃，它们可同时进行切削，也可单独进行切削。主切削刃一般为螺旋齿，这样可以增加切削平稳性，提高加工精度。由于普通立铣刀端面中心无切削刃，所以立铣刀不能做轴向进给，端面刃主要用来加工与侧面相垂直的平面。

标准立铣刀的螺旋角 β 为 $40°\sim$ $45°$（粗齿）和 $30°\sim35°$（细齿），套式结构立铣刀的 β 为 $15°\sim25°$。

粗齿立铣刀齿数 $z=3\sim4$，细齿立铣刀齿数 $z=5\sim8$，套式结构 $z=10\sim$ 20；容屑槽圆弧半径 $r=2\sim5$ mm。当

(a) 直柄立铣刀　　　　(b) 锥柄立铣刀

图 4-92　立铣刀

立铣刀直径较大时，还可制成不等齿距结构，以增强抗振作用，使切削过程平稳。

立铣刀的刀柄有直柄和锥柄之分。直径较小的立铣刀，一般做成直柄形式。对于直径较大的立铣刀，一般做成 $7:24$ 的锥柄形式。还有一些大直径（$\phi25\sim\phi80$）的立铣刀[图 4-92(b)]，除采用锥柄形式外，还可采用内螺孔来拉紧刀具。

（3）键槽铣刀（图 4-93）一般只有两个刀齿，圆柱面和端面都有切削刃，端面刃延伸至中心，既像立铣刀，又像钻头。加工时先轴向进给达到槽深，然后沿键槽方向铣出键槽全长。

按国家标准规定，直柄键槽铣刀直径 $d=2\sim22$ mm，锥柄键槽铣刀直径 $d=14\sim$ 50 mm。键槽铣刀的直径精度要求较高，其偏差有 e8 和 d8 两种。键槽铣刀重磨时，只需刃磨端面切削刃，因此重磨后铣刀直径不变。

图 4-93　键槽铣刀

图 4-94　球头铣刀

（4）模具铣刀由立铣刀发展而成，可分为圆锥形立铣刀（圆锥半角 $\alpha/2=3°、5°、7°、10°$）、圆柱形球头立铣刀和圆锥形球头立铣刀三种，其柄部有直柄、削平型直柄和莫氏锥柄。模具铣刀中，圆柱球头立铣刀（图 4-94）在数控机床中应用较广泛。

（5）鼓形铣刀的切削刃分布在半径为 R 的圆弧面上，端面无切削刃。该刀具主要用于斜角平面和变斜角平面的加工。这种刀具的缺点是刃磨困难，切削条件差，而不适合加工有底的平面。

成形铣刀为特定的工件或加工内容专门设计制造的，如角度面、凹槽、特形孔或台阶等。

2. 孔类加工刀具

孔类加工刀具主要有钻头、铰刀、镗刀等。

（1）加工中心上的常用钻头（图 4-95）有中心钻、标准麻花钻、扩孔钻、深孔钻和锪孔钻等。麻花钻由工作部分和柄部组成。工作部分包括切削部分和导向部分，而柄部有莫氏锥柄和圆柱柄两种。刀具材料常使用高速钢和硬质合金。

中心钻[图 4-95(a)]主要用于孔的定位，由于切削部分的直径较小，所以中心钻钻孔时，应选取较高的转速。

标准麻花钻[图 4-95(b)]的切削部分由两个主切削刃、两个副切削刃、一个横刃和两个螺旋槽组成。在加工中心上钻孔，因无夹具钻模导向，受两切削刃上切削力不对称的影响，容易引起钻孔偏斜，故要求钻头的两切削刃必须有较高的刃磨精度（两刃长度一致，顶角对称于钻头中心线或先用中心钻定中心，再用钻头钻孔）。

(a)　　　　　　　　(b)　　　　　　　　(c)

图 4-95　加工中心用钻头

标准扩孔钻[图4-95(c)]一般有3～4个主切削刃、切削部分的材料为高速钢或硬质合金,结构形式有直柄式、锥柄式和套式等。在小批量生产时,常用麻花钻改制。

深孔,是指孔深与孔直径之比大于5而小于10的孔。加工深孔时,加工中散热差,排屑困难,钻杆刚性差,易使刀具损坏和引起孔的轴线偏斜,从而影响加工精度和生产率,故应选用深孔刀具加工。

锪钻主要用于加工锥形沉孔或平底沉孔。锪孔加工的主要问题是所锪端面或锥面产生振痕。因此,在锪孔过程中要特别注意刀具参数和切削用量的正确选用。

(2) 加工中心大多采用通用标准铰刀进行铰孔。此外,还使用机夹硬质合金刀片单刃铰刀和浮动铰刀等。铰孔的加工精度可达IT6～IT9级、表面粗糙度Ra可达$0.8～1.6\ \mu m$。

标准铰刀(图4-96)有4～12齿,由工作部分、颈部和柄部组成。铰刀工作部分包括切削部分与校准部分。切削部分为锥形,担负主要切削工作。切削部分的主偏角为$5°～15°$,前角一般为$0°$,后角一般为$5°～8°$。校准部分的作用是校正孔径、修光孔壁和导向。校准部分包括圆柱部分和倒锥部分。圆柱部分保证铰刀直径和便于测量,倒锥部分可减小铰刀与孔壁的摩擦和减小孔径扩大量。整体式铰刀的柄部有

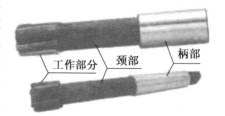

图 4-96　机用铰刀

直柄和锥柄之分,直径较小的铰刀,一般做成直柄形式,而大直径铰刀则常做成锥柄形式。

(3) 镗孔所用刀具为镗刀。镗刀种类很多,按加工精度可分为粗镗刀和精镗刀。此外,镗刀按切削刃数量可分为单刃镗刀和双刃镗刀。

① 粗镗刀(图4-97)结构简单,用螺钉将镗刀刀头装夹在镗杆上。刀杆顶部和侧部有两只锁紧螺钉,分别起调整尺寸和锁紧作用。镗孔时,所镗孔径的大小要靠调整刀具的悬伸长度来保证,调整麻烦,效率低,大多用于单件小批量生产。

② 精镗刀目前较多的选用可调精镗刀(图4-98)。这种镗刀的径向尺寸可以在一定范围内进行调节,调节方便,且精度高。调整尺寸时,先松开锁紧螺钉,然后转动带刻度盘的调整螺母,等调至所需尺寸,再拧紧锁紧螺钉。

图 4-97　单刃粗镗刀

图 4 - 98　可调精镗刀

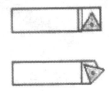
图 4 - 99　粗镗刀刀头

图 4 - 100　精镗刀刀头

（4）镗刀刀头有粗镗刀刀头（图 4 - 99）和精镗刀刀头（图 4 - 100）之分,粗镗刀刀头与普通焊接车刀相类似;精镗刀刀头上带刻度盘,每格刻线表示刀头的调整距离为 0.01 mm（半径值）。

（5）加工中心大多采用攻螺纹的加工方法来加工内螺纹。此外,还采用螺纹铣削刀具来铣加工螺纹孔。

丝锥（图 4 - 101）由工作部分和柄部组成。工作部分包括切削部分和校准部分。切削部分的前角为 8°～10°,后角铲磨成 6°～8°。前端磨出切削锥角,使切削负荷分布在几个刀齿上,使切削省力。校正部分的大径、中径、小径均有（0.05～0.12）/100 的倒锥,以减少与螺孔的摩擦,减少所攻螺纹的扩涨量。

图 4 - 101　机用丝锥

四、刀柄系统

数控铣床、加工中心用刀柄系统有三部分组成,即刀柄、拉钉和夹头（或中间模块）。

1. 刀柄

切削刀柄通过刀柄与数控铣床主轴连接,其强度、刚性、耐磨性、制造精度以及夹紧力等对加工有直接的影响。数控机床刀柄一般采用 7∶24 锥面与主轴锥孔配合定位,刀柄及其尾部供主轴内拉紧机构用的拉钉已实现标准化,其使用的标准由国际标准（ISO）和中国、美国、德国、日本等国的标准所定。因此,数控铣床刀柄系统应根据所选用的数控铣床要求进行配备。

加工中心刀柄可分为整体式与模块式两类。根据刀柄部形式及所采用的国家标准不同,我国使用的刀柄常分成 BT（日本 MAS 403—75 标准）、JT（GB/T 10944—1989 与 ISO 7388—1983 标准,带机械手夹持槽）、ST（ISO 或 GB,不带机械手夹持槽）和 CAT（美国 ANSI 标准）等几种系列,这几种系列的刀柄除局部槽的形状不同外,其余结构基本相同。根据锥柄大端直径的不同,与其相对应的刀柄又分为 40、45、50（个别的还有 30 和 35）等几种不同的锥度号。40、45、50 是指刀柄的型号,并不是指刀柄实际的大端直径,如 BT/JT/ST50 和 BT/JT/ST40 分别代表锥柄大端直径为 69.85 mm 和 44.45 mm 的 7∶24 锥柄。加工中心常用刀柄的类型及其使用场合见表 4 - 7。

表 4-7 加工中心常用刀柄的类型及其使用场合

刀柄类型	刀柄实物图	夹头或中间模块	夹持刀具	备注及型号举例
削平型工具刀柄		无	直柄立铣刀、球头铣刀、削平型浅空钻等	JT40-XP20-70
弹簧夹头刀柄		ER弹簧夹头	直柄立铣刀、球头铣刀、中心钻等	BT30-ER20-60
强力夹头刀柄		KM弹簧夹头	直柄立铣刀、球头铣刀、中心钻等	BT40-C22-95
面铣刀刀柄		无	各种面铣刀	BT40-XM32-75
三面刃铣刀		无	三面刃铣刀	BT40-XS32-90
侧固式刀柄		粗、精镗及丝锥夹头等	丝锥及粗、精镗刀	21A.BT40.32-58
莫氏锥度刀柄		莫氏变径套	锥柄钻头、铰刀	有扁尾 ST40-M1-45
		莫氏变径套	锥柄立铣刀和锥柄带内螺纹立铣刀等	无扁尾 ST40-MW2-50
钻夹头刀柄		钻夹头	直柄钻头、铰刀	ST50-Z16-45
丝锥夹头刀柄		无	机用丝锥	ST50-TPG875
整体式刀柄		粗、精镗刀头	整体式粗、精镗刀	BT40-BCA30-160

2. 拉钉

加工中心拉钉(图 4 - 102)的尺寸也已标准化,ISO 或 GB 规定了 A 型和 B 型两种形式的拉钉,其中 A 型拉钉用于不带钢球的拉紧装置,而 B 型拉钉用于带钢球的拉紧装置。刀柄及拉钉的具体尺寸可查阅有关标准的规定。

3. 弹簧夹头及中间模块

弹簧夹头有两种,即 ER 弹簧夹头[图 4 - 103(a)]和 KM 弹簧夹头[图 4 - 103(b)]。其中 ER 弹簧夹头的夹紧力较小适用于切削力较小的场合;KM 弹簧夹头的夹紧力较大,适用于强力铣削。

图 4 - 102 拉钉

中间模块(图 4 - 104)是刀柄和刀具之间的中间连接装置,通过中间模块的使用,提高了刀柄的通用性能。例如,镗刀、丝锥与刀柄的连接就经常使用中间模块。

(a) ER弹簧夹头   (b) KM弹簧夹头

图 4 - 103 弹簧夹头

(a) 精镗刀中间模块   (b) 攻螺纹夹套   (c) 钻夹头接柄

图 4 - 104 中间模块

五、刀具的选择

刀具的选择是在数控编程的人机交互状态下进行的。应根据机床的加工能力、工件材料的性能、加工工序、切削用量以及其他相关因素正确选用刀具及刀柄(图 4 - 105)。刀具选择总的原则:安装调整方便、刚性好、耐用度和精度高。在满足加工要求的前提下,尽量选择较短的刀柄,以提高刀具的刚性。

(a) 铣刀刀柄   (b) 镗刀刀柄

图 4 - 105 铣刀和镗刀刀柄

选取刀具时,要使刀具的尺寸与被加工表面尺寸相适应。生产中,平面零件周边的轮廓的加工,常采用立铣刀,当精加工时,立铣刀的螺旋角可选择大些,以增加刀刃切割能力和刀具旋转平稳性;铣削平面时,应选硬质合金刀片铣刀;加工凸台、凹槽时,选高速钢立铣刀;加工毛坯表面或粗加工孔时,可选取镶硬质合金刀片的玉米铣刀[图 4 - 106(a)];对一些立体型面和变斜角轮廓外形的加工,常用球头铣刀、环形铣刀、锥形铣刀和盘行铣刀[图 4 - 106(b)、(c)]。

(a) 玉米铣刀　　　(b) 环形铣刀　　　(c) 锥形球头铣刀

图 4－106　刀具的选用

在进行自由曲面(模具)加工时,由于球头铣刀具的端部切削速度为零,为保证加工精度,切削行距一般采用顶端密距,故球头刀常用于曲面的精加工。而平头刀具在表面加工质量和切削效率方面都优于球头刀,因此,只要在保证不过切的前提下,无论是曲面的粗加工还是精加工,都优先选择平头刀。另外,刀具的耐用度和精度与刀具的价格关系极大,必须引起注意的是,在大多数情况下,选择好的刀具虽然增加了刀具成本,但由此带来的加工质量和加工效率的提高,则可以使整个加工成本大大降低。

在加工中心上,各种刀具分别装在刀库上,按程序规定随时进行选刀和换刀动作,因此必须采用标准刀柄,以便使钻、镗、扩、铣削等工序用的标准刀具迅速、准确地装到机床主轴或刀库上去。编程人员应了解机床上所用刀柄的结构尺寸、调整方法以及调整范围,以便在编程时确定刀具的径向和轴向尺寸在实际生产中,一般可按铣削过程中出现的一些直观现象来判断铣刀是否已磨钝。

(1) 铣削钢材、纯铜等塑性材料时,工件边缘产生严重的毛刺;铣削铸铁等脆性材料时,工件边缘产生明显的碎裂剥落现象。

(2) 铣削时发生不正常的刺耳啸叫,或用硬质合金铣刀高速铣削时切削刃出现严重的火花。

(3) 工件振动加剧。

(4) 切屑由规则的片状或带状变为不规则的碎片。

(5) 铣削钢件时,高速钢铣刀的切屑由灰白色变成黄色,或硬质合金铣刀的切屑呈紫黑色。

(6) 精铣时,工件的尺寸精度明显下降或表面粗糙度值明显上升。

在经济型数控机床的加工过程中,由于刀具的刃磨、测量和更换多为人工手动进行,占用辅助时间较长,因此,必须合理安排刀具的排列顺序。一般应遵循以下原则:尽量减少刀具数量;一把刀具装夹后,应完成其所能进行的所有加工步骤;粗精加工的刀具应分开使用,即使是相同尺寸规格的刀具;先铣后钻;先进行曲面精加工,后进行二维轮廓精加工,可对其进行清根处理;在可能的情况下,应尽可能利用数控机床的自动换刀功能,以提高生产效率等。

在数控加工过程中要注意刀具齿数的选择,铣刀齿数愈多,切削愈平稳,加工表面粗糙度值愈小,在 f_z 一定时,可提高铣削效率。但齿数过多,会减少齿槽有效容屑空间,限制 f_z 的提高。一般粗齿的标准高速钢铣刀适用于粗铣或加工塑性材料;细齿适用于精铣或加工脆性材料。

硬质合金面铣刀,有疏齿、中齿及密齿之分。疏齿适用于钢件的粗铣;中齿适用于铣削带有断续表面的铸铁件或对钢件的连续表面进行粗铣及精铣;密齿适用于在机床功率足够时对铸铁件进行粗铣或精铣。

六、切削用量的选用

所谓切削用量是指切削速度、进给速度和指吃刀量三者的总称。

1. 切削用量的选用原则

合理的切削用量是指充分利用刀具的切削性能和机床性能,在保证加工质量的前提下,获得该生产率和低加工成本的切削用量。不同的加工性质,对切削加工的要求是不一样的。因此,在选择切削用量时,考虑的侧重点也有所区别。

粗加工时,应尽量保证较高的金属切除率和必要的刀具寿命。因此选择切削用量应首先选取尽可能大的背吃刀量 a_p;其次,根据机床动力和刚性的限制条件,选取尽可能大的进给量 f;最后根据刀具寿命要求,确定合适的切削速度 v_c。

精加工时,首先根据粗加工的余量确定背吃刀量 a_p;其次,根据已加工表面的粗糙度要求,选取适合的进给量 f;最后在保证刀具寿命的前提下,尽可能选取较高的切削速度 v_c。

2. 切削用量的选取方法

(1) 背吃刀量 a_p 的选择

粗加工时,除留下精加工余量外,一次走刀尽可能切除全部余量。在加工余量过大、工艺系统刚性较低、机床功率不足、刀具强度不够等情况下,可分多次走刀。切削表面有硬皮的铸锻件时,应尽量使 a_p 大于硬皮层的厚度,以保护刀尖。

精加工的加工余量一般较小,可一次切除。

在中等功率加工机床上,粗加工的背吃刀量可达 8~10 mm;半精加工的背吃刀量取 0.5~5 mm;精加工的背吃刀量取 0.2~1.5 mm。

(2) 进给速度的确定

进给速度是数控机床切削用量中的重要参数,主要根据零件的加工精度和表面粗糙度要求以及刀具、工件的材料性质选取,最大进给速度受机床刚度和进给系统的性能限制。

粗加工时,由于对工件的表面质量没有太高的要求,这时主要根据机床进给机构的强度和刚性、刀杆的强度和刚度、刀具材料、刀杆和工件尺寸以及已经选定的背吃刀量等因素来选取进给速度。

精加工时,则按表面粗糙度要求、刀具及工件材料等因素来选择进给速度。

(3) 切削速度的确定

切削速度 v_c 可根据已经选定的背吃刀量、进给量及刀具寿命进行选取。实际加工过程中,也可根据生产实践经验和查表的方法来选取。

粗加工或工件材料的加工性能较差时,宜选用较低的切削速度。精加工或刀具材料、工件材料的切削性能较好时,宜选用较高的切削速度。

切削速度 v_c(m/min)确定后,可根据刀具或工件直径 D(mm)按公式 $n=1\,000v_c/\pi D$ 来确定主轴转速 n(r/min)。

3. 钢件材料切削用量选择推荐表

在工厂的实际生产过程中,切削用量一般根据经验并通过查表的方式来进行选取。常用碳素钢件或铸铁件材料(150~300 HBW)切削用量的推荐表值见表 4-8。

表 4-8　常用钢件材料切削用量的推荐值

刀具名称	刀具材料	切削速度 /m·min⁻¹	进给量 /mm·r⁻¹	背吃刀量 /mm
中心钻	高速钢	20～40	0.05～0.10	0.5D
标准麻花钻	高速钢	20～40	0.15～0.25	0.5D
	硬质合金	40～60	0.05～0.20	0.5D
扩孔钻	硬质合金	45～90	0.05～0.40	≤2.5
机用铰刀	硬质合金	6～12	0.3～1	0.10～0.30
机用丝锥	硬质合金	6～12	P	0.5P
粗镗刀	硬质合金	80～250	0.10～0.50	0.5～2.0
精镗刀	硬质合金	80～250	0.05～0.30	0.3～1
立铣刀或键槽铣刀	硬质合金	80～250	0.10～0.40	1.5～3.0
	高速钢	20～40	0.10～0.40	≤0.8D
盘铣刀	硬质合金	80～250	0.5～1.0	1.5～3.0
球头铣刀	硬质合金	80～250	0.2～0.6	0.5～1.0
	高速钢	20～40	0.10～0.40	0.5～1.0

4.4.3　数控铣床/加工中心用夹具系统

机床夹具是机床上用以装夹工件(引导刀具)的一种装置。其作用是将工件定位,以使工件获得相对于机床和刀具的正确位置,并把工件可靠地夹紧。工件安装的内容包括定位和夹紧,其中定位指使工件相对于机床及刀具处于正确的位置,而夹紧是工件定位后,将工件夹紧,使工件在加工过程中不发生位置变化。定位与夹紧是工件安装中两个有联系的过程,先定位后夹紧。

一、数控机床夹具

机床夹具(图 4-107)是指安装在机床上,用以装夹工件或引导刀具,使工件和刀具具有正确的相互位置关系的装置。

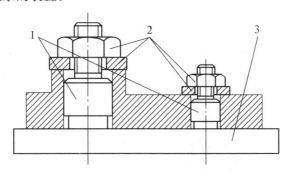

图 4-107　数控铣床夹具
1—定位元件;2—夹紧元件;3—夹具体

1. 数控机床夹具的组成

数控机床夹具按其作用和功能通常可由定位元件、夹紧装置、安装连接元件和夹具体等几个部分组成。

定位元件是夹具的主要定位元件之一,其定位精度直接影响工件的加工精度。常用的定位元件有 V 形块、定位销、定位块等。

夹紧装置的作用是保持工件在夹具中的原定位置,使工件不致因加工时受外力而改变原定位置。

连接元件用于确定夹具在机床上的位置,从而保证工件与机床之间的正确加工位置。

夹具体是夹具的基础件,用于连接夹具上各个元件或装置,使之成为一个整体,以保证工件的精度和刚性。

2. 数控机床对夹具的基本要求

(1) 精度和刚度要求

夹具的装夹精度高可以减少工件的安装调整时间,保证多个工件装夹精度的一致性。刚度好可以有效地降低加工时产生的机械振动,保证工件加工质量,也能提高刀具的使用寿命,这一点在选用夹具时尤为重要。

(2) 定位要求

夹具在机床中的安装位置精度要高,以减少找正步骤。夹具对工件的定位精度也要高,以保证工件已加工表面的定位精度和重复定位精度,提高工件加工质量和加工效率。

(3) 敞开性要求

数控夹具要充分敞开,以使刀具加工工件时避免与夹具产生干涉现象。

(4) 快速装夹要求

为了提高装夹找正效率,夹紧机构要动作灵活,并减轻工人劳动量和劳动强度。

(5) 排屑容易

加工中的切屑不要堆积在夹具与工作台上,这样会使热量传递给机床和夹具,引起较大的热变形。夹具结构敞开简单,在切削液和冷风的作用下,夹具不会对切屑产生堆积现象。工件加工完成后,也应该便于清扫和清除。

二、单件、小批量工件的装夹与校正

单件、小批量工件通常采用通用夹具进行装夹。

1. 平口虎钳和压板及其装夹和校正

(1) 平口虎钳具有较大的通用性和经济性,适用于尺寸较小的方形工件的装夹。常用精密平口虎钳如图 4-108 所示,常采用机械螺旋式、气动式或液压式夹紧方式。

图 4-108 平口虎钳

对于大型工件,无法采用平口虎钳或其他夹具装夹时,可直接用压板进行装夹。加工中心压板通常采用T形螺母与螺栓的夹紧方式。

(2)采用压板装夹工件时,应使垫铁的高度略高于工件,以保证压紧效果;压板螺栓应尽量靠近工件,以增大压紧力;压紧力要适中,或在压板与工件表面安装软材料垫片,以防工件变形或工件表面受到损害;工件不能在工作台上拖动,以免工作台面划伤。

工件在使用平口虎钳或压板装夹过程中,应对工件进行找正,找正方法如图4－109所示向移动主轴,从而找正工件上下表面与工作台面的平行度。同样在侧平面内移动主轴,找正工件侧面与轴进给方向的平行度。如果不平行,则可以用铜棒轻敲工件或垫塞尺的方法进行纠正,然而再重新找正。

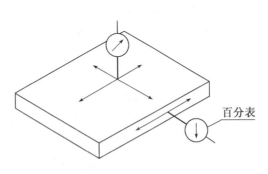

百分表

(a) 压板装夹与找正示意图　　　(b) 找正时百分表移动方向

图4－109　压板装夹与找正

采用平口虎钳装夹工件时,首先,要根据工件的切削高度在平口虎钳内垫上合适的高精度平行垫铁,以保证工件在切削过程中不会产生受力移动;其次,要对平口虎钳钳口进行找正,以保证平口虎钳的钳口方向与主轴刀具的进给方向平行或垂直。找正方法是使用图4－109所示的方法进行检测,将百分表的表座,固定在铣床的主轴或床身某一位置,将百分表的测量头与固定钳口的工作面接触,此时横向或纵向移动工作台,观察百分表的读数变化,即反应出虎钳固定钳口与纵向或横向进给运动的平行度。若沿垂直方向移动工作台,即可测出固定钳口与工作台台面的垂直度,根据表4－9平口钳的技术参数,调整虎钳至正确位置。

表4－9　平口钳的技术参数

项目	允许偏差	项目	允许偏差
钳身导轨上平面对底平面的垂直度	0.02/100	导轨上平面对底平面的垂直度	0.025/100
固定钳口面,活动钳口面对导轨上平行垂直度	0.05/100	固定钳口对地做定位键槽的垂直度	0.15/100
活动钳口与固定钳口宽度方向的垂直度	0.03/100	检验块上平面对钳身底平面的平行度	0.06/100
固定钳口面对钳身定位槽的垂直度	0.03/100	检验块上平面对底平面的平行度	0.08/100

2. 卡盘和分度头及其装夹与找正

(1) 卡盘和分度头

卡盘根据卡爪的数量分为二爪卡盘、三爪自定心盘[图4-110(a)]和四爪单动卡盘[图4-110(b)]、六爪卡盘等几种类型。在数控车床和数控铣床上应用较多的是三爪自定心卡盘和四爪单动卡盘。特别是三爪自定心卡盘,由于其具有自动定心作用和装夹简单的特点,在数控铣床或数控车床上加工中小型圆柱形工件时,常采用三爪自定心卡盘进行装夹。卡盘的夹紧有机械螺旋式、气动式或液压式等多种形式。

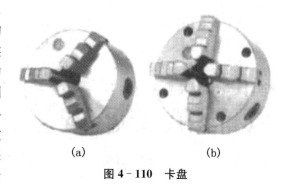

图4-110 卡盘

许多机械零件,如花键、齿轮等在加工中心上加工时,常采用分度头分度的方法来等分每一个齿槽,从而加工出合格的零件。分度头时数控铣床或普通铣床的主要部件。在机械加工中,常见的分度头有万能分度头[图4-110(a)]、简单分度头[图4-110(b)]、直接分度头等,但这些分度头分度精度普遍不是很精密。因此,为了提高分度精度,数控机床上还采用投影光学分度头和数显分度头等对精密零件进行分度。

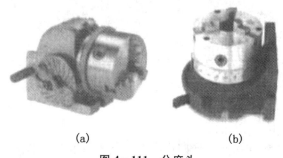

图4-111 分度头

(2) 装夹与校正

在加工中心上使用卡盘时,通常用压板将卡盘压紧在工作台面上,使卡盘轴心线与主轴平行。三爪自定心卡盘装夹圆柱形工件的找正如图4-112示,将百分表固定在主轴上,触头接触外圆侧母线,上下移动主轴,根据百分表的读数用铜棒轻敲工件进行调整,当主轴上下移动过程中百分表读数不变时,表示工件母线平行于 Z 轴。

图4-112 三爪自定心卡盘装夹找正

当找正工件外圆圆心时,可手动旋转主轴,根据百分表的读数值在 XY 平面内手摇移动工件,直至手动旋转主轴时百分表读数值不变,此时,工件中心与主轴轴心同轴。记下此时的 X、Y 机床坐标系的坐标值,可将该点(圆柱中心)设为工件坐标系 XY 平面的编程零点。

内孔中心的找正方法与外圆圆心找正方法相同。

分度头装夹工件的找正方法如图 4－113 所示,首先,分别在 A 点和 B 点处前后移动百分表,调整工件,保证两处百分表的最大读数相等,以找正工件与工作台面的平行度;其次,找正工件侧母线与工件进给方向平行。

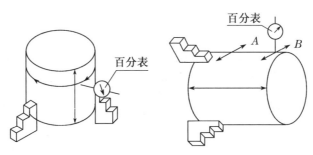

图 4－113　分度头横放工件的找正

三、中、小批量工件的装夹

中、小批量工件在加工中心上加工时,可采用组合夹具进行装夹。组合夹具由于具有可拆卸和重新组装的特点,因此,组合夹具是一种可重复使用的专用夹具系统。但组合夹具各元件间相互配合的环节较多,夹具刚性、精度比不上其他夹具。通常,采用组合夹具时其加工尺寸精度只能达到 IT8～IT9 级。其次,使用组合夹具首次投资较大,总体显得笨重,还有排屑不方便等不足。

目前,常用的组合夹具系统有槽系组合夹具系统和孔系组合夹具系统。

1. 槽系组合夹具

槽系组合夹具(图 4－114),是指元件上制作有标准间距的相互平行及垂直的 T 形槽或键槽,通过键在键槽中的定位,能准确地决定各元件在夹具中的位置,元件间用螺纹连接或紧固。槽系组合夹具各元器件间相互位置都可沿槽中滑动的键或键在槽中的定位来决定,因此,其具有很好的可调节性。

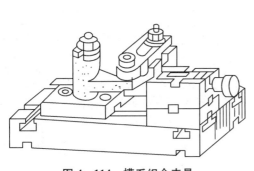

图 4－114　槽系组合夹具

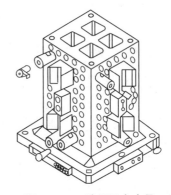

图 4－115　孔系组合夹具

2. 孔系组合夹具

孔系组合夹具(图 4－115),是指夹具元件之间的相互位置由孔和定位销来决定,而各元器件之间的连接仍用螺纹连接紧固。孔系组合夹具与槽系组合夹具相比,具有刚性好、制造成本低。组装时间短、定位可靠的优点;其缺点是装配的灵活性较差,夹具上的元器件位置不方便调节。

四、大批量工件的装夹

大批量工件加工时,大多采用专用夹具或成组夹具进行装夹,但由于加工中心较适合单件、小批量工件的加工,此类夹具在数控机床上的应用不多。

总之,加工中心上零件夹具的选择要根据零件精度等级、零件结构特点、产品批量及机床精度等情况综合考虑。选择顺序:首先考虑通用夹具,其次考虑组合夹具,最后考虑专用夹具、成组夹具。

4.4.4 数控铣床/加工中心对刀操作

对刀操作的准确程度,在精加工阶段是非常重要的,直接决定产品的加工质量和后续工序的进行,随着效率意识的不断提高,对刀方法也层出不穷。现以 FANUC-0i 数控系统为例讲解数控铣床/加工中心对刀方法。

一、试切对刀法

试切法是将刀具装夹在主轴上,使主轴旋转,通过手动或手轮使刀具靠近工件,看到有微量切屑被切下或听到有切削的声音时,估计切下切屑的厚度,定义此时的坐标零点。要求操作者有较好的眼力和听力,否则会操作失误或对刀失准。具体操作步骤如下:

1. X、Y 方向对刀操作

(1)在 MDI 方式下开启转速,即:选择模式按钮"MDI",按下【PROG】键,输入 S600M03;按下循环启动键;

(2)主轴正转,摇动手摇脉冲发生器将刀具移动到方形工件右侧,当刀具离工件较近时,将手摇脉冲发生器倍率打到最低,慢慢靠近工件,待有微量切屑飞出和听到刀具切削工件的声音时停止刀具运动,按【POS】键,再按软键【相对】,如图 4-116 所示在 MDI 面板上输入 X,再按软键【起源】,如图 4-117 所示。

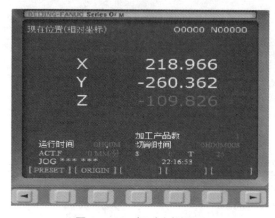

图 4-116 相对坐标显示

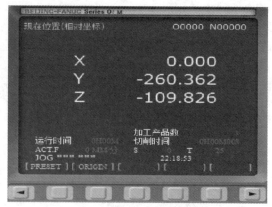

图 4-117 X 坐标置零

（3）摇动手轮，将刀具远离工件，如上所述再将刀具移到方形工件右侧，观察刀具相对运动坐标值如图4-118所示，将X100中的100除以2得50，按【OFFSET】键，再按软键【坐标系】，将光标移到你所要创建的坐标系的X栏上，在MDI面板上输入X50，点软键【测量】如图4-119所示。

注意：要多次验证输入的机械坐标值，保证其正确性，以免加工中出现严重的错误或事故。

Y坐标系的设置参考X坐标。

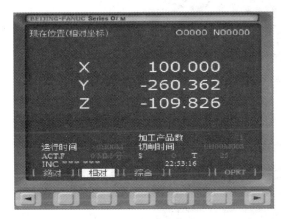

图4-118 相对坐标显示

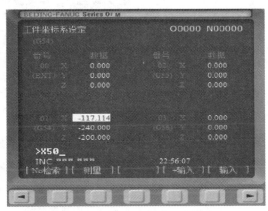

图4-119 工件坐标系设置

2. Z向对刀操作

确定工件坐标系Z轴的值，操作步骤如下：

将主轴停转，将要对刀的刀具装到主轴上，清理工件和量块表面确保工件表面没有切屑等赃物，以免影响对刀的准确性，将标准心轴（量块）放到工件表面，选择相应的轴选择按钮，摇动手摇脉冲发生器，使其在Z轴方向接近心轴（量块），此时将倍率达到最低，不停移动心轴（量块），感觉有轻微摩擦阻力时停止运动，记录下此时CRT画面上机床机械坐标系的Z值（图4-120）设为Z1，（假设Z1等于-159.278），因此工件坐标系的位置Z=Z1-心轴（量块）的直径（高度），假设心轴（量块）的直径（高度）为10，则计算出的数值为-169.278。

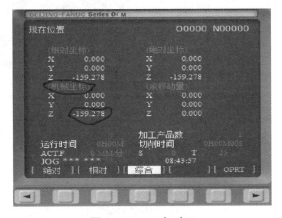

图4-120 Z向对刀

下一步要将刚才计算出的数值输入到机床，具体操作步骤如下：

按【OFFSET】键，点击软键【坐标系】，将光标移动到你所要建立的工件坐标系中，在MDI面板上输入-169.278，点软键【输入】即可，如图4-121所示。

如果是加工中心，采用多把刀进行加工通常情况下将G54坐标系中的Z值设为0，而将之前计算出的不同刀具的Z值当作刀具的长度补偿值，在刀具补偿参数中进行设定。

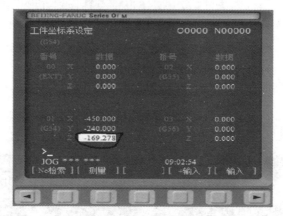

图 4-121　工件坐标系建立画面

3. 刀具补偿设定步骤

（1）按【OFFSET】键，点软键【补正】，出现图 4-122 所示画面。

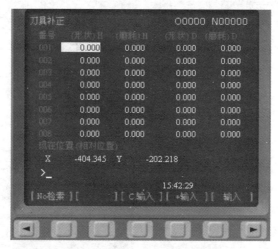

图 4-122　刀补值设定画面

（2）将光标移动到程序中指定的刀具补偿号处，将刀具半径输入到对应的形状（D）里，将刀具长度补偿值输入到对应的形状（H）里，在输入相应的刀号上，在输入过程中一定要注意输入位置不能搞错。

（3）如果刀具使用一段时间后，产生了磨耗，则可将磨耗值也输入对应的位置，对刀具进行磨耗补偿。将直径方向的磨耗值输入对应的磨耗（D）中，而将长度方向的磨耗值输入对应的磨耗（H）中。

二、偏心式寻边器对刀法

寻边器（图 4-123）是用于数控铣床及镗床加工中心等机床在加工前对工件进行确定中心或找正定位基准的精密测量工具。用精密夹头加紧寻边器并装在机床主轴上，通过移动机床的 X、Y、Z 方向的坐标轴，对工作台上固定着的工件的定位基准进行测量，观察机床的坐标显示，达到对工件的 X 方向或 Y 方向的精确定位。

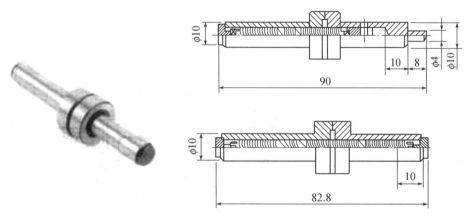

图 4‑123　偏心式寻边器及内部结构

机械偏心式寻边器一般是用来测量平行于 X 轴或 Y 轴的工件基准边,不适于测量圆形工件。其使用操作方法如下。

(1) 用精密钻夹头夹紧寻边器夹持端直柄部分 20 mm 以上。

(2) 用精密钻夹头刀柄装于主轴上,主轴转速设定在 400~600 r/min,不要过快,否则会损坏寻边器。用手轻轻推动测量端将其偏离中心 1 mm,可看到明显的摆动现象如图 4‑124(a)所示。

(3) 主轴在远离工件的地方下降,测量端下降到工件上表面以下 10 mm。

(4) 移动找正器靠近工件的＋X 方向(位于操作者右侧)设定找正,记录下机床坐标系的值,记录为 X2,如图 4‑124(b)所示。

(5) 移动找正器靠近工件的－X 方向(操作者左侧)找正,记录下机床坐标系的值,记录为 X1。

(6) 分别用找正器找正工件的＋Y,－Y 方向(分别远离操作者和正对操作者),记录为 Y1 和 Y2。

(7) 计算(X1＋X2)/2 和(Y1＋Y2)/2,将计算结果分别填入机床 OFFSET SETTING 坐标系 G54 的 X 和 Y 中,至此,G54 工件坐标系的 XY 向找正完成。

(8) 在 MDI 模式下运行 G90 G54 G00 X0 Y0,查看机床主轴是否移动至工件中心,检查找正结果。

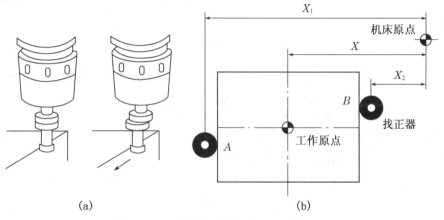

图 4‑124　利用方形结构进行 X 方向对刀

三、电子式寻边器对刀法

光电式寻边器(图4-125)不仅可以用来测量平行于X轴或Y轴的工件基准边,还可以测量圆形工件的圆心,通过计算甚至可以测量斜面的角度。对刀时寻边器不需要回转,可快速对工件边缘定位,对刀精度可达0.005 mm,应用范围包括表面边缘、内孔及外圆的高效对刀。

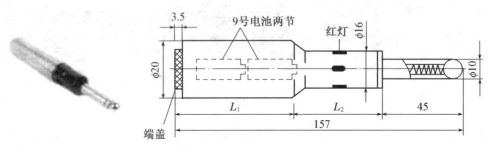

图4-125 光电式寻边器

(1) 用精密直柄夹头夹紧光电式寻边器夹持端直柄部分50 mm以上。

(2) 将精密夹头刀柄装于主轴上,注意主轴不要转动。

(3) 光电式寻边器在远离工件又测量边的地方下降,测量球头下降到工件上表面以下5 mm。

(4) 光电寻边器沿着X轴慢慢地靠近工件后(图4-126),要将机床微调进给距离调到0.1 mm挡,寻边器测量球头快要与工件接触时,将机床微调进给挡调至0.01 mm挡,慢慢使寻边器接近工件,当光电寻边器发出蜂鸣声和红光时,停止进给。将机床的相对坐标系X坐标、Z坐标清零,抬起Z轴至工件表面以上。

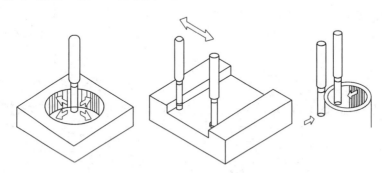

图4-126 光电式寻边器的使用

(5) 此时若想测量此边的X坐标值,只需将主轴向$-X$方向移动5 mm(测量球头半径),此时的X坐标即为工件端面的实际X坐标位置。

(6) 如若测量工件中心[不进行(5)步骤],则将工作台沿$-X$方向移动,移动至超过左基准边5 mm以上的位置,再下降Z轴到原来测量高度($Z=0$处),重复上述步骤,直到寻边器发出蜂鸣和红光,最后抬起Z轴。

(7) 此时相对坐标系的X坐标值减去10 mm,即为工件X方向的测量尺寸。若要确定工件中心,则将X坐标显示数值除以2,将X轴移动到该数值,并将此时的X轴机械坐标值存入机床工件坐标管理单元,即完成 X 向的定心工作。

测量垂直于 XZ 平面或 YZ 平面的斜面时,用光电寻边器测头测量斜面上任意一点,相对坐标清零,然后移动 X 轴或 Y 轴一定距离,再下降 Z 轴直到响起蜂鸣声,记录下此时的相对坐标 X、Z 或 Y、Z 坐标值,经过计算得出斜面的角度。

四、Z 轴设定器使用

Z 轴设定器(图 4 - 127)是用于数控铣镗床设定刀具长度的精密测量工具,可以进行 Z 向对刀操作。测量刀具长度以前,首先要对 Z 轴设定器进行零点校对。因为百分表盘时可调整的,为了确保测量的准确性每次测量前一定要进行零点校对。用校准棒稍稍用力压下测量面,压到校准棒与设定器本体相接触。用手转动百分表盘,使表盘零线与指针相重合。

(1)将 Z 轴设定器放置在工件表面之上,此表面为程序编制的 $Z=0$ 面。

(2)将装有刀具的刀柄装在主轴上,移动 X 轴 Z 轴使刀具移到 Z 轴设定器上方,再向下移动 Z 轴。

(3)当刀具接近 Z 轴设定器时,改用微调进给方式 0.1 挡,使刀具轻轻地接触到 Z 轴设定器上测量面,如图 4 - 128 所示。

(4)当刀具接触到 Z 轴设定器测量面以后,慢慢地旋转微调进给手轮,注意观察 Z 轴设定器表针,当表针接近零时,改用 0.01 mm 进给挡,当指针指到零时停止进给。

(5)将此时的 Z 轴机械坐标值存入机床刀具长度管理单元完成刀具长度设定。测几把刀具的长度差不用考虑 Z 轴设定器的高度,但想要把刀具端面对到工件上表面时,要考虑到 Z 轴设定器的高度。

图 4 - 127 Z 轴设定器

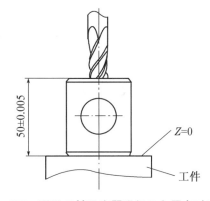

图 4 - 128 利用 Z 轴设定器进行 Z 向零点对刀设定

参考文献

[1] 杨有君. 数控技术[M]. 第 2 版. 北京：机械工业出版社，2011.

[2] 翟瑞波. 数控车床编程与操作实例[M]. 北京：机械工业出版社，2017.

[3] 杨伟群. 数控工艺培训教程（数控铣部分）[M]. 北京：清华大学出版社，2006.

[4] 余英良. 数控加工编程及操作[M]. 北京：高等教育出版社，2007.

[5] 朱鹏程等. 数控机床与编程[M]. 北京：高等教育出版社，2016.

[6] 李峰，朱亮亮. 数控加工工艺与编程[M]. 北京：化学工业出版社，2019.

[7] 杨丙乾. 数控机床编程与操作[M]. 北京：化学工业出版社，2018.